非线性系统事件触发
自适应智能控制

夏建伟 张 婧 孙 伟 著

科学出版社

北京

内 容 简 介

本书系统介绍了基于事件触发机制的非线性系统的理论和分析方法,从非线性系统、事件触发控制系统、自适应智能控制三个角度,详细介绍了系统的稳定性分析方法、控制器设计方法等内容. 主要内容包括: 具有未知控制方向的非线性系统事件触发自适应模糊跟踪控制,基于命令滤波器的不确定非线性时滞系统事件触发自适应神经网络控制,非线性随机系统的有限时间命令滤波事件触发自适应模糊跟踪控制,控制方向未知的不可测非线性随机系统事件触发自适应模糊控制,基于事件触发策略的不确定非严格反馈非线性随机系统自适应模糊控制,具有全状态约束的非线性多输入多输出系统自适应事件触发跟踪控制,带有不可测状态的非线性多输入多输出系统自适应事件触发跟踪控制,具有约束的慢切换非线性系统自适应事件触发模糊命令滤波控制以及具有性能约束的非线性随机切换系统事件触发智能控制等.

本书可作为系统与控制及其相关研究领域的科研工作者、工程技术人员的参考书,也可作为控制科学与工程专业研究生和自动化专业高年级本科生的教学用书.

图书在版编目 (CIP) 数据

非线性系统事件触发自适应智能控制 / 夏建伟, 张婧, 孙伟著. -- 北京 : 科学出版社, 2024.9. -- ISBN 978-7-03-079498-7

I. O231.2

中国国家版本馆 CIP 数据核字第 202496ZS94 号

责任编辑: 胡庆家　范培培 / 责任校对: 彭珍珍
责任印制: 张　伟 / 封面设计: 无极书装

科学出版社 出版
北京东黄城根北街 16 号
邮政编码: 100717
http://www.sciencep.com

北京市金木堂数码科技有限公司印刷
科学出版社发行　各地新华书店经销

*

2024 年 9 月第 一 版　　开本: 720×1000　1/16
2025 年 1 月第二次印刷　　印张: 12 1/4
字数: 246 000

定价: 98.00 元
(如有印装质量问题, 我社负责调换)

前　　言

随着科学技术的进步、测量工具精度的提高, 人们对实际系统的认识逐渐加深, 对其控制性能的要求也越来越高. 忽视一些客观因素把一些实际系统建模成线性系统的方法已经达不到人们对实际系统控制性能的要求. 在此情况下, 把一些实际系统建模成非线性系统尤为必要. 在过去的二十多年里, 由于安装和维护成本低、灵活度高等优势, 通过数字通信信道传输传感器和控制器数据的网络化控制得到了广泛关注. 传统的采样控制是对系统信号进行周期性地采样, 与连续时间控制相比具有相对较高的计算和通信效率. 不同于传统的采样控制, 事件触发控制中的采样是由对应系统行为的特定事件触发, 即只在系统需要时才会进行信息传输和控制更新, 这势必能够更有效地节省通信和计算资源.

近年来, 作者在非线性系统稳定性分析、事件驱动系统和智能控制系统等领域进行了深入研究, 相关成果已经发表在国内外知名期刊, 本书是作者近年来一些成果的总结. 本书以非线性系统的分析与基于事件触发机制的自适应智能控制为主线, 首先介绍了基于事件触发机制的非线性系统智能控制的研究现状与基础知识; 其次, 分别从单输入单输出非线性系统、非线性多输入多输出系统、非线性随机系统、非线性切换系统四个角度介绍了系统的稳定性分析方法、控制器设计方法等内容, 旨在向读者介绍基于事件触发机制的非线性系统自适应智能控制的最新研究成果, 希望让读者有所借鉴和启示.

本书由 10 章构成, 第 1 章是全书的绪论, 主要介绍了基于事件触发机制的非线性系统自适应智能控制的研究现状. 第 2, 3 章针对单输入单输出非线性系统, 研究了事件触发控制与跟踪控制问题. 第 4 至 6 章研究了非线性随机系统的事件触发智能控制问题. 第 7, 8 章针对非线性多输入多输出系统, 开展了事件触发自适应控制. 第 9, 10 章针对非线性切换系统, 设计了模式依赖的事件触发机制, 处理了异步情况下的自适应跟踪控制问题.

本书正文涉及的所有彩图都可以扫描封底二维码查看.

本书的出版得到了国家自然科学基金面上项目 (62373178, 61973148)、山东省泰山学者特聘专家基金 (tstp20230629) 的资助, 在此表示衷心感谢.

由于作者水平有限, 书中疏漏和不妥之处在所难免, 希望读者批评指正.

作者

2023 年 11 月于聊城大学

目　　录

第 1 章 绪 论

1.1 非线性事件触发控制系统研究现状

随着现代社会和现代工业的发展, 飞行控制系统[1]、电力系统[2]、精密数控机床[3]、机器人系统[4] 等许多实际系统的被控对象、运行过程和运行环境都非常复杂, 使得整个控制系统成为复杂的非线性系统[5-9]. 因此, 对非线性系统的控制研究具有广泛的实际意义. 众所周知, 线性系统的控制与分析已经形成了相对完善和成熟的理论体系, 因此对于非线性系统的控制和分析首先考虑采取的方法可以是对其进行线性化处理. 然而非线性系统中有一些 "本质上的非线性 (包括有限逃逸时间、多孤立平衡点、极限环等)", 它们只有在非线性条件下才会发生, 因此仅仅对非线性系统线性化处理是远远不够的, 有必要设计新的方法来控制和分析非线性系统.

人们对非线性系统控制理论的研究可以分为三个阶段. 第一阶段为 20 世纪40 年代以前, 这一时期的控制理论主要是分析方法, 并且应对的是一些简单的特定的系统. 第二阶段是 20 世纪 40 年代, 在这一时期, 非线性系统控制理论研究取得了突破性的进展, 一些优秀的成果包括相平面分析法、描述函数法等进入人们的视野. 尽管相比于此前的方法, 这两种方法拓宽了控制系统的范围, 但其所针对的系统仍然具有很大的局限性, 不适用于复杂的非线性系统. 第三阶段是 20 世纪40 年代以后, 工业的发展和实际应用的需要促使人们对非线性系统开展更加广泛的研究. 近几十年来, 基于李雅普诺夫 (Lyapunov) 稳定理论、非线性系统的控制理论有了较大的发展和突破. 多种基于 Lyapunov 稳定理论的方法被用于非线性系统的控制与分析中, 如反馈线性化法[10-12]、反步递推法[13-16]、滑模控制[17-20]、自适应控制[21-24] 等等. 特别地, 反步递推法作为一种有效的为复杂非线性系统设计控制器的方法, 已经被广泛用于多种非线性系统的控制并且取得了许多优秀的成果. 它的基本思想是: 针对由多个一阶子系统构成的多阶系统, 通过对每个子系统构造 Lyapunov 函数并设计虚拟控制器, 并且前边的子系统必须通过后边子系统的虚拟控制才能达到稳定, 以此层层递推, 最终获得实际控制器, 完成整个系统的控制. 反步控制方法的优点可以概括为以下三点: 第一, 所考虑的非线性系统可以是多阶数的; 第二, 系统的不确定性无须满足匹配条件; 第三, Lyapunov 函数的构造和控制器的设计在一个统一的过程中进行, 具有系统化、结构化的优点.

实际系统不可避免地会遭受各种不确定性[25-28]的影响. 一方面, 许多外界环境因素和系统的干扰导致了系统的不确定性, 例如船舶在前进过程中遭遇风浪的影响, 机器设备的零部件老化或损坏导致参数突变, 移动机器人在运动过程中面临的障碍等. 另一方面, 在实际应用中, 由于各种非线性系统的复杂结构, 对机器自身的工作机理以及建模方法缺乏了解, 导致获得的系统模型中存在诸多不确定性. 系统不确定性种类如图 1.1 所示.

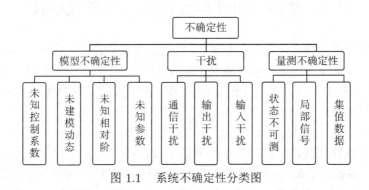

图 1.1　系统不确定性分类图

自适应方法是应对不确定性的最有效手段之一. 20 世纪 50~70 年代, 自适应方法已经被用于控制设计中. 1958 年, Kalman 提出了自适应最优控制系统设计方案[29]. 1966 年, Parks 提出了基于 Lyapunov 稳定性理论的模型参考自适应控制器[30], 首次提出了自校正控制思想. 到 20 世纪 70 年代, Aström 和 Wittenmark 提出了自校正调节器[31], 具有容易实现、经济效益高的优点. 此后自适应控制思想取得了突飞猛进的发展.　自适应控制系统具备以下优点: 当系统的参数或机理因某些因素发生变化时, 控制系统能够依据这种变化在线调整其自身的结构或参数, 使得其行为在已经变化了的环境下达到令人满意的或者至少是可行的特性和功能. 对于包含可参数化不确定性的非线性系统, 基于自适应的反步递推法控制[32-34]能够设计出有效的控制器. 近年来, 自适应反步递推技术被许多专家学者推广至不同的非线性系统中[35-43], 所设计的控制方案, 不仅在系统收敛性和稳定性分析等方面作出了贡献,　同时在实际的工业生产中也得到了广泛应用[44-47].

一般情况下, 针对连续的系统, 利用反步递推法设计的控制器是连续和不断更新的. 此类控制器没有考虑事件触发机制, 因此从传感器到控制器的信息传输需要耗费一定的资源. 事件触发控制[48-51]是一种新型的控制策略, 其设计核心是只有当特定的事件发生时, 控制任务才会被执行, 同时还能保持系统的稳定性和性能. 换言之, 当系统的稳定性和性能有需求的时候, 系统传感器才会对系统的状态或者输出进行采样和传输, 使得控制信号在一定的时间间隔后才更新, 而不是实时更新. 因此事件触发控制能在保持系统的稳定性和性能的同时减少对有限通信资源的浪费. 近十几年来, 对线性系统的事件触发控制[52-54] 的研究已相对成熟. 在此基础上, 对于非线性系统事件触发控制[55-60] 的研究也有一些优秀成果涌现出来. 其中, 文献 [52] 利用小增益定理解决了非线性系统的事件触发控制问题. 文献 [59] 将非线性系统的事件触发机制推广到带有执行器故障和全状态约束的非线性随机系统. 在此基础上, 文献 [60] 将反步递推法和符号函数的方法相结合完全消除了事件触发所引起的误差, 并使得闭环系统达到了全局有限时间稳定. 此外, 不同模型的非线性控制系统有着不同的分析方法与控制策略.

1.1.1 非线性随机控制系统

近几十年来, 关于随机系统的控制器设计与稳定性分析的研究, 已经吸引了众多国内外专家学者的高度关注, 文献 [61] 引入了两个重要的稳定性概念——依概率有界和依概率稳定, 并相应地给出了随机系统的基本稳定性理论. 由于伊藤 (Itô) 随机微分公式中不仅包括梯度项, 还包括 Lyapunov 函数的二次导数项, 致使很长一段时间一些学者都无法应用 Lyapunov 函数方法对随机系统的稳定性进行分析, 从而导致非线性随机系统控制器的设计发展缓慢, 直至 20 世纪 90 年代初, Florchinger 等给出了关于随机非线性系统稳定性分析的相关结果之后[62,63], 非线性随机系统的研究才得以深入, 并成为研究热点, 在状态估计[64,65]、稳定性分析[66-68]、最优控制[69-71]和自适应控制[72,73] 等方面均取得了重要的研究成果. 近年来, 鉴于反步递推设计方法的优点, 很多学者开始致力于将其推广到非线性随机系统, 尤其是 Itô 型随机系统[74], 并已成为近十年来控制领域的一个研究热点. 应用 Itô 公式的关键问题是如何处理沿闭环随机非线性控制系统的 Lyapunov 函数微分算子的二次导数项. 根据选取 Lyapunov 函数的不同, 现有的方法大体可以分为两类: 一类是通过采用风险灵敏度判据和加权二次 Lyapunov 函数, 研究了一类严格反馈非线性随机系统的反步递推控制设计问题[76,77]. 随后, 文献 [78] 基于二次 Lyapunov 函数和反步递推技术研究了非线性随机系统的输出反馈控制. 另一类是通过引入四次 Lyapunov 函数 (不加权函数, 而是增加控制律中变量的幂次), 在非线性函数和干扰在开环系统的平衡点处为零的假设下, 为严格反馈和输出反馈随机系统提供了反步递推设计方法, 并研究了随机系统的稳定、扰动抑制和逆优控制问题[79,80]. 随后, 基于四次 Lyapunov 函数的设计方法被广泛应用于非线性随机系统的稳定性分析与控制设计, 并取得了许多优秀的研究成果[81-84].

1.1.2 非线性多输入多输出控制系统

经过几十年的发展, 单输入单输出系统的控制理论研究已经相对比较成熟[85]. 相对于单输入单输出系统, 多输入多输出系统的控制理论研究水平到目前为止还处于初级阶段. 近几十年来, 与单输入单输出系统相比, 多输入多输出系统的相关理论研究成果不算很多, 能够有效处理多输入多输出系统的系统化方法更是少之又少. 现代工程系统具有运行环境复杂, 运行要求高的特点, 这使得许多实际的被控系统朝着大规模的方向发展, 此类系统的数学模型为多输入多输出形式, 例如飞机[86]、船舶[87] 和刚性机器人[88]. 多输入多输出系统的大规模性增加了系统的不确定性和耦合性, 导致多输入多输出系统的控制设计比单输入单输出系统的控制设计更加复杂. 针对一类非常广泛的多输入多输出系统, 文献 [89] 指出, 如果系统是可逆系统, 并且满足一定意义上的可测条件, 则可以通过状态反馈来实现渐近稳定. 文献 [90] 针对一类非线性多输入多输出系统提出了一种将多输入多输出系统转换为一种标准形的算法. 即使如此, 非线性多输入多输出系统的控制理论研究离成熟阶段还有一段很长的距离, 仍需要进一步的发展. 因此, 对于非线性多输入多输出系统的控制研究具有一定的实际意义和理论挑战.

1.1.3 非线性切换控制系统

随着人工智能技术的迅猛发展和控制理论的不断完善, 切换系统理论[91-93] 有了较大的发展. 切换系统理论具有以下优点: 第一, 为许多具有离散或连续或同时具有连续和离散动力特征的复杂系统提供了一个统一的理论依据. 第二, 可以更准确地描述动态性能经常发生变化的复杂系统的动力学行为. 第三, 从设计的角度来看, 通过对切换系统切换信号的不断深入研究, 必将丰富切换信号的设计思路和方法. 第四, 由于切换系统结构的复杂性及其切换信号的多样性, 为系统理论研究增加了挑战. 对于切换系统而言, 在文献 [94] 中, Liberzon 和 Morse 归纳了关于切换系统稳定和切换信号设计的一系列结果. 基于反步递推法, 一系列关于非线性切换系统控制的结果涌现出来. 文献 [95] 将传统的非线性系统时滞依赖稳定性判据推广到了上三角切换时滞系统中, 从而分析了不确定非线性切换时滞系统的自适应神经输出反馈控制器设计问题. 文献 [96] 利用反步递推法, 设计了新的状态观测器, 并研究了随机非线性切换时滞系统的全局采样输出反馈稳定性问题. 文献 [97] 利用自适应反步递推法研究了一类非线性随机切换系统的自适应追踪控制. 另外, 部分学者通过与已知系统稳定性对比, 得出目标系统的稳定性. 通过与相应的扰动系统进行比较, 文献 [98] 研究了非线性切换时滞级联系统的稳定性. 文献 [99] 通过与已知稳定性的脉冲系统进行比较, 得出了非线性脉冲切换时滞系统的一致稳定性. 最后, 部分学者也利用自适应控制的方法研究非线性切换时滞系统的控制问题. 对于非线性随机切换时滞非严格反馈系统, 文献 [100] 提出了一种新的自适应跟踪方法. 为了避免切换现象造成系统自适应信息的丢失, 从而影响系统的稳定性, 文献 [101] 提出了一种新的轨迹初始化方法.

1.2 本书内容

全书的主要内容如下: 第 1 章是绪论, 概述了基于事件触发机制的非线性系统的研究现状, 简要介绍了本书的主要内容.

第 2 章针对控制方向未知的非线性系统, 研究了事件触发的自适应模糊跟踪控制问题. 利用模糊逻辑系统来逼近未知的非线性函数. 采用努斯鲍姆 (Nussbaum) 函数解决了控制方向未知的问题. 新设计的控制器不仅保证了跟踪误差收敛到零点附近的任意小邻域, 而且减轻了控制器与执行器之间的通信负担. 此外, 通过排除芝诺行为, 验证了所提出的事件触发机制的可行性.

第 3 章针对一类不确定非线性时滞系统, 研究了基于命令滤波的自适应事件触发神经网络控制问题. 利用李雅普诺夫–克拉索夫斯基 (Lyapunov-Krasovskii) 泛函和命令滤波技术, 解决了未知时变时延和 "复杂性爆炸" 问题. 此外, 通过结合事件触发机制, 设计了自适应跟踪控制器. 所提出的控制器不仅保证系统输出最终在足够小的误差内跟踪所需的参考信号, 而且还减少了从控制器到执行器的通信资源.

第 4 章针对严格反馈非线性随机系统, 研究了基于事件触发方案的有限时间命令滤波器自适应模糊跟踪控制问题. 利用模糊逻辑系统和带有补偿信号的有限时间命令滤波器, 设计了事件触发自适应控制器. 新设计的控制器既保证了有限时间收敛性, 又减轻了控制器与执行器之间的通信负担. 同时, 采用命令滤波技术, 避免了反步方法带来的 "复杂性爆炸" 问题. 该控制器能保证输出信号在有界误差下跟踪给定参考信号.

第 5 章针对一类状态不可测、控制方向未知的非严格反馈非线性随机系统, 研究了基于事件触发方案的自适应输出反馈稳定控制问题. 将事件触发机制与反步技术相结合, 设计了自适应模糊输出反馈控制器. 为了使控制器设计可行, 在初始系统中引入了线性状态变换. 同时, 采用 Nussbaum 函数技术克服了控制方向未知带来的困难, 状态观测器解决了状态不可测的问题. 基于模糊逻辑系统及其结构特点, 解决了系统中存在具有非严格反馈结构的未知非线性函数的问题. 所设计的控制器既能保证闭环系统中所有信号的概率有界, 又能有效地节省通信资源.

第 6 章针对一类不确定非严格反馈非线性随机系统, 研究了基于事件触发方案的自适应模糊控制问题. 将反步技术与模糊逻辑系统相结合, 设计了一种形式简单的自适应模糊控制器. 所设计的控制器不仅保证了闭环系统所有信号的概率有界, 输出信号可以跟踪参考信号, 而且还减小了控制器与执行器之间的通信负荷. 此外, 通过消除芝诺行为, 保证了所设计的事件触发机制的可行性.

第 7 章针对具有非对称状态约束的非线性多输入多输出系统, 研究了自适应事件触发控制问题. 首先, 引入统一障碍函数, 将约束系统转化为新的无约束系统. 然后, 设计了一种处理非对称状态约束的直接控制方法, 消除了对可行性条件的要求, 有效地放宽了约束函数. 同时, 利用命令滤波技术解决了 "复杂性爆炸" 问题, 引入神经网络来逼近未知非线性函数, 引入事件触发机制节省了通信资源. 所设计的控制方案能使系统输出在较小的有界误差范围内跟踪目标轨迹, 闭环系统中所有信号都是有界的, 所有状态都保持在状态约束范围内.

第 8 章针对含有不可测状态的非严格反馈非线性多输入多输出系统, 研究了自适应神经网络事件触发控制问题. 采用神经网络状态观测器对所有不可测状态进行估计. 同时, 利用神经网络对在递归过程中出现的未知连续函数进行逼近. 随后, 提出了一种基于反步技术和观测器的自适应神经网络事件触发跟踪控制策略. 设计的控制器使系统输出能够在较小的有界误差范围内跟踪目标轨迹, 且闭环系统中的所有信号都是有界的.

第 9 章针对具有状态约束的非线性切换系统, 研究了自适应模糊控制问题. 引入统一障碍函数来解决时变状态约束, 消除了可行性条件. 通过将命令滤波整合到反步控制中, 避免了 "复杂性爆炸" 问题. 此外, 设计了一种新的事件触发策略, 在不限制最大异步时间的情况下处理子系统和控制器之间的异步切换, 减轻了通信负担. 同时, 引入了一种新的阈值函数, 克服了切换瞬间触发误差不连续的困难. 然后, 将改进的可容许边依赖平均停留时间方法与 Lyapunov 稳定性分析相结合, 证明了在给定切换规则下, 所有系统信号都是有界的, 且不违反预定约束.

第 10 章针对具有设定时间性能的非线性随机切换系统, 研究了基于事件触发机制的自适应模糊控制问题. 在设定时间性能函数的基础上, 提出了一种改进的事件触发策略, 该策略在没有严格假设的情况下考虑了异步切换对系统性能的影响, 避免了芝诺行为, 节省了通信资源. 随后, 利用反步递归设计技术、Itô 微分引理和模式依赖平均驻留时间方法, 提出了一种新的自适应性能控制方案, 该方案能保证系统中所有变量依概率有界, 跟踪误差不迟于任意调整的设定时间进入规定的边界.

1.3 基 本 引 理

1.3.1 模糊逻辑系统

模糊逻辑系统可以对连续未知非线性函数 $F(\chi)$ 进行如下逼近

$$F(\chi) = W^{\mathrm{T}} S(\chi) + \delta(\chi) \tag{1.1}$$

式中, $W^{\mathrm{T}} = [w_1, w_2, \cdots, w_l]$, l 是模糊规则个数, $S(\chi) = \dfrac{[s_1(\chi), \cdots, s_l(\chi)]^{\mathrm{T}}}{\sum_{i=1}^{l} s_i(\chi)}$ 是模糊基函数向量. 显然, 由 $S(\chi)$ 的定义可以得到 $0 < S^{\mathrm{T}}(\chi) S(\chi) \leqslant 1$. $\delta(\chi)$ 是逼近误差, 满足 $|\delta(\chi)| \leqslant \varepsilon$.

引理 1.1 [40] $\bar{f}(\chi)$ 是定义在闭集 Ω_χ 的连续函数, 对于任意给定的常数 $\varepsilon > 0$, 存在模糊逻辑系统 $W^{\mathrm{T}} S(\chi)$, 使得如下不等式成立:

$$\sup |\bar{f}(\chi) - W^{\mathrm{T}} S(\chi)| \leqslant \varepsilon \tag{1.2}$$

1.3.2 径向基函数神经网络

径向基函数神经网络可以表述为

$$\hat{f}(Z) = \Phi^{\mathrm{T}} P(Z) \tag{1.3}$$

式中, $Z \in \Omega_Z \subset \mathbb{R}^s$ 是输入向量, s 是神经网络的输入维数, $\Phi = [\Phi_1, \Phi_2, \cdots, \Phi_q]^{\mathrm{T}} \in \mathbb{R}^q$ 是神经网络权值向量, $P(Z) = [p_1(Z), p_2(Z), \cdots, p_q(Z)]^{\mathrm{T}} \in \mathbb{R}^q$ 是基函数向量, $q > 1$ 是神经网络节点数.

径向基函数 $p_i(Z)$ 通常选取高斯函数, 采用如下形式:

$$p_i(Z) = \exp\left[\frac{-(Z - \varphi_i)^{\mathrm{T}}(Z - \varphi_i)}{\sigma_i^2} \right], \quad i = 1, 2, \cdots, q \tag{1.4}$$

式中, $\varphi_i = [\varphi_{i1}, \varphi_{i2}, \cdots, \varphi_{is}]^{\mathrm{T}}$ 是基函数的中心, σ_i 是高斯函数的宽度.

引理 1.2 [38] $f(z)$ 是定义在闭集 $\Omega_z \subset \mathbb{R}^s$ 的连续函数, 对于任意给定的常数 $\varepsilon > 0$, 存在常数向量 Φ, 使得如下不等式成立:

$$f(z) = \Phi^{*\mathrm{T}} P(z) + \delta(z) \tag{1.5}$$

式中, $\delta(z)$ 是逼近误差, 满足 $|\delta(z)| \leqslant \varepsilon$. 定义最优权值 Φ^*:

$$\Phi^* := \arg \min_{\Phi \in \mathbb{R}^q} \left\{ \sup_{z \in \Omega_z} |f(z) - \Phi^{\mathrm{T}} P(z)| \right\} \tag{1.6}$$

第 2 章　具有未知控制方向的非线性系统事件触发自适应模糊跟踪控制

2.1　系统模型和控制问题描述

考虑如下带有不确定扰动和未知控制方向的非线性系统:

$$\begin{cases} \dot{v}_i = b_i g_i(\bar{v}_i) v_{i+1} + f_i(\bar{v}_i) + d_i(t), \quad i = 1, \cdots, n-1 \\ \dot{v}_n = b_n g_n(\bar{v}_n) u + f_n(\bar{v}_n) + d_n(t) \\ y = v_1 \end{cases} \tag{2.1}$$

式中, $v = [v_1, \cdots, v_n]^{\mathrm{T}} \in \mathbb{R}^n$, $y \in \mathbb{R}$, $u \in \mathbb{R}$ 分别是系统的状态、输出和事件触发控制器. $b_i = 1$ 或 $b_i = -1$ 是未知的控制方向. $\bar{v}_i = [v_1, \cdots, v_i]^{\mathrm{T}}$. $f_i(\bar{v}_i)$ 表示未知的连续非线性函数. $g_i(\bar{v}_i)$ 表示已知的连续非线性函数, $d_i(t)$ $(i = 1, \cdots, n)$ 表示扰动并且其上界 d_i^o 满足 $d_i^o \geqslant 0$.

本章的控制目标是设计事件触发控制器使得系统的所有信号有界, 系统的输出信号在零的任意小的邻域内跟踪目标信号.

定义 2.1 [122]　如果连续函数 $\mathcal{N}(\xi)$ 具有以下性质:

$$\lim_{\varepsilon \to \infty} \sup \frac{1}{\varepsilon} \int_0^\varepsilon \mathcal{N}(\xi) d\xi = +\infty \tag{2.2}$$

$$\lim_{\varepsilon \to \infty} \inf \frac{1}{\varepsilon} \int_0^\varepsilon \mathcal{N}(\xi) d\xi = -\infty \tag{2.3}$$

则 $\mathcal{N}(\xi)$ 为 Nussbaum 函数. 例如, $\xi^2 \cos(\xi)$, $\xi^2 \sin(\xi)$ 和 $e^{\xi^2} \cos(\pi/2\xi)$. 本章中的 Nussbaum 函数为 $\mathcal{N}(\xi) = \xi^2 \sin(\xi)$.

引理 2.1 [112]　假设 $\xi_i(t)$ 是定义在 $[0, t_f]$ 的光滑函数, 如果 Nussbaum 函数满足如下不等式:

$$V(t) \leqslant c_1 + e^{-c_2\tau} \sum_{i=1}^N \int_0^t (b_i \mathcal{N}(\xi_i)\dot{\xi}_i(\tau) e^{c_2\tau} + \dot{\xi}_i(\tau) e^{-c_2\tau}) d\tau \tag{2.4}$$

式中, $c_1 > 0$, $c_2 > 0$ 为常数, 则 $V(t)$, $\xi_i(t)$ 和 $\int_0^t \mathcal{N}(\xi_i)\dot{\xi}_i d\tau$ 在 $[0, t_f]$ 上是有界的.

假设 2.1　参考信号 y_d 及其各阶导数是分段连续、已知和有界的.

2.2 控制设计和分析

定义如下坐标变换:

$$\varsigma_1 = v_1 - y_d \tag{2.5}$$

$$\varsigma_i = v_i - \alpha_{i-1}, \quad i = 2, \cdots, n \tag{2.6}$$

式中, ς_i 是误差变量, α_{i-1} 是虚拟控制率.

第 1 步　根据式 (2.5) 可以得到

$$\dot{\varsigma}_1 = f_1 + b_1 g_1 v_2 - \dot{y}_d + d_1 \tag{2.7}$$

考虑以下 Lyapunov 函数:

$$V_1 = \frac{1}{2}\varsigma_1^2 + \frac{1}{2}\tilde{\theta}_1^2 \tag{2.8}$$

计算 V_1 的导数, 可以得到

$$\dot{V}_1 = \varsigma_1(b_1 g_1(\varsigma_2 + \alpha_1) + \breve{f}_1 + d_1) - \tilde{\theta}_1\dot{\hat{\theta}}_1 \tag{2.9}$$

式中, $\breve{f}_1 = f_1 - \dot{y}_d$. 根据引理 1.1, 对于任意给定的 $\tau_1 > 0$, 存在模糊逻辑系统 $\Phi_1^{\mathrm{T}} P_1(\bar{U}_1)$ 使得

$$\breve{f}_1 = \Phi_1^{\mathrm{T}} P_1(\bar{U}_1) + \varpi_1(\bar{U}_1) \tag{2.10}$$

$$\|\varpi_1(\bar{U}_1)\| \leqslant \tau_1 \tag{2.11}$$

式中, $\varpi_1(\bar{U}_1)$ 代表估计误差 $\bar{U}_1 = [\bar{v}_1, \hat{\theta}_1, \dot{y}_d]^{\mathrm{T}}$. 利用杨氏不等式, 可以得到

$$
\begin{aligned}
\varsigma_1 \breve{f}_1 &= \varsigma_1 \Phi_1^{\mathrm{T}} P_1(\bar{U}_1) + \varsigma_1 \varpi_1(\bar{U}_1) \\
&\leqslant \frac{\varsigma_1^2 P_1^{\mathrm{T}} P_1 \theta_1}{2a_1^2} + \frac{a_1^2}{2} + \frac{\varsigma_1^2}{2} + \frac{\tau_1^2}{2}
\end{aligned} \tag{2.12}
$$

$$\varsigma_1 d_1 \leqslant \frac{\varsigma_1^2}{2} + \frac{(d_1^o)^2}{2} \tag{2.13}$$

式中, a_1 是设计参数, $\theta_1 = \|\Phi_1\|^2$, $\tilde{\theta}_1 = \theta_1 - \hat{\theta}_1$, $\hat{\theta}_1$ 是未知向量 θ_1 的估计. 将式 (2.12) 和式 (2.13) 代入式 (2.9), 可以得到

$$
\begin{aligned}
\dot{V}_1 &\leqslant \varsigma_1 b_1 \varsigma_2 g_1 + \varsigma_1 b_1 g_1 \alpha_1 + \frac{\varsigma_1^2 P_1^{\mathrm{T}} P_1 \theta_1}{2a_1^2} \\
&\quad + \frac{a_1^2}{2} + \frac{\varsigma_1^2}{2} + \frac{\tau_1^2}{2} + \frac{\varsigma_1^2}{2} + \frac{(d_1^o)^2}{2} - \tilde{\theta}_1 \dot{\hat{\theta}}_1
\end{aligned} \tag{2.14}
$$

设计虚拟控制器 α_1 为如下形式:

$$\begin{cases} \alpha_1 = \mathcal{N}(\xi_1)\varphi_1 \\ \dot{\xi}_1 = \varsigma_1 g_1 \varphi_1 \\ \varphi_1 = \dfrac{1}{g_1}\left(c_1\varsigma_1 + \varsigma_1 + \dfrac{\varsigma_1\hat{\theta}_1 P_1^{\mathrm{T}} P_1}{2a_1^2}\right) \end{cases} \tag{2.15}$$

式中, $c_1 > 0$ 是设计参数. 将式 (2.15) 代入式 (2.14), 可以得到

$$\begin{aligned} \dot{V}_1 \leqslant {}&- c_1\varsigma_1^2 + \frac{a_1^2}{2} + \frac{\tau_1^2}{2} + \frac{(d_1^o)^2}{2} + b_1\mathcal{N}(\xi_1)\dot{\xi}_1 + \dot{\xi}_1 \\ &+ \varsigma_1 b_1\varsigma_2 g_1 + \tilde{\theta}_1\left(\frac{\varsigma_1^2 P_1^{\mathrm{T}} P_1}{2a_1^2} - \dot{\hat{\theta}}_1\right) \end{aligned} \tag{2.16}$$

第 i $(2 \leqslant i \leqslant n)$ 步　根据式 (2.6) 可以得到

$$\dot{\varsigma}_i = f_i + b_i g_i \upsilon_{i+1} + d_i - \dot{\alpha}_{i-1} \tag{2.17}$$

式中,

$$\begin{aligned} \dot{\alpha}_{i-1} = {}&\sum_{j=1}^{i-1}\left(\frac{\partial\alpha_{i-1}}{\partial\upsilon_j}(f_j(\bar{\upsilon}_j) + b_j g_j(\bar{\upsilon}_j)\upsilon_{j+1} + d_j(t))\right. \\ &\left.+ \frac{\partial\alpha_{i-1}}{\partial\hat{\theta}_j}\dot{\hat{\theta}}_j + \frac{\partial\alpha_{i-1}}{\partial\xi_j}\dot{\xi}_j\right) + \sum_{j=0}^{i-1}\frac{\partial\alpha_{i-1}}{\partial y_d^{(j)}}y_d^{(j+1)} \end{aligned} \tag{2.18}$$

选取以下 Lyapunov 函数:

$$V_i = V_{i-1} + \frac{1}{2}\varsigma_i^2 + \frac{1}{2}\tilde{\theta}_i^2 \tag{2.19}$$

式中, $\theta_i = ||\Phi_i||^2$, $\tilde{\theta}_i = \theta_i - \hat{\theta}_i$. 计算 V_i 的导数, 可以得到

$$\dot{V}_i \leqslant \dot{V}_{i-1} + \varsigma_i(\breve{f}_i + b_i g_i(\varsigma_{i+1} + \alpha_i) + d_i) - \tilde{\theta}_i\dot{\hat{\theta}}_i - \varsigma_i b_{i-1} g_{i-1}\varsigma_{i-1} \tag{2.20}$$

式中, $\breve{f}_i = f_i - \dot{\alpha}_{i-1} + b_{i-1} g_{i-1}\varsigma_{i-1}$. 根据引理 1.1, 对于任意给定的 τ_i, 存在模糊逻辑系统 $\Phi_i^{\mathrm{T}} P_i(\bar{U}_i)$ 使得

$$\breve{f}_i = \Phi_i^{\mathrm{T}} P_i(\bar{U}_i) + \varpi_i(\bar{U}_i) \tag{2.21}$$

$$||\varpi_i(\bar{U}_i)|| \leqslant \tau_i \tag{2.22}$$

式中, $\varpi_i(\bar{U}_i)$ 代表估计误差. 利用杨氏不等式, 可以得到

$$
\begin{aligned}
\varsigma_i \breve{f}_i &= \varsigma_i \Phi_i^{\mathrm{T}} P_i(\bar{U}_i) + \varsigma_i \varpi_i(\bar{U}_i) \\
&\leqslant \frac{\varsigma_i^2 P_i^{\mathrm{T}} P_i \theta_i}{2a_i^2} + \frac{a_i^2}{2} + \frac{\varsigma_i^2}{2} + \frac{\tau_i^2}{2}
\end{aligned}
\tag{2.23}
$$

$$
\varsigma_i d_i \leqslant \frac{\varsigma_i^2}{2} + \frac{(d_i^o)^2}{2}
\tag{2.24}
$$

式中, a_i 是给定的设计参数. 根据式 (2.23) 和式 (2.24), 式 (2.20) 变成:

$$
\begin{aligned}
\dot{V}_i &\leqslant \dot{V}_{i-1} + \varsigma_i b_i g_i(\varsigma_{i+1} + \alpha_i) - \tilde{\theta}_i \dot{\hat{\theta}}_i - \varsigma_i b_{i-1} g_{i-1} \varsigma_{i-1} \\
&\quad + \frac{\varsigma_i^2 \theta_i P_i^{\mathrm{T}} P_i}{2a_i^2} + \frac{a_i^2}{2} + \frac{\varsigma_i^2}{2} + \frac{\tau_i^2}{2} + \frac{\varsigma_i^2}{2} + \frac{(d_i^o)^2}{2}
\end{aligned}
\tag{2.25}
$$

构造虚拟控制器 α_i 为

$$
\begin{cases}
\alpha_i = \mathcal{N}(\xi_i) \varphi_i \\
\dot{\xi}_i = \varsigma_i g_i \varphi_i \\
\varphi_i = \dfrac{1}{g_i} \left(c_i \varsigma_i + \varsigma_i + \dfrac{\varsigma_i \hat{\theta}_i P_i^{\mathrm{T}} P_i}{2a_i^2} \right)
\end{cases}
\tag{2.26}
$$

式中, $c_i > 0$ 是设计参数. 将式 (2.26) 代入式 (2.25), 可以得到

$$
\begin{aligned}
\dot{V}_i &\leqslant \sum_{j=1}^{i} \left(-c_j \varsigma_j^2 + b_j \mathcal{N}(\xi_j) \dot{\xi}_j + \dot{\xi}_j + \frac{a_j^2}{2} \right. \\
&\quad \left. + \frac{\tau_j^2}{2} + \frac{(d_j^o)^2}{2} + \tilde{\theta}_j \left(\frac{\varsigma_j^2 P_j^{\mathrm{T}} P_j}{2a_j^2} - \dot{\hat{\theta}}_j \right) \right) + \varsigma_i b_i g_i \varsigma_{i+1}
\end{aligned}
\tag{2.27}
$$

注 2.1 本章研究的非线性系统考虑了系统中的强不确定性, 采用自适应律估计未知参数的界, 所设计的虚控制律和实控制律更简单, 更易于在实际应用中实现.

2.2.1 固定阈值策略

设计以下事件触发控制器:

$$
\psi(t) = \mathcal{N}(\xi_n) w(t)
\tag{2.28}
$$

$$
\dot{\xi}_n = \varsigma_n g_n w(t)
\tag{2.29}
$$

$$w(t) = -\alpha_n + \bar{m}_1 \tanh\left(\frac{\varsigma_n g_n \bar{m}_1}{\epsilon}\right) \tag{2.30}$$

$$u(t) = \psi(t_k), \quad t \in [t_k, t_{k+1}) \tag{2.31}$$

$$\dot{\hat{\theta}}_i = \frac{\varsigma_i^2 P_i^{\mathrm{T}} P_i}{2a_i^2} - \sigma_i \hat{\theta}_i \tag{2.32}$$

事件触发机制为

$$t_{k+1} = \inf\{t \in \mathbb{R} | |\kappa(t)| \geqslant m_1\} \tag{2.33}$$

式中, $\kappa(t) = \psi(t) - u(t)$, $\epsilon > 0$, $m_1 > 0$, $\bar{m}_1 > m_1$ 表示设计参数, $t_k > 0$, $k \in z^+$ 是控制器迭代时间. α_n 是将要设计的虚拟控制器.

定理 2.1　考虑系统 (2.1), 假设 2.1 以及事件触发机制 (2.33), 可以得到以下结果:

(1) 系统 (2.1) 是稳定的, 并且所有闭环信号有界;

(2) 跟踪误差 ς_1 收敛到原点附近的任意小邻域;

(3) 该控制器可以避免芝诺行为.

证明　令 $V = \frac{1}{2}\sum_{i=1}^{n}(\varsigma_i^2 + \tilde{\theta}_i^2)$, 对其求导可得

$$\dot{V} \leqslant \varsigma_n(b_n g_n u + \breve{f}_n + d_n) - \tilde{\theta}_n \dot{\hat{\theta}}_n + \sum_{i=1}^{n-1}\left(-c_i \varsigma_i^2 \right.$$
$$\left. + b_i \mathcal{N}(\xi_i)\dot{\xi}_i + \dot{\xi}_i + \frac{a_i^2}{2} + \frac{\tau_i^2}{2} + \frac{(d_i^o)^2}{2} + \tilde{\theta}_i\left(\frac{\varsigma_i^2 P_i^{\mathrm{T}} P_i}{2a_i^2} - \dot{\hat{\theta}}_i\right)\right) \tag{2.34}$$

式中, $\breve{f}_n = f_n - \dot{\alpha}_{n-1} + b_{n-1} g_{n-1} \varsigma_{n-1}$. 根据式 (2.33), 可以得到 $|\kappa(t)| \leqslant m_1$, 然后可以得到以下等式:

$$\psi(t) = u(t) + \rho(t)m_1 \tag{2.35}$$

式中, $\rho(t_k) = 0$, $\rho(t_{k+1}) = \pm 1$, $|\rho(t)| \leqslant 1$. 根据式 (2.34), 可以得到

$$\dot{V} \leqslant \varsigma_n\left(b_n g_n\big(\psi(t) - \rho(t)m_1\big) + \breve{f}_n + d_n\right) - \tilde{\theta}_n \dot{\hat{\theta}}_n + \sum_{i=1}^{n-1}\left(-c_i \varsigma_i^2 \right.$$
$$\left. + b_i \mathcal{N}(\xi_i)\dot{\xi}_i + \dot{\xi}_i + \frac{a_i^2}{2} + \frac{\tau_i^2}{2} + \frac{(d_i^o)^2}{2} + \tilde{\theta}_i\left(\frac{\varsigma_i^2 P_i^{\mathrm{T}} P_i}{2a_i^2} - \dot{\hat{\theta}}_i\right)\right) \tag{2.36}$$

将式 (2.28)~(2.32) 代入式 (2.36) 可知

$$\dot{V} \leqslant b_n \mathcal{N}(\xi_n)\dot{\xi}_n + \dot{\xi}_n + \varsigma_n(\breve{f}_n + d_n) - \varsigma_n b_n g_n \rho(t)m_1$$

$$-\tilde{\theta}_n \dot{\hat{\theta}}_n + \varsigma_n g_n \left(\alpha_n - \bar{m}_1 \tanh\left(\frac{\varsigma_n g_n \bar{m}_1}{\epsilon}\right)\right) + \sum_{i=1}^{n-1}\left(-c_i \varsigma_i^2\right.$$

$$\left.+ b_i \mathcal{N}(\xi_i)\dot{\xi}_i + \dot{\xi}_i + \frac{a_i^2}{2} + \frac{\tau_i^2}{2} + \frac{(d_i^o)^2}{2} + \tilde{\theta}_i\left(\frac{\varsigma_i^2 P_i^{\mathrm{T}} P_i}{2a_i^2} - \dot{\hat{\theta}}_i\right)\right) \tag{2.37}$$

构造虚拟控制器 α_n 为

$$\alpha_n = \frac{1}{g_n}\left(-c_n \varsigma_n - \varsigma_n - \frac{\varsigma_n \hat{\theta}_n P_n^{\mathrm{T}} P_n}{2a_n^2}\right) \tag{2.38}$$

式中, $c_n > 0$ 为设计参数, 因此可以得到以下不等式

$$\dot{V} \leqslant \sum_{i=1}^{n}\left(-c_i \varsigma_i^2 + b_i \mathcal{N}(\xi_i)\dot{\xi}_i + \dot{\xi}_i + \frac{a_i^2}{2} + \frac{\tau_i^2}{2} + \tilde{\theta}_i\left(\frac{\varsigma_i^2 P_i^{\mathrm{T}} P_i}{2a_i^2} - \dot{\hat{\theta}}_i\right) + \frac{(d_i^o)^2}{2}\right)$$

$$+ \varsigma_n g_n\left(-\bar{m}_1 \tanh\left(\frac{\varsigma_n g_n \bar{m}_1}{\epsilon}\right) - b_n \rho(t) m_1\right) \tag{2.39}$$

根据文献 [37], 可得

$$0 \leqslant |\Psi| - \Psi \tanh\left(\frac{\Psi}{\epsilon}\right) \leqslant 0.2785\epsilon \tag{2.40}$$

式中, $\epsilon > 0$, $\Psi \in \mathbb{R}$. 根据式 (2.40), 可得

$$\dot{V} \leqslant \sum_{i=1}^{n}\left(-c_i \varsigma_i^2 + b_i \mathcal{N}(\xi_i)\dot{\xi}_i + \dot{\xi}_i + \frac{a_i^2}{2} + \frac{\tau_i^2}{2}\right.$$

$$\left.+ \frac{(d_i^o)^2}{2} + \tilde{\theta}_i\left(\frac{\varsigma_i^2 P_i^{\mathrm{T}} P_i}{2a_i^2} - \dot{\hat{\theta}}_i\right)\right) + 0.2785\epsilon \tag{2.41}$$

利用杨氏不等式, 可得

$$\sigma_i \tilde{\theta}_i \hat{\theta}_i \leqslant -\frac{\sigma_i}{2}\tilde{\theta}_i^2 + \frac{\sigma_i}{2}\theta_i^2 \tag{2.42}$$

将式 (2.42) 代入式 (2.41), 可得

$$\dot{V} \leqslant -aV + \sum_{i=1}^{n}\left(b_i \mathcal{N}(\xi_i)\dot{\xi}_i + \dot{\xi}_i\right) + \Delta_1 \tag{2.43}$$

式中, $a = \min\{2c_1, \cdots, 2c_n, \sigma_1, \cdots, \sigma_n\}$,

$$\Delta_1 = \sum_{i=1}^{n}\left(\frac{a_i^2}{2} + \frac{\tau_i^2}{2} + \frac{(d_i^o)^2}{2} + \frac{\sigma_i}{2}\theta_i^2\right) + 0.2785\epsilon$$

对不等式 (2.43) 求积分可得

$$V(t) \leqslant \frac{\Delta_1}{a} + V(0)e^{-at} + e^{-at}\sum_{i=1}^{n}\int_0^t b_i\mathcal{N}(\xi_i)\dot{\xi_i}e^{a\iota}d\iota$$

$$+ e^{-at}\sum_{i=1}^{n}\int_0^t \dot{\xi_i}e^{a\iota}d\iota \tag{2.44}$$

根据引理 2.1, 可得 $V(t)$, $\xi_i(t)$ 以及 $\int_0^t \mathcal{N}(\xi_i)\dot{\xi_i}d\tau$ 有界. 因此, ς_i 和 $\tilde{\theta}_i$ 有界. 接下来证明芝诺行为不会发生. 根据 $\kappa(t) = \psi(t) - u(t)$, 可知

$$\frac{d}{dt}|\kappa| = \frac{d}{dt}\sqrt{\kappa * \kappa} = \text{sign}(\kappa)\dot{\kappa} \leqslant |\dot{\psi}| \tag{2.45}$$

根据 (2.28) 可知, 存在常数 $\varrho > 0$ 使得 $|\dot{\psi}| \leqslant \varrho$. 根据 $\kappa(t_k) = 0$, $\lim_{t\to t_{k+1}}\kappa(t) = m_1$, 通过积分, 可以得到 $t_{k+1} - t_k \geqslant m_1/\varrho$. 因此, 芝诺行为不会发生.

2.2.2　相对阈值策略

设计以下事件触发控制器和自适应率:

$$\psi(t) = (1+\gamma)\mathcal{N}(\xi_n)w(t) \tag{2.46}$$

$$\dot{\xi}_n = \varsigma_n g_n w(t) \tag{2.47}$$

$$w(t) = \alpha_n \tanh\left(\frac{\varsigma_n g_n \alpha_n}{\epsilon}\right) + \bar{m}_2\tanh\left(\frac{\varsigma_n g_n \bar{m}_2}{\epsilon}\right) \tag{2.48}$$

$$\dot{\hat{\theta}}_i = \frac{\varsigma_i^2 P_i^{\mathrm{T}}P_i}{2a_i^2} - \sigma_i\hat{\theta}_i \tag{2.49}$$

$$u(t) = \psi(t_k), \qquad \forall t \in [t_k,\ t_{k+1}) \tag{2.50}$$

事件触发机制为

$$t_{k+1} = \inf\{t \in \mathbb{R}||\kappa(t)| \geqslant \gamma|u(t)| + m_2\} \tag{2.51}$$

式中, $\sigma_i > 0$, $m_2 > 0$, $0 < \gamma < 1$, $\epsilon > 0$, $\bar{m}_2 > m_2/(1-\gamma)$ 为设计参数.

定理 2.2　将事件触发条件 (2.51) 代入定理 2.1 中, 定理 2.1 中的结果依然成立.

证明　根据 (2.51), 可以得到

$$\psi(t) = (1 + \lambda_1(t)\gamma)u(t) + \lambda_2(t)m_2 \tag{2.52}$$

式中, $|\lambda_1(t)| \leqslant 1$, $|\lambda_2(t)| \leqslant 1$ 为时变参数. 基于式 (2.52), 以下等式成立:

$$u(t) = \frac{\psi(t)}{1+\lambda_1\gamma} - \frac{\lambda_2 m_2}{1+\lambda_1\gamma} \tag{2.53}$$

因此, $\dot{V}$ 满足

$$\dot{V} \leqslant \varsigma_n \left(b_n g_n \frac{\psi(t) - \lambda_2 m_2}{1 + \lambda_1 \gamma} + f_n + d_n - \dot{\alpha}_{n-1} \right) - \tilde{\theta}_n \dot{\hat{\theta}}_n$$
$$+ \sum_{i=1}^{n-1} \left(-c_i \varsigma_i^2 + \tilde{\theta}_i \left(\frac{\varsigma_i^2 P_i^{\mathrm{T}} P_i}{2a_i^2} - \dot{\hat{\theta}}_i \right) + \frac{a_i^2}{2} + \frac{\tau_i^2}{2} \right.$$
$$\left. + \frac{(d_i^o)^2}{2} + b_i \mathcal{N}(\xi_i)\dot{\xi}_i + \dot{\xi}_i \right) + \varsigma_{n-1} b_{n-1} g_{n-1} \varsigma_n \quad (2.54)$$

由于 $\lambda_2(t) \in [-1, 1]$, 因此

$$g_n \left| \frac{\lambda_2(t)m_2}{1 + \lambda_1(t)\gamma} \right| \leqslant \left| \frac{m_2 g_n}{1 - \gamma} \right| \quad (2.55)$$

然后, $\dot{V}$ 变成

$$\dot{V} \leqslant \varsigma_n \left(\frac{b_n g_n \psi(t)}{1 + \gamma} + \breve{f}_n + d_n \right) - \tilde{\theta}_n \dot{\hat{\theta}}_n + \sum_{i=1}^{n-1} \left(-c_i \varsigma_i^2 + \tilde{\theta}_i \left(\frac{\varsigma_i^2 P_i^{\mathrm{T}} P_i}{2a_i^2} - \dot{\hat{\theta}}_i \right) \right.$$
$$\left. + \frac{a_i^2}{2} + \frac{\tau_i^2}{2} + \frac{(d_i^o)^2}{2} + b_i \mathcal{N}(\xi_i)\dot{\xi}_i + \dot{\xi}_i \right) + \left| \frac{\varsigma_n b_n g_n m_2}{1 - \gamma} \right| \quad (2.56)$$

式中, $\breve{f}_n = f_n - \dot{\alpha}_{n-1} + b_{n-1} g_{n-1} \varsigma_{n-1} + \frac{b_n g_n \psi(t)}{1 + \lambda_1 \gamma} - \frac{b_n g_n \psi(t)}{1 + \gamma}$. 与式 (2.35)~(2.40) 处理过程类似, 将式 (2.46)~(2.48) 代入式 (2.56) 可得

$$\dot{V} \leqslant \sum_{i=1}^n \left(-c_i \varsigma_i^2 + b_i \mathcal{N}(\xi_i)\dot{\xi}_i + \dot{\xi}_i + \sigma_i \tilde{\theta}_i \hat{\theta}_i + \frac{a_i^2}{2} + \frac{\tau_i^2}{2} \right.$$
$$\left. + \frac{(d_i^o)^2}{2} \right) - |\varsigma_n \bar{m}_2 g_n| + \left| \frac{\varsigma_n b_n g_n m_2}{1 - \gamma} \right| + 0.557\epsilon \quad (2.57)$$

由 $\bar{m}_2 > m_2/(1 - \gamma)$, 可得

$$\dot{V} \leqslant \sum_{i=1}^n \left(-c_i \varsigma_i^2 + \sigma_i \tilde{\theta}_i \hat{\theta}_i + b_i \mathcal{N}(\xi_i)\dot{\xi}_i + \dot{\xi}_i + \frac{a_i^2}{2} \right.$$
$$\left. + \frac{\tau_i^2}{2} + \frac{(d_i^o)^2}{2} \right) + 0.557\epsilon \quad (2.58)$$

根据杨氏不等式, 以下不等式成立:

$$\sigma_i \tilde{\theta}_i \hat{\theta}_i \leqslant -\frac{\sigma_i}{2} \tilde{\theta}_i^2 + \frac{\sigma_i}{2} \theta_i^2 \quad (2.59)$$

将式 (2.59) 代入式 (2.58), 可得

$$\dot{V} \leqslant -aV + \sum_{i=1}^{n} \left(b_i \mathcal{N}(\xi_i) \dot{\xi}_i + \dot{\xi}_i \right) + \Delta_2 \tag{2.60}$$

式中, $a = \min\{2c_1, \cdots, 2c_n, \sigma_1, \cdots, \sigma_n\}$, $\Delta_2 = \sum_{i=1}^{n} \left(\dfrac{a_i^2}{2} + \dfrac{\tau_i^2}{2} + \dfrac{(d_i^o)^2}{2} + \dfrac{\sigma_i}{2} \theta_i^2 \right) +$ 0.557ϵ. 对不等式 (2.60) 求积分, 可得

$$V(t) \leqslant \frac{\Delta_2}{a} + V(0)e^{-at} + e^{-at} \sum_{i=1}^{n} \int_0^t b_i \mathcal{N}(\xi_i) \dot{\xi}_i e^{a\iota} d\iota$$

$$+ e^{-at} \sum_{i=1}^{n} \int_0^t \dot{\xi}_i e^{a\iota} d\iota \tag{2.61}$$

根据引理 2.1, 可知 $V(t)$, $\xi_i(t)$ 以及 $\int_0^t \mathcal{N}(\xi_i) \dot{\xi}_i d\tau$ 有界. 因此, ς_i 和 $\tilde{\theta}_i$ 有界. 接下来证明芝诺行为不会发生. 由 $\kappa(t) = \psi(t) - u(t)$ 可得

$$\frac{d}{dt}|\kappa| = \frac{d}{dt}\sqrt{(\kappa * \kappa)} = \text{sign}(\kappa)\dot{\kappa} \leqslant |\dot{\psi}| \tag{2.62}$$

与定理 2.1 的证明类似, $t_{k+1} - t_k \geqslant (\gamma|u(t)| + m_2)/\varrho$ 成立. 因此芝诺行为不会发生.

注 2.2　通过引入双曲正切函数 $\bar{m}_1 \tanh\left(\dfrac{\varsigma_n g_n \bar{m}_1}{\epsilon}\right)$ 和 $\bar{m}_2 \tanh\left(\dfrac{\varsigma_n g_n \bar{m}_2}{\epsilon}\right)$, 补偿了测量误差 m_1 和 m_2, 并且移除了文献 [55] 所要求的系统是输入状态稳定的假设.

2.3　仿　真　例　子

例 2.1　下面的例子验证了所设计控制器的有效性, 考虑以下二阶非线性系统:

$$\begin{cases} \dot{v}_1 = 0.5v_1 + b_1 g_1 v_2 + 0.05\sin t \\ \dot{v}_2 = 0.1v_1 v_2^2 + b_2 g_2 u + 0.01v_1 + 0.1\sin t \\ y = v_1 \end{cases} \tag{2.63}$$

参考信号为 $y_d = 0.7\sin t$. 模糊基函数为

$$\mu_{F_i^1} = e^{-\frac{1}{2}(v_i + 9)^2}, \qquad \mu_{F_i^2} = e^{-\frac{1}{2}(v_i + 7)^2}$$

$$\mu_{F_i^3} = e^{-\frac{1}{2}(v_i + 5)^2}, \qquad \mu_{F_i^4} = e^{-\frac{1}{2}(v_i + 3)^2}$$

$$\mu_{F_i^5} = e^{-\frac{1}{2}(v_i+1)^2}, \qquad \mu_{F_i^6} = e^{-\frac{1}{2}(v_i)^2}$$

$$\mu_{F_i^7} = e^{-\frac{1}{2}(v_i-1)^2}, \qquad \mu_{F_i^8} = e^{-\frac{1}{2}(v_i-3)^2}$$

$$\mu_{F_i^9} = e^{-\frac{1}{2}(v_i-5)^2}, \qquad \mu_{F_i^{10}} = e^{-\frac{1}{2}(v_i-7)^2}$$

$$\mu_{F_i^{11}} = e^{-\frac{1}{2}(v_i-9)^2}$$

设计以下固定阈值事件触发控制器:

$$
\begin{cases}
\alpha_1 = \frac{1}{g_1}\mathcal{N}(\xi_1)\left(c_1\varsigma_1 + \varsigma_1 + \frac{\varsigma_1\hat{\theta}_1 P_1^{\mathrm{T}} P_1}{2a_1^2}\right) \\[2mm]
\alpha_2 = \frac{1}{g_2}\left(-c_2\varsigma_2 - \varsigma_2 - \frac{\varsigma_2\hat{\theta}_2 P_2^{\mathrm{T}} P_2}{2a_2^2}\right) \\[2mm]
\psi(t) = \mathcal{N}(\xi_2)\left(-\alpha_2 + \bar{m}_1\tanh\left(\frac{\varsigma_2 g_2 \bar{m}_1}{\epsilon}\right)\right) \\[2mm]
u = \psi(t_k), \quad k \in z^+
\end{cases}
$$

设计以下相对阈值事件触发控制器:

$$
\begin{cases}
\alpha_1 = \frac{1}{g_1}\mathcal{N}(\xi_1)\left(c_1\varsigma_1 + \varsigma_1 + \frac{\varsigma_1\hat{\theta}_1 P_1^{\mathrm{T}} P_1}{2a_1^2}\right) \\[2mm]
\alpha_2 = \frac{1}{g_2}\left(-c_2\varsigma_2 - \varsigma_2 - \frac{\varsigma_2\hat{\theta}_2 P_2^{\mathrm{T}} P_2}{2a_2^2}\right) \\[2mm]
\psi(t) = (1+\gamma)\mathcal{N}(\xi_2)\left(\alpha_2\tanh\frac{\varsigma_2 g_2 \alpha_2}{\epsilon} + \bar{m}_2\tanh\frac{\varsigma_2 g_2 \bar{m}_2}{\epsilon}\right) \\[2mm]
u = \psi(t_k), \quad k \in z^+
\end{cases}
$$

自适应率为

$$
\begin{cases}
\dot{\hat{\theta}}_1 = \frac{\varsigma_1^2 P_1^{\mathrm{T}} P_1}{2a_1^2} - \sigma_1\hat{\theta}_1 \\[2mm]
\dot{\hat{\theta}}_2 = \frac{\varsigma_2^2 P_2^{\mathrm{T}} P_2}{2a_2^2} - \sigma_2\hat{\theta}_2
\end{cases}
$$

固定阈值事件触发机制为 $t_{k+1} = \inf\{t \in \mathbb{R}\|\kappa(t)| \geqslant m_1\}$. 状态的初值为 $v_1(0) = 0.1$, $v_2(0) = -0.1$. 设计参数为 $a_1 = 1$, $a_2 = 1$, $c_1 = 19$, $c_2 = 0.5$, $\sigma_1 = 1$, $\sigma_2 = 10$, $\bar{m}_1 = 2$, $\epsilon = 10$, $m_1 = 1$, $b_1 = -1$, $b_2 = 1$, $g_1 = 2$, $g_2 = 2.8$.

相对阈值事件触发机制为 $t_{k+1} = \inf\{t \in \mathbb{R}\|\kappa(t)| \geqslant \gamma|u(t)| + m_2\}$. 状态的初值为 $v_1(0) = 0.3$, $v_2(0) = 1$. 设计参数为 $a_1 = 1$, $a_2 = 1$, $c_1 = 6$, $c_2 = 0.1$, $\sigma_1 = 15$, $\sigma_2 = 15$, $\bar{m}_2 = 9$, $\epsilon = 1$, $\gamma = 0.1$, $m_2 = 1$, $b_1 = -1$, $b_2 = 1$, $g_1 = 2$, $g_2 = 0.1$.

仿真实验结果如图 2.1~图 2.14 所示. 图 2.1 给出了在固定阈值策略下输出 y 和参考信号 y_d 的轨迹, 可以看出输出 y 能够很好地跟踪参考信号 y_d. 在固定阈值策略下, 状态信号 v_1, v_2 以及跟踪误差 ς_1 的轨迹如图 2.2 和图 2.3 所示. 从图 2.3 可以看出跟踪误差 ς_1 收敛到原点的任意小邻域中. 在固定阈值策略下, 自适应参数和输入信号的轨迹如图 2.4 和图 2.5 所示. 图 2.6 和图 2.7 表示事件触发时间间隔和 Nussbaum 函数信号的轨迹. 从图 2.5 和图 2.6 可以看到, 所提出的控制器显著减少了计算负担并节省了通信资源. 图 2.8~图 2.14 表示相对阈值策略下的跟踪信号、状态信号、跟踪误差、自适应律、输入信号、事件触发时间间隔和 Nussbaum 函数信号. 由图 2.12 和图 2.13 可以看出, 相对阈值策略下的事件触发时间间隔比固定阈值策略下的事件触发时间间隔长. 因此, 当跟踪误差给定时, 相对阈值策略比固定阈值策略节省更多资源.

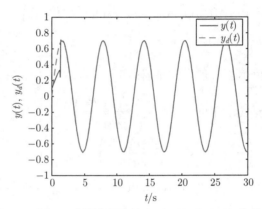

图 2.1　例 2.1 中固定阈值策略下 $y(t)$ 和 $y_d(t)$ 的轨迹

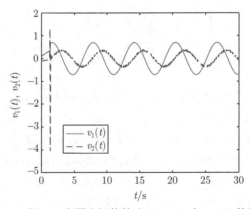

图 2.2　例 2.1 中固定阈值策略下 $v_1(t)$ 和 $v_2(t)$ 的轨迹

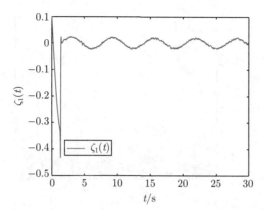

图 2.3　例 2.1 中固定阈值策略下跟踪误差的轨迹

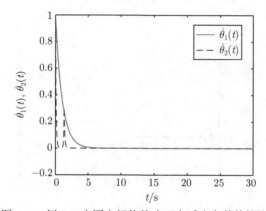

图 2.4　例 2.1 中固定阈值策略下自适应参数的轨迹

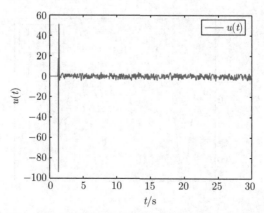

图 2.5　例 2.1 中固定阈值策略下输入信号 $u(t)$ 的轨迹

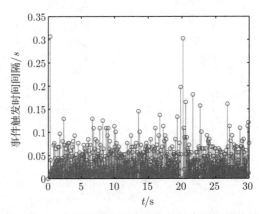

图 2.6   例 2.1 中固定阈值策略下事件触发时间间隔的轨迹

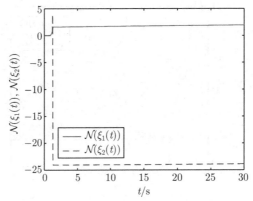

图 2.7   例 2.1 中固定阈值策略下 $\mathcal{N}(\xi_1(t))$ 和 $\mathcal{N}(\xi_2(t))$ 的轨迹

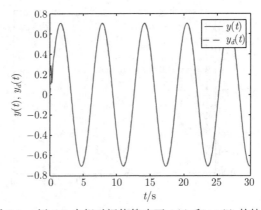

图 2.8   例 2.1 中相对阈值策略下 $y(t)$ 和 $y_d(t)$ 的轨迹

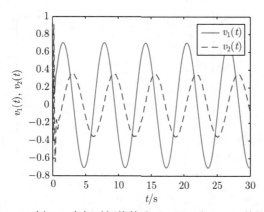

图 2.9   例 2.1 中相对阈值策略下 $v_1(t)$ 和 $v_2(t)$ 的轨迹

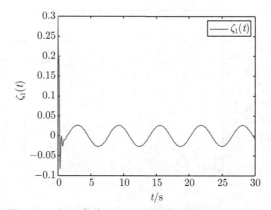

图 2.10   例 2.1 中相对阈值策略下跟踪误差的轨迹

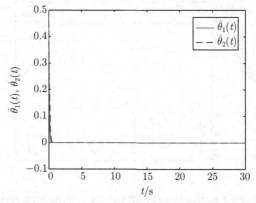

图 2.11   例 2.1 中相对阈值策略下自适应参数的轨迹

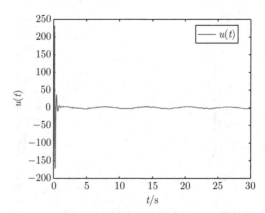

图 2.12　例 2.1 中相对阈值策略下 $u(t)$ 的轨迹

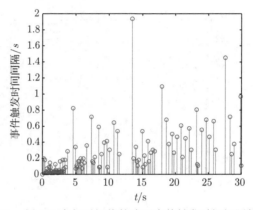

图 2.13　例 2.1 中相对阈值策略下事件触发时间间隔的轨迹

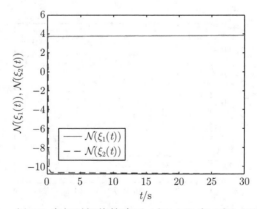

图 2.14　例 2.1 中相对阈值策略下 $\mathcal{N}(\xi_1(t))$ 和 $\mathcal{N}(\xi_2(t))$ 的轨迹

2.4　结　论

　　针对控制方向未知的非线性系统, 本章提出了一种事件触发自适应模糊跟踪控制方案. 首先, 利用模糊逻辑系统逼近未知非线性函数, 利用 Nussbaum 函数解决系统控制方向未知的问题. 然后, 在设计事件触发控制器时, 考虑了事件触发机制. 在此基础上, 设计了一种自适应事件触发跟踪控制器, 所设计的控制器能够保证输出 y 在零附近的任何小邻域内跟踪期望信号 y_d, 并且闭环系统的所有变量都有界. 最后, 通过仿真例子验证了该控制方案的有效性.

第 3 章　基于命令滤波器的不确定非线性时滞系统事件触发自适应神经网络控制

3.1　系统描述和准备工作

考虑如下非线性时滞系统:

$$
\begin{cases}
\dot{x}_i(t) = g_i(\bar{x}_i(t))x_{i+1}(t) + f_i(\bar{x}_i(t)) + h_i(\bar{x}_i(t-\tau_i)) + d_i(x,t) \\
\dot{x}_n(t) = g_n(\bar{x}_n(t))u(t) + f_n(\bar{x}_n(t)) + h_n(\bar{x}_n(t-\tau_n)) + d_n(x,t) \\
y = x_1
\end{cases}
\tag{3.1}
$$

式中, $x(t) = [x_1(t), \cdots, x_n(t)]^{\mathrm{T}} \in \mathbb{R}^n$, $y(t) \in \mathbb{R}$ 和 $u(t) \in \mathbb{R}$ 分别是系统的状态向量、输出变量和输入变量. $\bar{x}_i(t) = [x_1(t), \cdots, x_i(t)]^{\mathrm{T}} \in \mathbb{R}^i$, $i = 1, \cdots, n-1$. $f_i(\bar{x}_i(t))$ 和 $h_i(\bar{x}_i(t-\tau_i(t)))$ 是全部的未知光滑函数, $g_i(\bar{x}_i(t))$ 是已知的平滑函数. $d_i(x,t)$ 代表不确定的扰动, τ_i 表示未知时滞.

本章的控制目标是设计一个自适应事件触发神经网络控制器, 使系统输出 y 在足够小的原点邻域内跟踪期望信号 y_d, 并且系统中的所有信号都有界.

假设 3.1　跟踪信号 $y_d(t)$ 及其一阶导数 $\dot{y}_d(t)$ 有界.

假设 3.2　对于 $1 \leqslant i \leqslant n$, 存在未知的函数 $\rho_i(\bar{x}_i(t))$ 使得 $|d_i(x,t)| \leqslant \rho_i(\bar{x}_i(t))$.

引理 3.1[117]　对于 $1 \leqslant i \leqslant n$, 考虑集合 $\Omega_{\nu_i} := \{\zeta_i | |\zeta_i| < 0.2554\nu_i\}$, 于是对于 $\zeta_i \notin \Omega_{\nu_i}$, 不等式 $1 - 16\tanh^2(\zeta_i/\nu_i) \leqslant 0$ 成立.

3.2　事件触发控制设计方案

3.2.1　控制器设计

基于命令滤波反步控制设计, 设计以下误差系统

$$
\begin{cases}
z_1(t) = x_1(t) - y_d \\
z_i(t) = x_i(t) - \alpha_{i-1}^*(t)
\end{cases}
\tag{3.2}
$$

式中, $\alpha_i^*(t)$ $(i = 2, \cdots, n)$ 是以下命令滤波的输出

$$
\nu_i \dot{\alpha}_i^*(t) + \alpha_i^*(t) = \alpha_i(t), \quad \alpha_i^*(0) = \alpha_i(0)
\tag{3.3}
$$

式中, $\alpha_i(t)$ 是命令滤波器的输入, ν_i 为设计参数. 令

$$\zeta_i = z_i - \eta_i \tag{3.4}$$

为辅助误差信号, $\tilde{\Theta}_i = \Theta_i - \hat{\Theta}_i$ 是参数估计误差, $\Theta_i = \|\Phi_i\|^2$, $\gamma_i > 0$ 是设计参数, η_i 为辅助信号, 被定义为

$$\begin{cases} \dot{\eta}_1 = -k_1\eta_1 + g_1(\alpha_1^* - \alpha_1) + g_1\eta_2 \\ \dot{\eta}_i = -k_i\eta_i + g_i(\alpha_i^* - \alpha_i) - g_{i-1}\eta_{i-1} + g_i\eta_{i+1} \\ \dot{\eta}_n = -k_n\eta_n - g_{n-1}\eta_{n-1} \end{cases} \tag{3.5}$$

式中, $\eta_i(0) = 0$, $k_i > 0$ 为设计参数.

引理 3.2 对于有界输入 $|\alpha_1^* - \alpha_1|$ 以及 $|\alpha_i^* - \alpha_i|$ 来说, $\eta_i(t)$ 是一个有界信号, 其边界可表示为

$$\lim_{t \to \infty} |\eta_i| \leqslant \sqrt{\frac{n\lambda^2\bar{g}_0^2}{\varphi_1}}$$

证明 考虑 Lyapunov 函数 $V_\eta = \sum_{i=1}^n \frac{1}{2}\eta_i^2$, 并计算其导数可得

$$\dot{V}_\eta = -k_1\eta_1^2 + g_1(\alpha_1^* - \alpha_1)\eta_1 + g_1\eta_1\eta_2$$

$$-k_2\eta_2^2 + g_2(\alpha_2^* - \alpha_2)\eta_2 - g_1\eta_1\eta_2 + g_2\eta_2\eta_3$$

$$+\cdots - k_n\eta_n^2 - g_{n-1}\eta_{n-1}\eta_n$$

$$\leqslant -\sum_{i=1}^n k_i\eta_i^2 + \sum_{i=1}^{n-1} |g_i||\alpha_i^* - \alpha_i||\eta_i|$$

和文献 [102] 中的证明类似, $|\alpha_i^* - \alpha_i| \leqslant \rho_i$ 成立, 式中, ρ_i 为已知的常数. 因此, 通过选择合适的参数 $\lambda = \max\{\rho_i\}$, 利用 $\lambda|g_i||\eta_i| \leqslant \dfrac{\lambda^2\bar{g}_0^2}{2} + \dfrac{\eta_i^2}{2}$, 以下不等式成立

$$\dot{V}_\eta \leqslant -\sum_{i=1}^n \left(k_i - \frac{1}{2}\right)\eta_i^2 + n\frac{\lambda^2\bar{g}_0^2}{2} \leqslant -\varphi_1 V_\eta + b_0$$

式中, $g_i < \bar{g}_0$, $\varphi_1 = \min\left\{2\left(k_i - \dfrac{1}{2}\right)\right\}$, $b_0 = n\dfrac{\lambda^2\bar{g}_0^2}{2}$.

基于以上的坐标变换, n 步神经网络自适应反步递推控制设计步骤如下.

第 1 步 根据式 (3.1) 和式 (3.2), 对 z_1 求导, 可得

$$\dot{z}_1 = g_1 z_2 + g_1 \alpha_1^* + f_1(x_1) + h_1(x_1(t - \tau_1)) + d_1 - \dot{y}_d \tag{3.6}$$

根据式 (3.4) 和式 (3.5), 对 ζ_1 求导, 可得

$$\dot{\zeta}_1 = g_1 z_2 + g_1 \alpha_1^* + f_1(x_1) + d_1 + h_1(x_1(t - \tau_1(t))) - \dot{y}_d - \dot{\eta}_1 \tag{3.7}$$

选取如下的 Lyapunov 函数:

$$V_{p_1} = \frac{1}{2} \zeta_1^2 + \int_{t-\tau_1}^{t} P_1(x_1(\tau)) d\tau \tag{3.8}$$

根据式 (3.6) 和式 (3.7), V_{p_1} 的导数为

$$\dot{V}_{p_1} = \zeta_1 \big(g_1 z_2 + g_1 \alpha_1^* + f_1(x_1) + h_1(x_1(t - \tau_1(t))) + d_1$$
$$- \dot{y}_d - \dot{\eta}_1 \big) + P_1(x_1) - P_1(x_1(t - \tau_1)) \tag{3.9}$$

根据杨氏不等式和假设 3.2, 下列不等式成立:

$$\zeta_1 h_1(x_1(t - \tau_1)) \leqslant \frac{1}{2} \zeta_1^2 + \frac{1}{2} h_1^2(x_1(t - \tau_1)) \tag{3.10}$$

$$\zeta_1 d_1(x) \leqslant \frac{a_{11}^2}{2} + \frac{\zeta_1^2 \rho_1^2(x_1)}{2 a_{11}^2} \tag{3.11}$$

式中, a_{11} 是设计参数. 根据式 (3.10) 和式 (3.11), 如下不等式成立:

$$\dot{V}_{p_1} \leqslant \zeta_1 \big(g_1 z_2 + g_1 \alpha_1^* + f_1(x_1) - \dot{y}_d - \dot{\eta}_1 \big) + \frac{1}{2} h_1^2(x_1(t - \tau_1))$$
$$+ \frac{1}{2} \zeta_1^2 + \frac{a_{11}^2}{2} + \frac{\zeta_1^2 \rho_1^2(x_1)}{2 a_{11}^2} + P_1(x_1) - P_1(x_1(t - \tau_1)) \tag{3.12}$$

为了补偿式 (3.12) 中的时滞项, 选取 $P_1(x_1)$ 为

$$P_1(x_1) = \frac{1}{2} h_1^2(x_1) \tag{3.13}$$

将式 (3.13) 代入式 (3.12), 可得

$$\dot{V}_{p_1} \leqslant \zeta_1 \left(g_1 z_2 + g_1 \alpha_1^* + f_1(x_1) - \dot{y}_d - \dot{\eta}_1 + \frac{h_1^2(x_1)}{2\zeta_1} \right)$$

$$+ \frac{1}{2}\zeta_1^2 + \frac{\zeta_1^2 \rho_1^2(x_1)}{2a_{11}^2} + \frac{a_{11}^2}{2} \tag{3.14}$$

由于 $\dfrac{h_1^2(x_1)}{2\zeta_1}$ 在 $\zeta_1 = 0$ 处不连续, 因此采用 $\tanh(\zeta_1/\nu_1)$ 对其补偿, 可得

$$\dot{V}_{p_1} \leqslant \zeta_1 \left(g_1 z_2 + g_1 \alpha_1^* + f_1(x_1) - \dot{y}_d - \dot{\eta}_1 + \frac{1}{2}\zeta_1 + \frac{16}{\zeta_1} \tanh^2 \left(\frac{\zeta_1}{\nu_1} \right) H_1 \right)$$

$$+ \left(1 - 16 \tanh^2 \left(\frac{\zeta_1}{\nu_1} \right) \right) H_1 + \frac{a_{11}^2}{2} + \frac{\zeta_1^2 \rho_1^2(x_1)}{2a_{11}^2} \tag{3.15}$$

式中, $H_1 = (h_1^2(x_1))/2$. 为了设计虚拟控制器 α_1, 选择如下的 Lyapunov 函数 V_{ζ_1} 为

$$V_{\zeta_1} = V_{p_1} + \frac{1}{2\gamma_1} \tilde{\Theta}_1^2 \tag{3.16}$$

对 V_{ζ_1} 求导, 可得

$$\dot{V}_{\zeta_1} \leqslant \zeta_1 \left(g_1 z_2 + g_1(\alpha_1^* - \alpha_1) + g_1 \alpha_1 - \dot{\eta}_1 + \bar{f}_1 \right) - \frac{\zeta_1^2}{2}$$

$$+ \left(1 - 16 \tanh^2 \left(\frac{\zeta_1}{\nu_1} \right) \right) H_1 + \frac{a_{11}^2}{2} - \frac{1}{\gamma_1} \tilde{\Theta}_1 \dot{\hat{\Theta}}_1 \tag{3.17}$$

式中, $\bar{f}_1(Z_1) = f_1(x_1) + \dfrac{\zeta_1 \rho_1^2(x_1)}{2a_{11}^2} + \zeta_1 + \dfrac{16}{\zeta_1} \tanh^2 \left(\dfrac{\zeta_1}{\nu_1} \right) H_1 - \dot{y}_d$. 由于函数 $f_1(x_1)$, $\rho_1(x_1)$ 以及 H_1 是未知的, 所以 $\bar{f}_1(Z_1)$ 不能直接被用来构造虚拟控制器 α_1. 利用径向基神经网络逼近未知的非线性函数 $\bar{f}_1(Z_1)$, 对于任意的 $\varepsilon_1 > 0$, 存在径向基神经网络 $\Phi_1^{\mathrm{T}} P_1(Z_1)$ 使得

$$\bar{f}_1(Z_1) = \Phi_1^{\mathrm{T}} P_1(Z_1) + \delta_1(Z_1) \tag{3.18}$$

式中, $\delta_1(Z_1)$ 是估计误差满足 $\delta_1(Z_1) \leqslant \varepsilon_1$. 根据杨氏不等式, 可得

$$\zeta_1 \bar{f}_1(Z_1) \leqslant \frac{\Theta_1 P_1^{\mathrm{T}} P_1 \zeta_1^2}{2a_{12}^2} + \frac{a_{12}^2}{2} + \frac{\zeta_1^2}{2} + \frac{\varepsilon_1^2}{2} \tag{3.19}$$

式中, a_{12} 是正常数. 将式 (3.19) 代入式 (3.17) 可得

$$\dot{V}_{\zeta_1} \leqslant \zeta_1 \left(g_1 z_2 + g_1(\alpha_1^* - \alpha_1) + g_1 \alpha_1 - \dot{\eta}_1 \right) + \frac{a_{11}^2}{2} + \frac{a_{12}^2}{2}$$

$$+ \left(1 - 16 \tanh^2 \left(\frac{\zeta_1}{\nu_1}\right)\right) H_1 - \frac{1}{\gamma_1} \tilde{\Theta}_1 \dot{\hat{\Theta}}_1 + \frac{\Theta_1 P_1^{\mathrm{T}} P_1 \zeta_1^2}{2 a_{12}^2} + \frac{\varepsilon_1^2}{2} \tag{3.20}$$

设计虚拟控制器 α_1 如下

$$\alpha_1 = \frac{1}{g_1} \left(-k_1 z_1 - \frac{\hat{\Theta}_1 \zeta_1 P_1^{\mathrm{T}} P_1}{2 a_{12}^2}\right) \tag{3.21}$$

将式 (3.21) 代入 (3.20) 可得

$$\dot{V}_{\zeta_1} \leqslant -k_1 \zeta_1^2 + g_1 \zeta_1 \zeta_2 + \frac{1}{\gamma_1} \tilde{\Theta}_1 (\tau_1 - \dot{\hat{\Theta}}_1) + \left(1 - 16 \tanh^2 \left(\frac{\zeta_1}{\nu_1}\right)\right) H_1 + C_1 \tag{3.22}$$

式中, $\tau_1 = \frac{\gamma_1 \zeta_1^2 P_1^{\mathrm{T}} P_1}{2 a_{12}^2}$ 是第一个调节函数, $C_1 = \frac{1}{2}(a_{11}^2 + a_{12}^2 + \varepsilon_1^2)$ 为正常数.

第 i ($2 \leqslant i \leqslant n - 1$) 步　根据式 (3.1) 和式 (3.2), 可得

$$\dot{z}_i = g_i z_{i+1} + g_i(\alpha_i^* - \alpha_i) + g_i \alpha_i + f_i(\bar{x}_i) + h_i(\bar{x}_i(t - \tau_i(t))) + d_i - \dot{\alpha}_{i-1}^* \tag{3.23}$$

为了消除误差 $\alpha_i^* - \alpha_i$ 所带来的影响, 引入如下的补偿信号 η_i:

$$\dot{\eta}_i = -k_i \eta_i + g_i(\alpha_i^* - \alpha_i) - g_{i-1} \eta_{i-1} + g_i \eta_{i+1} \tag{3.24}$$

式中, $\eta_{i+1}(0) = 0$. 结合式 (3.23) 和式 (3.24) 可得

$$\begin{aligned}
\dot{\zeta}_i = {} & g_i z_{i+1} + g_i \alpha_i + f_i(\bar{x}_i) - \dot{\alpha}_{i-1}^* + k_i \eta_i + d_i \\
& + g_{i-1} \eta_{i-1} - g_i \eta_{i+1} + h_i(\bar{x}_i(t - \tau_i(t)))
\end{aligned} \tag{3.25}$$

选取如下的 Lyapunov 函数:

$$V_{p_i} = \frac{1}{2} \zeta_i^2 + \int_{t-\tau_i}^{t} P_i(x_i(\tau)) d\tau$$

对 V_{p_i} 求导, 可得

$$\begin{aligned}
\dot{V}_{p_i} = {} & \zeta_i \big(g_i z_{i+1} + g_i \alpha_i + f_i(\bar{x}_i) - \dot{\alpha}_{i-1}^* + k_i \eta_i + d_i + g_{i-1} \eta_{i-1} \\
& - g_i \eta_{i+1} + h_i(\bar{x}_i(t - \tau_i))\big) + P_i(x_i) - P_i(x_i(t - \tau_i))
\end{aligned} \tag{3.26}$$

根据杨氏不等式和假设 3.2 可以得到

$$\zeta_i h_i(\bar{x}_i(t - \tau_i)) \leqslant \frac{1}{2} \zeta_i^2 + \frac{1}{2} h_i^2(\bar{x}_i(t - \tau_i)) \tag{3.27}$$

$$\zeta_i d_i(x) \leqslant \frac{a_{i1}^2}{2} + \frac{\zeta_i^2 \rho_i^2(\bar{x}_i)}{2a_{i1}^2} \tag{3.28}$$

式中, a_{i1} 是设计参数. 与第一步类似, 以下不等式是成立的:

$$\dot{V}_{p_i} \leqslant \zeta_i(g_i z_{i+1} + g_i \alpha_i + f_i(\bar{x}_i) - \dot{\alpha}_{i-1}^* + k_i \eta_i + g_{i-1} \eta_{i-1} - g_i \eta_{i+1}) + \frac{\zeta_i^2}{2}$$
$$+ \frac{1}{2} h_i^2(\bar{x}_i(t-\tau_i)) + \frac{a_{i1}^2}{2} - P_i(x_i(t-\tau_i)) + P_i(x_i) + \frac{\zeta_i^2 \rho_i^2(\bar{x}_i)}{2a_{i1}^2} \tag{3.29}$$

选取 $P_i(\bar{x}_i)$ 为

$$P_i(\bar{x}_i) = \frac{1}{2} h_i^2(\bar{x}_i) \tag{3.30}$$

然后, 式 (3.29) 变成

$$\dot{V}_{p_i} \leqslant \zeta_i \left(g_i z_{i+1} + g_i \alpha_i + f_i(\bar{x}_i) - \dot{\alpha}_{i-1}^* + k_i \eta_i + g_{i-1} \eta_{i-1} \right.$$
$$\left. -g_i \eta_{i+1} + \frac{h_i^2(\bar{x}_i)}{2\zeta_i} \right) + \frac{1}{2} \zeta_i^2 + \frac{a_{i1}^2}{2} + \frac{\zeta_i^2 \rho_i^2(\bar{x}_i)}{2a_{i1}^2} \tag{3.31}$$

由于 $\dfrac{h_i^2(\bar{x}_i)}{2\zeta_i}$ 在 $\zeta_i = 0$ 处不连续, 引入函数 $\tanh(\zeta_i/\nu_i)$ 补偿此项, 可得

$$\dot{V}_{p_i} \leqslant \zeta_i \left(g_i z_{i+1} + g_i \alpha_i + f_i(\bar{x}_i) - \dot{\alpha}_{i-1}^* + k_i \eta_i + g_{i-1} \eta_{i-1} \right.$$
$$\left. -g_i \eta_{i+1} + \frac{16}{\zeta_i} \tanh^2 \left(\frac{\zeta_i}{\nu_i} \right) H_i \right) + \frac{1}{2} \zeta_i^2 + \frac{a_{i1}^2}{2} + \frac{\zeta_i^2 \rho_i^2(\bar{x}_i)}{2a_{i1}^2}$$
$$+ \left(1 - 16 \tanh^2 \left(\frac{\zeta_i}{\nu_i} \right) \right) H_i \tag{3.32}$$

式中, $H_i = h_i^2(\bar{x}_i)/2$. 考虑如下的 Lyapunov 函数 V_{ζ_i}:

$$V_{\zeta_i} = V_{\zeta_{i-1}} + \frac{1}{2\gamma_i} \tilde{\Theta}_i^2 + V_{p_i} \tag{3.33}$$

对 V_{ζ_i} 关于 t 求导, 可得

$$\dot{V}_{\zeta_i} \leqslant \dot{V}_{\zeta_{i-1}} + \zeta_i \left(g_i z_{i+1} + g_i \alpha_i + k_i \eta_i + g_{i-1} \eta_{i-1} - g_i \eta_{i+1} + \bar{f}_i \right)$$
$$+ \frac{a_{i1}^2}{2} - \frac{1}{\gamma_i} \tilde{\Theta}_i \dot{\tilde{\Theta}}_i - \frac{1}{2} \zeta_i^2 + \left(1 - 16 \tanh^2 \left(\frac{\zeta_i}{\nu_i} \right) \right) H_i \tag{3.34}$$

式中, $\bar{f}_i(Z_i) = f_i(\bar{x}_i) + \dfrac{\zeta_i \rho_i^2(\bar{x}_i)}{2a_{i1}^2} + \zeta_i + \dfrac{16}{\zeta_i} \tanh^2\left(\dfrac{\zeta_i}{\nu_i}\right) H_i - \dot{\alpha}_{i-1}^*$. 由于 $\bar{f}_i(Z_i)$ 是一个未知的连续函数, 利用径向基神经网络估计 $\bar{f}_i(Z_i)$, 可得

$$\bar{f}_i(Z_i) = \Phi_i^{\mathrm{T}} P_i(Z_i) + \delta_i(Z_i)$$

式中, $\delta_i(X_i) \leqslant \varepsilon_i$ 是估计误差. 采取和式 (3.19) 相同的方法, 可以得到如下不等式:

$$\zeta_i \bar{f}_i(Z_i) \leqslant \dfrac{\zeta_i^2 \Theta_i P_i^{\mathrm{T}} P_i}{2a_{i2}^2} + \dfrac{a_{i2}^2}{2} + \dfrac{1}{2}\zeta_i^2 + \dfrac{\varepsilon_i^2}{2} \tag{3.35}$$

式中, a_{i2} 是可调节的参数. 然后, 式 (3.34) 变成

$$\dot{V}_{\zeta_i} \leqslant \dot{V}_{\zeta_{i-1}} + \zeta_i \left(g_i z_{i+1} + g_i \alpha_i + k_i \eta_i + g_{i-1}\eta_{i-1} - g_i \eta_{i+1}\right) + \dfrac{a_{i1}^2}{2}$$
$$+ \dfrac{a_{i2}^2}{2} + \dfrac{\varepsilon_i^2}{2} - \dfrac{1}{\gamma_i}\tilde{\Theta}_i \dot{\hat{\Theta}}_i + \left(1 - 16\tanh^2\left(\dfrac{\zeta_i}{\nu_i}\right)\right)H_i + \dfrac{\zeta_i^2 \Theta_i P_i^{\mathrm{T}} P_i}{2a_{i2}^2} \tag{3.36}$$

在这一步中选取虚拟控制器 α_i 为

$$\alpha_i = \dfrac{1}{g_i}\left(-k_i z_i - \dfrac{\hat{\Theta}_i \zeta_i P_i^{\mathrm{T}} P_i}{2a_{i2}^2} - g_{i-1}z_{i-1}\right) \tag{3.37}$$

将式 (3.37) 代入式 (3.36) 可得

$$\dot{V}_i \leqslant \sum_{i=1}^{i}\left(-k_i \zeta_i^2 + \dfrac{1}{\gamma_i}\tilde{\Theta}_i(\tau_i - \dot{\hat{\Theta}}_i) + C_i + \left(1 - 16\tanh^2\left(\dfrac{\zeta_i}{\nu_i}\right)\right)H_i\right) + g_i \zeta_i \zeta_{i+1}$$

式中, $\tau_i = \dfrac{\gamma_i \zeta_i^2 P_i^{\mathrm{T}} P_i}{2a_{i2}^2}$ 是调节函数, $C_i = \dfrac{1}{2}(a_{i1}^2 + a_{i2}^2 + \varepsilon_i^2)$.

第 n 步 事件触发条件为

$$w(t) = -(1 + \varpi)\left(\alpha_n \tanh\left(\dfrac{\zeta_n g_n \alpha_n}{\rho}\right) + h\tanh\left(\dfrac{\zeta_n g_n h}{\rho}\right)\right) \tag{3.38}$$

$$u(t) = w(t_k), \quad t \in [t_k, t_{k+1}) \tag{3.39}$$

$$t_{k+1} = \inf\{t \in \mathbb{R}||\chi(t)| \geqslant \varpi|u(t)| + m_1\} \tag{3.40}$$

式中, $\chi(t) = w(t) - u(t)$, $t_k > 0$, $k \in z^+$, $\rho > 0$, $m_1 > 0$, $0 < \varpi < 1$, $h > m_1/(1 - \varpi)$ 为设计参数. 考虑如下的 Lyapunov 函数:

$$V_{p_n} = \dfrac{1}{2}\zeta_n^2 + \int_{t-\tau_n}^{t} P_n(x_n(\tau))d\tau$$

对 V_{p_n} 求导, 可得

$$\dot{V}_{p_n} \leqslant \zeta_n\big(g_n u + f_n(\bar{x}_n) + h_n(\bar{x}_n(t - \tau_n(t)))\big) + d_n + k_n \eta_n$$
$$+ g_{n-1}\eta_{n-1} - \dot{\alpha}_{n-1}^*\big) + P_n(x_n) - P_n(x_n(t - \tau_n)) \tag{3.41}$$

根据杨氏不等式和假设 3.2 可知

$$\zeta_n h_n(\bar{x}_n(t - \tau_n)) \leqslant \frac{1}{2}\zeta_n^2 + \frac{1}{2}h_n^2(\bar{x}_n(t - \tau_n)) \tag{3.42}$$

$$\zeta_n d_n \leqslant \frac{a_{n1}^2}{2} + \frac{\zeta_n^2 \rho_n^2(\bar{x}_n)}{2a_{n1}^2} \tag{3.43}$$

式中, a_{n1} 是设计参数. 根据式 (3.41)~(3.43), 可得

$$\dot{V}_{p_n} \leqslant \zeta_n(g_n u + f_n(\bar{x}_n) + k_n \eta_n + g_{n-1}\eta_{n-1} - \dot{\alpha}_{n-1}^*) + P_n(x_n)$$
$$- P_n(x_n(t - \tau_n)) + \frac{1}{2}h_n^2(x_n(t - \tau_n)) + \frac{1}{2}\zeta_n^2 + \frac{\zeta_n^2 \rho_n^2(\bar{x}_n)}{2a_{n1}^2} + \frac{a_{n1}^2}{2} \tag{3.44}$$

与第 1 步类似, 选取 $P_n(\bar{x}_n)$ 为如下形式:

$$P_n(\bar{x}_n) = \frac{1}{2}h_n^2(\bar{x}_n) \tag{3.45}$$

考虑式 (3.45), 式 (3.44) 变成

$$\dot{V}_{p_n} \leqslant \zeta_n\bigg(g_n u + f_n(\bar{x}_n) + k_n \eta_n + g_{n-1}\eta_{n-1} - \dot{\alpha}_{n-1}^*$$
$$+ \frac{h_n^2(\bar{x}_n)}{2\zeta_n}\bigg) + \frac{1}{2}\zeta_n^2 + \frac{a_{n1}^2}{2} + \frac{\zeta_n^2 \rho_n^2(\bar{x}_n)}{2a_{n1}^2} \tag{3.46}$$

注意到 $\dfrac{h_n^2(\bar{x}_n)}{2\zeta_n}$ 在 $\zeta_n = 0$ 处不连续, 因此利用函数 $\tanh(\zeta_n/\nu_n)$ 补偿此项, 可得

$$\dot{V}_{p_n} \leqslant \zeta_n\bigg(g_n u + f_n(\bar{x}_n) - \dot{\alpha}_{n-1}^* + k_n \eta_n + \frac{16}{\zeta_n}\tanh^2\bigg(\frac{\zeta_n}{\nu_n}\bigg)H_n + g_{n-1}\eta_{n-1}\bigg)$$
$$+ \frac{1}{2}\zeta_n^2 + \frac{a_{n1}^2}{2} + \frac{\zeta_n^2 \rho_n^2(\bar{x}_n)}{2a_{n1}^2} + \bigg(1 - 16\tanh^2\bigg(\frac{\zeta_n}{\nu_n}\bigg)\bigg)H_n \tag{3.47}$$

式中, $H_n = h_n^2(\bar{x}_n)/2$. 考虑如下的 Lyapunov 函数 V_{ζ_n}:

$$V_{\zeta_n} = V_{\zeta_{n-1}} + \frac{1}{2\gamma_n}\tilde{\Theta}_n^2 + V_{p_n} \tag{3.48}$$

计算 V_{ζ_n} 的导数, 可得

$$\dot{V}_{\zeta_n} \leqslant \zeta_n\left(g_n u + k_n \eta_n + g_{n-1}\eta_{n-1} + \bar{f}_n\right) - \frac{1}{2}\zeta_n^2 - \frac{1}{\gamma_n}\tilde{\Theta}_n\dot{\Theta}_n + \frac{a_{n1}^2}{2}$$

$$+ \sum_{i=1}^{n-1}\left(-k_i\zeta_i^2 + C_i + \frac{1}{\gamma_i}\tilde{\Theta}_i(\tau_i - \dot{\Theta}_i) + \left(1 - 16\tanh^2\left(\frac{\zeta_i}{\nu_i}\right)\right)H_i\right)$$

$$+ \left(1 - 16\tanh^2\left(\frac{\zeta_n}{\nu_n}\right)\right)H_n + g_{n-1}\zeta_{n-1}\zeta_n \tag{3.49}$$

式中, $\bar{f}_n(Z_n) = f_n(\bar{x}_n) + \frac{\zeta_n\rho_n^2(\bar{x}_n)}{2a_{n1}^2} + \zeta_n + \frac{16}{\zeta_n}\tanh^2\left(\frac{\zeta_n}{\nu_n}\right)H_n - \dot{\alpha}_{n-1}^*$.

与第 i 步类似, 有

$$\bar{f}_n = \Phi_n^{\mathrm{T}}P_n(X_n) + \delta_i(X_n)$$

式中, $\delta_n(X_n) \leqslant \varepsilon_n$ 是估计误差. 基于杨氏不等式, 可得

$$\zeta_n\bar{f}_n(Z_n) \leqslant \frac{\zeta_n^2\Theta_n P_n^{\mathrm{T}}P_n}{2a_{n2}^2} + \frac{a_{n2}^2}{2} + \frac{1}{2}\zeta_n^2 + \frac{\varepsilon_n^2}{2} \tag{3.50}$$

式中, a_{n2} 是调节参数. 将式 (3.50) 代入式 (3.49), 式 (3.49) 可改写为

$$\dot{V}_{\zeta_n} \leqslant \zeta_n(g_n u + k_n \eta_n + g_{n-1}\eta_{n-1}) - \frac{1}{\gamma_n}\tilde{\Theta}_n\dot{\Theta}_n + \frac{a_{n1}^2}{2} + \frac{a_{n2}^2}{2} + \frac{\varepsilon_n^2}{2}$$

$$+ \left(1 - 16\tanh^2\left(\frac{\zeta_n}{\nu_n}\right)\right)H_n + \frac{\zeta_n^2\Theta_n P_n^{\mathrm{T}}P_n}{2a_{n2}^2} + g_{n-1}\zeta_{n-1}\zeta_n$$

$$+ \sum_{i=1}^{n-1}\left(-k_i\zeta_i^2 + C_i + \frac{1}{\gamma_i}\tilde{\Theta}_i\left(\tau_i - \dot{\Theta}_i\right) + \left(1 - 16\tanh^2\left(\frac{\zeta_i}{\nu_i}\right)\right)H_i\right) \tag{3.51}$$

根据式 (3.40) 可知, 对于任意的 $t \in [t_k, t_{k+1}]$, 有 $w(t) = (1 + \beta_1(t)\varpi)u(t) + \beta_2(t)m_1$, 式中, $-1 \leqslant \beta_1(t) \leqslant 1$, $-1 \leqslant \beta_2(t) \leqslant 1$. 因此, 以下不等式成立:

$$u(t) = \frac{w(t)}{1 + \beta_1\varpi} - \frac{\beta_2 m_1}{1 + \beta_1\varpi} \tag{3.52}$$

将式 (3.52) 代入式 (3.51), 可得

$$\dot{V}_{\zeta_n} \leqslant \zeta_n\left(g_n\left(\frac{w(t)}{1+\beta_1\varpi} - \frac{\beta_2 m_1}{1+\beta_1\varpi}\right) + k_n\eta_n + g_{n-1}\eta_{n-1}\right) + g_{n-1}\zeta_{n-1}\zeta_n$$

$$+ \left(1 - 16\tanh^2\left(\frac{\zeta_n}{\nu_n}\right)\right)H_n + \frac{\varepsilon_n^2}{2} + \sum_{i=1}^{n-1}\left(-k_i\zeta_i^2 + C_i\right.$$

$$\left. + \frac{1}{\gamma_i}\tilde{\Theta}_i(\tau_i - \dot{\hat{\Theta}}_i) + \left(1 - 16\tanh^2\left(\frac{\zeta_i}{\nu_i}\right)\right)H_i + \frac{a_{n1}^2}{2} + \frac{a_{n2}^2}{2}\right)$$

$$+ \frac{\zeta_n^2\Theta_n P_n^{\mathrm{T}} P_n}{2a_{n2}^2} - \frac{1}{\gamma_n}\tilde{\Theta}_n\dot{\hat{\Theta}}_n \tag{3.53}$$

利用 $-1 \leqslant \beta_1(t) \leqslant 1$, $-1 \leqslant \beta_2(t) \leqslant 1$, 可得

$$\frac{\zeta_n g_n w}{1 + \beta_1(t)\varpi} \leqslant \frac{\zeta_n g_n w}{1 + \varpi} \tag{3.54}$$

$$\left|\frac{\beta_2(t)m_1}{1 + \beta_1(t)\varpi}\right| \leqslant \frac{m_1}{1 - \varpi} \tag{3.55}$$

$$\alpha_n = \frac{1}{g_n}\left(-k_n z_n - \frac{\hat{\Theta}_n\zeta_n P_n^{\mathrm{T}} P_n}{2a_{n2}^2} - g_{n-1}z_{n-1}\right) \tag{3.56}$$

根据文献 [103], 可得

$$0 \leqslant |\varphi| - \varphi\tanh\left(\frac{\varphi}{\rho}\right) \leqslant 0.2785\rho \tag{3.57}$$

式中, $\rho > 0$, $\varphi \in \mathbb{R}$. 将式 (3.54)~(3.57) 代入式 (3.53) 可得

$$\dot{V}_{\zeta_n} \leqslant \sum_{i=1}^{n}\left(-k_i\zeta_i^2 + \frac{1}{\gamma_i}\tilde{\Theta}_i(\tau_i - \dot{\hat{\Theta}}_i) + C_i + \left(1 - 16\tanh^2\left(\frac{\zeta_i}{\nu_i}\right)\right)H_i\right)$$

$$- |\zeta_n g_n h| + \left|\frac{\zeta_n g_n m_1}{1 - \varpi}\right| + 0.557\rho$$

$$\leqslant \sum_{i=1}^{n}\left(-k_i\zeta_i^2 + \frac{1}{\gamma_i}\tilde{\Theta}_i(\tau_i - \dot{\hat{\Theta}}_i) + C_i + \left(1 - 16\tanh^2\left(\frac{\zeta_i}{\nu_i}\right)\right)H_i\right) + 0.557\rho \tag{3.58}$$

注 3.1 在先前的事件触发机制 $t_{k+1} = \inf\{t \in \mathbb{R}||\chi(t)| \geqslant m_1\}$ 中, 无论信号 u 多大, 阈值 m_1 保持为常数, 这影响控制效果与先前的事件触发机制相比, 本事件触发机制的优点可以总结为: 当控制信号 u 的幅值较高时, 可以应用较大的测量误差来获得更长的迭代间隔. 当 u 变小时, 可以获得较小的测量误差, 从而可以获得更好的系统性能

注3.2 根据式 (3.57), 可知 $-\varphi \tanh \left(\dfrac{\varphi}{\rho} \right) \leqslant 0$. 因此, $-\zeta_n g_n \tanh \left(\dfrac{\zeta_n g_n}{\rho} \right) \leqslant 0$. 结合 $-\zeta_n g_n \tanh \left(\dfrac{\zeta_n g_n}{\rho} \right) \leqslant 0$ 和式 (3.38), $\zeta_n g_n w \leqslant 0$ 成立. 根据 $-1 \leqslant \beta_1(t) \leqslant 1$, 可知 $\dfrac{\zeta_n g_n w}{1 + \beta_1(t)\varpi} \leqslant \dfrac{\zeta_n g_n w}{1 + \varpi}$.

注 3.3 Lyapunov-Krasovskii 泛函被用来处理时滞项 $h_i(\bar{x}_i(t - \tau_i))$. 然而, Lyapunov-Krasovskii 泛函的引用出现了 $\dfrac{h_i^2(x_i)}{2\zeta_i}$. 注意到 $\dfrac{h_i^2(x_i)}{2\zeta_i}$ 在 $\zeta_i = 0$ 处不连续, 函数 $\tanh \left(\dfrac{\zeta_i}{\nu_i} \right)$ 被用来补偿它. 但是, 由于双曲正切函数的使用, 出现了未知的项 $\dfrac{16}{\zeta_i} \tanh^2 \left(\dfrac{\zeta_i}{\nu_i} \right) H_i$. 由于函数 $\dfrac{16}{\zeta_i} \tanh^2 \left(\dfrac{\zeta_i}{\nu_i} \right) H_i$ 是未知的, $\dfrac{16}{\zeta_i} \tanh^2 \left(\dfrac{\zeta_i}{\nu_i} \right) H_i$ 不能直接被用来构造虚拟控制信号 α_i. 因此, 神经网络被用来估计未知非线性项. 通过上述讨论, 可以得出结论, 采用 Lyapunov-Krasovskii 泛函、双曲正切函数和神经网络可以克服未知时滞函数引起的设计困难.

3.2.2 稳定性分析

定理 3.1 考虑系统 (3.1)、命令滤波系统 (3.3)、辅助系统 (3.5) 所提出的虚拟控制信号、实际控制器 $u = w(t_k)$、自适应律 $\dot{\hat{\Theta}}_i = \tau_i - \sigma_i \hat{\Theta}_i$ 以及事件触发条件 $(3.38)\sim(3.40)$. 在假设 3.1 和假设 3.2 成立的前提下, 可以得到以下结论:

(1) 所有闭环信号均有界;

(2) 跟踪误差收敛于零附近;

(3) 存在 $t^* > 0$ 使得 $\forall k \in z^+$, $\{t_{k+1} - t_k\} \geqslant t^*$, 即芝诺行为不会发生.

证明 通过如下的三种情况证明了闭环系统中的所有信号都是有界的.

情况 1: 当 $\zeta_i \notin \Omega_{\nu_i}$, $i = 1, 2, \cdots, n$ 时, 由于 $H_i = h_i^2(\bar{x}_i)/2$, 所以 H_i 是非负的. 根据引理 3.2, 可以得到

$$\left(1 - 16 \tanh^2 \left(\dfrac{\zeta_i}{\nu_i} \right) \right) H_i \leqslant 0 \tag{3.59}$$

根据式 (3.59), 式 (3.58) 变成

$$\dot{V}_{\zeta_n} \leqslant \sum_{i=1}^{n} \left(-k_i \zeta_i^2 + \frac{\sigma_i}{\gamma_i} \tilde{\Theta}_i \hat{\Theta}_i + C_i \right) + 0.557\rho \tag{3.60}$$

令

$$\xi = \min\{2k_1, \cdots, 2k_n, \sigma_1, \cdots, \sigma_n\}$$

$$C = \sum_{i=1}^{n} \left(C_i + \frac{\sigma_i}{2\gamma_i} \Theta_i^2 \right) + 0.557\rho \tag{3.61}$$

因此, 式 (3.60) 可表示为

$$\dot{V}_{\zeta_n} \leqslant -\xi V_{\zeta_n} + C \tag{3.62}$$

对式 (3.62) 两边积分, 可得 $V_{\zeta_n} \leqslant \left(V_{\zeta_n}(0) - \dfrac{C}{\xi} \right) e^{-\xi t} + \dfrac{C}{\xi}$. 根据 V_{ζ_n} 的定义, 可以得到 $\tilde{\Theta}_i$ 和 ζ_i 的有界性. 因此, 闭环系统内所有信号都是有界的.

情况 2: 当 $\zeta_i \in \Omega_{\nu_i}$, $i = 1, 2, \cdots, n$ 时, $|\zeta_i| \leqslant 0.2554\nu_i$, 因此 ζ_i 是有界的. 因此, 对于有界的 ζ_i, 很显然 $\hat{\Theta}_i$ 有界. 此外, 由于 Θ_i 为常数, 所以 $\tilde{\Theta}_i$ 有界. 根据 $\zeta_i = z_i - \eta_i$, η_i 有界, 因此 z_i 有界. 根据式 (3.2) 可得知 x_1 也是有界的. 然后, 可以得到 α_1 也是有界的. 根据 $|(\alpha_1^* - \alpha_1)| \leqslant \rho_1$, 可得知 α_1^* 有界. 因此, 根据式 (3.2), 可以得到 x_2 有界. 类似地, α_i 和 x_i 也有界. 因此, 所有闭环系统的所有信号均有界.

情况 3: 当一些 $\zeta_i \in \Omega_{\nu_i}$, 一些 $\zeta_j \notin \Omega_{\nu_j}$ 时, 对于 $\zeta_i \in \Omega_{\nu_i}$, 定义 Σ_I 作为包含 $\zeta_i \in \Omega_{\nu_i}$ 的子系统. 与情况 2 类似, 对于 $i \in \Sigma_I$, ζ_i, $\hat{\Theta}_i$ 以及 $\tilde{\Theta}_i$ 有界. 对于 $\zeta_j \notin \Omega_{\nu_j}$, 定义 Σ_J 作为包含 $\zeta_j \notin \Omega_{\nu_j}$ 的子系统, 选取如下的 Lyapunov 函数:

$$V_{\Sigma_J} = \sum_{j \in \Sigma_J} \left(V_{p_j} + \frac{1}{2\gamma_j} \tilde{\Theta}_j^2 \right)$$

计算 V_{Σ_J} 的导数可得

$$\dot{V}_{\Sigma_J} \leqslant \sum_{j \in \Sigma_J} \left(-k_j \zeta_j^2 - \frac{\sigma_j}{2\gamma_j} \tilde{\Theta}_j^2 + C_j \right) + 0.557\rho$$

$$+ \sum_{j \in \Sigma_J} [g_j \zeta_j \zeta_{j+1} - g_{j-1} \zeta_{j-1} \zeta_j] \tag{3.63}$$

式中最后一项可以被计算为

$$
\sum_{j\in\Sigma_J}\left[g_j\zeta_j\zeta_{j+1}-g_{j-1}\zeta_{j-1}\zeta_j\right]=\sum_{\substack{j+1\in\Sigma_J\\j\in\Sigma_J}}g_j\zeta_j\zeta_{j+1}-\sum_{\substack{j-1\in\Sigma_J\\j\in\Sigma_J}}g_{j-1}\zeta_{j-1}\zeta_j
$$

$$
+\sum_{\substack{j+1\in\Sigma_I\\j\in\Sigma_J}}g_j\zeta_j\zeta_{j+1}-\sum_{\substack{j-1\in\Sigma_I\\j\in\Sigma_J}}g_{j-1}\zeta_{j-1}\zeta_j \quad (3.64)
$$

式 (3.64) 的前两项可以由反推技术得到. 此外, 最后两项为

$$
\sum_{\substack{j+1\in\Sigma_I\\j\in\Sigma_J}}g_j\zeta_j\zeta_{j+1}-\sum_{\substack{j-1\in\Sigma_I\\j\in\Sigma_J}}g_{j-1}\zeta_{j-1}\zeta_j\leqslant\sum_{j\in\Sigma_J}\frac{\zeta_j^2}{2\varrho}+\sum_{\substack{j-\in\Sigma_I\\j+1\in\Sigma_I}}\left(\varrho\bar{g}_0^2(0.2554\nu_{j-1})^2\right.
$$

$$
\left.+\varrho\bar{g}_0^2(0.2554\nu_{j+1})^2\right)
$$

在上述不等式的作用下, 式 (3.63) 可以被表述为

$$
\dot{V}_{\Sigma_J}\leqslant\sum_{j\in\Sigma_J}\left(-k_j\zeta_j^2-\frac{\sigma_j}{2\gamma_j}\tilde{\Theta}_j^2+C_j\right)+0.557\rho+\sum_{j\in\Sigma_J}\frac{\zeta_j^2}{2\varrho}
$$

$$
+\sum_{\substack{j-1\in\Sigma_I\\j+1\in\Sigma_I}}\left(\varrho\bar{g}_0^2(0.2554\nu_{j-1})^2+\varrho\bar{g}_0^2(0.2554\nu_{j+1})^2\right)
$$

$$
\leqslant\sum_{j\in\Sigma_J}-\left(\left(k_j-\frac{1}{2\varrho}\right)\zeta_j^2+\frac{\sigma_j}{2\gamma_j}\tilde{\Theta}_j^2-C_j\right)+0.557\rho+C_{\Sigma_J}
$$

式中, $C_{\Sigma_J}=\sum_{\substack{j-1\in\Sigma_I\\j+1\in\Sigma_I}}(\varrho\bar{g}_0^2(0.2554\nu_{j-1})^2+\varrho\bar{g}_0^2(0.2554\nu_{j+1})^2)$. 因为 $k_j>\dfrac{1}{2\varrho}$, 有 $k_j-\dfrac{1}{2\varrho}>0$. 与情况 1 的讨论相同, 可以得出结论, 闭环中的所有信号都是有界的. 接下来, 证明芝诺行为不会发生, 可以看到存在一个常数 $t^*>0$ 使得 $t_{k+1}-t_k\geqslant t^*$. 根据式 (3.40), 有

$$
\frac{d}{dt}|\chi|=\frac{d}{dt}\sqrt{\chi\cdot\chi}=\text{sign}(\chi)\dot{\chi}\leqslant|\dot{w}| \quad (3.65)
$$

根据式 (3.38), 可以得到 $|\dot{w}|\leqslant\kappa_\diamond$, 式中 $\kappa_\diamond>0$. 由于 $e(t_k)=0$ 以及 $\lim\limits_{t\to t_{k+1}}\chi(t)=\varpi|u(t)|+m_1$, 不等式 $t^*\geqslant(\varpi|u(t)|+m_1)/\kappa_\diamond$ 成立. 也就是说, 芝诺行为被避免.

3.3 仿 真 例 子

例 3.1 考虑如下非线性系统:

$$
\begin{cases}
\dot{x}_1 = x_2 + 0.1x_1^2 + \sin(x_1(t - \tau_1)) + 0.2\cos(t) \\
\dot{x}_2 = u + 0.2x_1x_2 - 0.2x_1 + x_2(t - \tau_2)\cos(x_2(t - \tau_2)) + 0.2\cos(t) \\
y = x_1
\end{cases}
$$

式中, $\tau_1 = 1$, $\tau_2 = 2$. 选取参考信号为 $y_d = 0.5\sin t$. 事件触发控制器设计为

$$
\begin{cases}
\alpha_1 = \dfrac{1}{g_1}\left(-k_1z_1 - \dfrac{\hat{\Theta}_1\zeta_1 P_1^{\mathrm{T}}(Z_1)P_1(Z_1)}{2a_{12}^2} \right) \\[3mm]
\alpha_2 = \dfrac{1}{g_2}\left(-k_2z_2 - \dfrac{\hat{\Theta}_2\zeta_2 P_2^{\mathrm{T}}(Z_2)P_2(Z_2)}{2a_{22}^2} - g_{i-1}z_{i-1} \right) \\[3mm]
w(t) = -(1 + \varpi)\left(\alpha_2\tanh\left(\dfrac{\zeta_2 g_2\alpha_2}{\rho} \right) + h\tanh\left(\dfrac{\zeta_2 g_2 h}{\rho} \right) \right) \\[3mm]
u = w(t_k), \quad k \in z^+
\end{cases}
$$

设计如下自适应律

$$
\begin{cases}
\dot{\hat{\Theta}}_1 = \dfrac{r_1\zeta_1^2 P_1^{\mathrm{T}}(Z_1)P_1(Z_1)}{2a_{12}^2} - \sigma_1\hat{\Theta}_1 \\[3mm]
\dot{\hat{\Theta}}_2 = \dfrac{r_2\zeta_2^2 P_2^{\mathrm{T}}(Z_2)P_2(Z_2)}{2a_{22}^2} - \sigma_2\hat{\Theta}_2
\end{cases}
$$

式中事件触发机制为 $t_{k+1} = \inf\{t \in \mathbb{R} \mid |\chi(t)| \geqslant \varpi|u(t)| + m_1\}$. $Z_1 = [z_1, \eta_1]$, $Z_2 = [z_1, z_2, \eta_1, \eta_2]$. 选择设计参数和参数的初始值为 $x(0) = [0.1, -0.1]^{\mathrm{T}}$, $k_1 = 40$, $k_2 = 1$, $a_{12} = 1$, $a_{22} = 1$, $\sigma_1 = 1$, $\sigma_2 = 1$, $h = 14$, $\rho = 10$, $\varpi = 0.2$, $r_1 = 1$, $r_2 = 1$, $m_1 = 7$, $\nu_1 = 0.01$, $\nu_2 = 0.01$, $g_1 = 1$, $g_2 = 1$.

仿真结果如图 3.1~图 3.6. 图 3.1 表示输出 y 与跟踪信号 y_d 的轨迹; 图 3.2 表示跟踪误差 z_1 的轨迹. 根据图 3.1 和图 3.2, 可以看到输出 y 能够跟踪 y_d 使得跟踪误差 z_1 收敛到 0 附近. 图 3.3 表示状态 x_1 和 x_2 的轨迹. 图 3.4 表示自适应律 $\hat{\Theta}_1$ 和 $\hat{\Theta}_2$ 的轨迹. 图 3.5 表示事件触发控制 u 的轨迹. 图 3.6 表示事件触发时间间隔 $t_{k+1} - t_k$. 根据图 3.5 和图 3.6, 可以看出通信资源可以显著减少.

例 3.2 考虑如下的带有外部扰动的布鲁塞尔 (Brusselator) 模型:

$$\begin{cases} \dot{x}_1 = A - (B+1)x_1 + x_1^2 x_2 + d_1 \\ \dot{x}_2 = Bx_1 - x_1^2 x_2 + (2 + \cos x_1)u + d_2 \\ y = x_1 \end{cases}$$

式中, x_1 和 x_2 是反应物的浓度; A 和 B 为正参数, 描述 "水库" 化学品的供应; d_1 和 d_2 表示来源于模型误差的额外扰动; u 是控制输入. 由于在实际的化学反应中, 时滞的存在是不可避免的, 因此在系统中也考虑了时滞的影响. Brusselator 模型能够被写成如下形式:

$$\begin{cases} \dot{x}_1 = A - (B+1)x_1 + x_1^2 x_2 + d_1 + h_1(x_1(t-\tau_1)) \\ \dot{x}_2 = Bx_1 - x_1^2 x_2 + (2 + \cos x_1)u + d_2 + h_2(x_1(t-\tau_1), x_2(t-\tau_2)) \\ y = x_1 \end{cases}$$

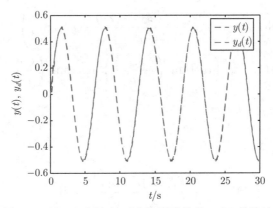

图 3.1   例 3.1 中输出 $y(t)$ 和跟踪信号 $y_d(t)$ 的轨迹

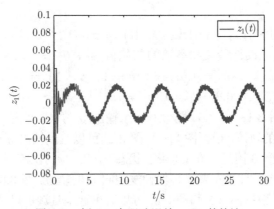

图 3.2   例 3.1 中跟踪误差 $z_1(t)$ 的轨迹

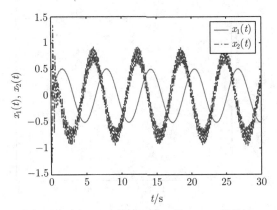

图 3.3   例 3.1 中状态 $x_1(t)$ 和 $x_2(t)$ 的轨迹

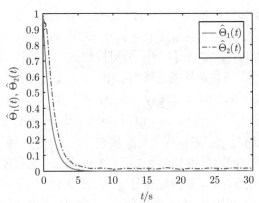

图 3.4   例 3.1 中 $\hat{\Theta}_1(t)$ 和 $\hat{\Theta}_2(t)$ 的轨迹

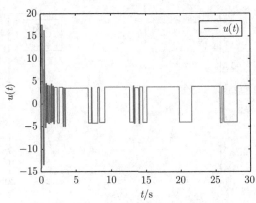

图 3.5   例 3.1 中控制输入 $u(t)$ 的轨迹

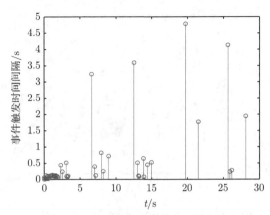

图 3.6　例 3.1 中事件触发时间间隔

式中, h_1, h_2 代表未知时滞项, $d_1 = 0.7x_1^2 \cos(1.5t)$, $d_2 = 0.5(x_1^2 + x_2^2) \sin^3 t$, $h_1 = 2x_1^2(t - \tau_1)$, $h_2 = 0.2x_2(t - \tau_2) \sin(x_2(t - \tau_2))$, 式中, $\tau_1 = 1\mathrm{s}$, $\tau_2 = 2\mathrm{s}$. 选取跟踪信号为 $y_d = 3 + \sin(0.5t) + 0.5 \sin(1.5t)$. 虚拟控制器、实际控制器和事件触发机制的设计如例 3.1 所示. 初始条件被选取为 $x(0) = [3, 1]^{\mathrm{T}}$, $\hat{\Theta}(0) = [1, 1]^{\mathrm{T}}$. 设计参数选取为 $k_1 = 65$, $k_2 = 50$, $a_{12} = 2$, $a_{22} = 2$, $\sigma_1 = 2$, $\sigma_2 = 2$, $A = 1$, $B = 8$, $h = 2$, $\rho = 10$, $\varpi = 0.2$, $r_1 = 5$, $r_2 = 8$, $m_1 = 1$, $\nu_1 = 0.001$, $\nu_2 = 0.001$, $g_1 = 1$, $g_2 = 1$.

输出 y 和跟踪信号 y_d, 跟踪误差 z_1, 状态 x_1, x_2, 控制输入 u, 自适应律 $\hat{\Theta}_1$, $\hat{\Theta}_2$ 以及事件触发时间间隔分别如图 3.7~图 3.12 所示. 通过使用所提出的方法和文献 [104] 中的方法, 输出 y 和跟踪信号 y_d 在图 3.13 中给出. 图 3.14 比较了跟踪误差 z_1. 从图 3.13 和图 3.14 可以看出, 与文献 [104] 中提出的方法相比, 本章所提出的控制方案实现了更好的跟踪控制.

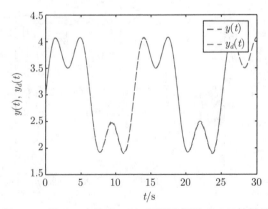

图 3.7　例 3.2 中输出 $y(t)$ 和跟踪信号 $y_d(t)$ 的轨迹

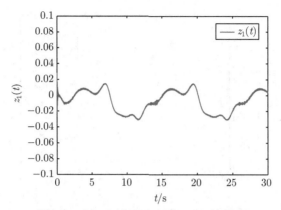

图 3.8 例 3.2 中跟踪误差 $z_1(t)$ 的轨迹

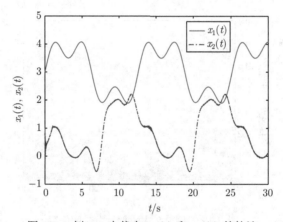

图 3.9 例 3.2 中状态 $x_1(t)$ 和 $x_2(t)$ 的轨迹

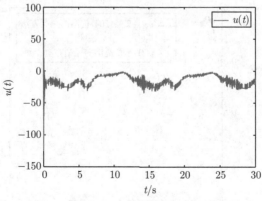

图 3.10 例 3.2 中控制输入 $u(t)$ 的轨迹

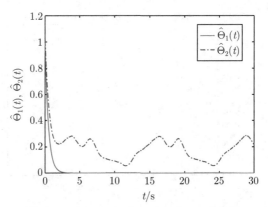

图 3.11　例 3.2 中 $\hat{\Theta}_1(t)$ 和 $\hat{\Theta}_2(t)$ 的轨迹

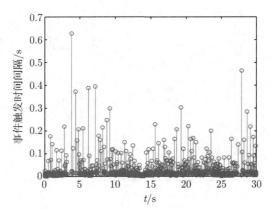

图 3.12　例 3.2 中事件触发时间间隔

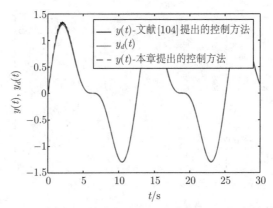

图 3.13　例 3.2 中输出 $y(t)$ 和跟踪信号 $y_d(t)$ 的比较

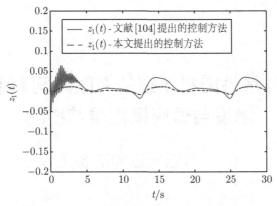

图 3.14　例 3.2 中跟踪误差 $z_1(t)$ 的比较

3.4　结　　论

　　本章研究了基于命令滤波器的非线性时滞系统的自适应事件触发神经网络控制问题. 通过结合命令滤波技术、事件触发机制和 Lyapunov-Krasovskii 泛函, 提出了一种基于命令滤波的非线性时滞系统事件触发控制的新方法. 仿真结果证明了所设计方法的有效性.

第 4 章　非线性随机系统的有限时间命令滤波事件触发自适应模糊跟踪控制

4.1　问题描述和准备工作

4.1.1　随机理论

对于一个通常的非线性随机系统

$$d\varsigma = p(\varsigma)dt + h(\varsigma)d\omega \tag{4.1}$$

其中, ς 是系统状态, $p(\varsigma)$ 和 $h(\varsigma)$ 是局部利普希茨 (Lipschitz) 函数且 $p(0) = h(0) = 0;$ ω 是标准的维纳 (Wiener) 过程.

定义 4.1 [113]　对于任意 C^2 函数 $V(\varsigma)$, 微分算子 $\mathcal{L}$ 被定义为

$$\mathcal{L}V = \frac{\partial V}{\partial \varsigma}p + \frac{1}{2}\mathrm{Tr}\left\{h^{\mathrm{T}}\frac{\partial^2 V}{\partial \varsigma^2}h\right\} \tag{4.2}$$

其中, $\mathrm{Tr}(\cdot)$ 是矩阵的迹.

引理 4.1 [118]　对于 $\mu_i \in \mathbb{R}, i = 1, \cdots, n$ 以及 $0 < \lambda \leqslant 1$, 以下不等式成立

$$\left(\sum_{i=1}^{n}|\mu_i|\right)^{\lambda} \leqslant \sum_{i=1}^{n}|\mu_i|^{\lambda} \leqslant n^{1-\lambda}\left(\sum_{i=1}^{n}|\mu_i|\right)^{\lambda} \tag{4.3}$$

定义 4.2 [119]　对于 $t \geqslant t_0 + T$, 如果对于所有的 $\varsigma(t_0, \omega) = \varsigma_0$, 存在 $\varepsilon > 0$ 和时间 $T(\varepsilon, \varsigma_0, \omega) < \infty$ 使得 $E[\|\varsigma(t, \omega)\|] < \varepsilon$, 非线性随机系统 (4.1) 的平衡点 $\varsigma = 0$ 是半全局有限时间依概率稳定 (SGFSP).

引理 4.2 [119]　考虑随机系统 (4.1), 存在函数 $V(\varsigma)$, $\psi_1(\cdot)$, $\psi_2(\cdot) \in k_{\infty}$, 常数 $\alpha > 0, 0 < \kappa \leqslant 1$ 以及 $\Gamma > 0$, 使得

$$\psi_1(\|\varsigma\|) \leqslant V(\varsigma) \leqslant \psi_2(\|\varsigma\|)$$

$$\mathcal{L}V(\varsigma) \leqslant -\alpha V^{\kappa}(\varsigma) + \Gamma \tag{4.4}$$

系统满足 SGFSP 条件, 当 $\kappa = 1$ 时, 系统几乎肯定有一个唯一的强解, 闭环系统所有信号都依概率有界并且系统满足

$$E[V(\varsigma)] \leqslant V(\varsigma_0)e^{-\alpha t} + \frac{\Gamma}{\alpha} \tag{4.5}$$

然后, 给出如下一阶 Levant 微分器[120]

$$\dot{\varphi}_1 = \nu_1$$

$$\nu_1 = -\lambda_1 |\varphi_1 - \alpha_r|^{\frac{1}{2}} \mathrm{sign}(\varphi_1 - \alpha_r) + \varphi_2$$

$$\dot{\varphi}_2 = -\lambda_2 \mathrm{sign}(\varphi_2 - \nu_1)$$

式中, α_r 为输入信号, φ_1 和 φ_2 是命令滤波状态, λ_1 和 λ_2 为设计参数.

引理 4.3 [120] 对于给定的参数 λ_1 和 λ_2, 在瞬态过程的有限时间后, 以下方程在没有输入噪声的情况下成立:

$$\varphi_1 = \bar{\alpha}_r, \quad \nu_1 = \dot{\bar{\alpha}}_r \tag{4.6}$$

式中, $\bar{\alpha}_r = \alpha_r$. 此外, 该解是有限时间稳定的.

引理 4.4 [120] 如果输入噪声满足 $|\alpha_r - \bar{\alpha}_r| \leqslant \mu$, 对于标量 $\rho_1 > 0$ 和 $\eta_1 > 0$, 以下不等式在有限时间内是成立的:

$$|\varphi_1 - \bar{\alpha}_r| \leqslant \rho_1 \mu = \varpi_1$$

$$|\nu_1 - \dot{\bar{\alpha}}_r| \leqslant \eta_1 \mu^{\frac{1}{2}} = \varpi_2$$

4.1.2 问题描述

考虑如下非线性随机系统:

$$\begin{cases} d\varsigma_i = (f_i(\bar{\varsigma}_i) + g_i(\bar{\varsigma}_i)\varsigma_{i+1})dt + \phi_i^{\mathrm{T}}(\bar{\varsigma}_i)d\omega \\ d\varsigma_n = (f_n(\bar{\varsigma}_n) + g_n(\bar{\varsigma}_n)u)dt + \phi_n^{\mathrm{T}}(\bar{\varsigma}_n)d\omega \\ y = \varsigma_1 \end{cases} \tag{4.7}$$

式中, $\varsigma = [\varsigma_1, \cdots, \varsigma_n]^{\mathrm{T}} \in \mathbb{R}^n$, $u(t) \in \mathbb{R}$, $y \in \mathbb{R}$ 分别是系统状态、输入和输出; $\bar{\varsigma}_i = [\varsigma_1, \cdots, \varsigma_i]^{\mathrm{T}}$, $f_i(\bar{\varsigma}_i)$ 和 $\phi_i(\bar{\varsigma}_i)$ 是局部 Lipschitz 函数; $g_i(\bar{\varsigma}_i)$ 是已知的局部 Lipschitz 函数. ω 表示标准 Wiener 过程.

本章的控制目标是设计控制器使得

(1) 闭环系统的所有信号均依概率有界;

(2) 输出 y 在有限时间内追踪到参考信号 $x_{1,d}$.

假设 4.1 对于函数 $g_i(\bar{\varsigma}_i)$, 存在已知的正数 $\bar{g}_0$, $\underline{g}_0$ 满足 $\underline{g}_0 \leqslant |g_i(\bar{\varsigma}_i)| \leqslant \bar{g}_0$.

假设 4.2 参考信号 $x_{1,d}$ 以及 $\dot{x}_{1,d}$ 是连续的、有界的且已知的函数.

4.2　设计过程及主要结果

4.2.1　虚拟控制器设计

定义如下坐标变换

$$
\begin{cases}
z_1 = \varsigma_1 - x_{1,d} \\
z_i = \varsigma_i - x_{i,c}, \quad i = 2, \cdots, n
\end{cases}
\tag{4.8}
$$

式中, $x_{i,c}$ 为一阶 Levant 微分器的输出. 设计如下的有限时间命令滤波:

$$
\dot{\varphi}_{i,1} = \nu_{i,1}
$$
$$
\nu_{i,1} = -\lambda_{i,1}|\varphi_{i,1} - \alpha_i|^{\frac{1}{2}}\mathrm{sign}(\varphi_{i,1} - \alpha_i) + \varphi_{i,2}
$$
$$
\dot{\varphi}_{i,2} = -\lambda_{i,2}\mathrm{sign}(\varphi_{i,2} - \dot{\varphi}_{i,1}), \quad i = 1, \cdots, n-1
\tag{4.9}
$$

式中, α_i 为输入, $x_{i+1,c}(t) = \varphi_{i,1}(t)$ 和 $\dot{x}_{i+1,c}(t) = \nu_{i,1}(t)$ 为输出. $\lambda_{i,1}$ 和 $\lambda_{i,2}$ 为正常数. 设计补偿信号 ξ_i, $i = 1, \cdots, n$ 为

$$
\dot{\xi}_1 = -k_1\xi_1 + g_1\xi_2 + g_1(x_{2,c} - \alpha_1) - c_1\mathrm{sign}(\xi_1)
\tag{4.10}
$$

$$
\dot{\xi}_i = -k_i\xi_i + g_i\xi_{i+1} + g_i(x_{i+1,c} - \alpha_i) - c_i\mathrm{sign}(\xi_i) - \frac{g_{i-1}^4\xi_i^4}{4}
\tag{4.11}
$$

$$
\dot{\xi}_n = -k_n\xi_n - c_n\mathrm{sign}(\xi_n) - \frac{g_{n-1}^4\xi_n^4}{4}
\tag{4.12}
$$

式中, $k_i > 0$ 和 $c_i > 0$ 为设计参数, 且 $\xi(0) = 0$.

注 4.1　需要指出的是, 随着系统阶数的增加, 命令滤波器引起的滤波误差将越来越大, 因此很难获得非常小的跟踪误差. 为了解决滤波误差 $x_{i,c} - \alpha_{i-1}$, 最近一些文献提出了误差补偿信号. 本章对误差补偿机制进行了改进.

注 4.2　文献 [105] 中也采用了命令滤波技术来设计非线性随机系统的自适应控制器. 然而, 在文献 [105] 中设计的控制方案无法实现有限时间收敛. 为了实现更快的响应, 设计了改进的命令滤波系统和相应的补偿信号.

定义补偿跟踪误差为 $v_i = z_i - \xi_i$, $\tilde{\theta}_i = \theta_i - \hat{\theta}_i$, $i = 1, \cdots, n$, $\hat{\theta}_i$ 表示 θ_i 的估计, 且 $\theta_i = \|\Phi_i\|^2$. 利用反推设计方法, 虚拟控制器和实际控制器被设计为

$$
\alpha_1 = \frac{1}{g_1}\left(-k_1z_1 - v_1^3 - \frac{v_1^3P_1^{\mathrm{T}}P_1\hat{\theta}_1}{2a_1^2} - m_1 + \dot{x}_{1,d} - \frac{3}{4}v_1g_1^{\frac{4}{3}}\right)
\tag{4.13}
$$

$$\alpha_i = \frac{1}{g_i}\left(-k_i z_i - v_i^3 - \frac{v_i^3 P_i^{\mathrm{T}} P_i \hat{\theta}_i}{2a_i^2} - m_i + \dot{x}_{i,c} - \frac{3}{4}v_i g_i^{\frac{4}{3}} - \frac{v_i}{4}\right) \tag{4.14}$$

$$\alpha_n = \frac{1}{g_n}\left(-k_n z_n - v_n^3 - \frac{v_n^3 P_n^{\mathrm{T}} P_n \hat{\theta}_n}{2a_n^2} - m_n + \dot{x}_{n,c}\right) \tag{4.15}$$

$$u = \chi(t_k), \quad t \in [t_k, t_{k+1}) \tag{4.16}$$

式中, $\chi(t) = -(1+\gamma)\left(\alpha_n \tanh\dfrac{v_n^3 g_n \alpha_n}{\epsilon} + \bar{m}_1 \tanh\dfrac{v_n^3 g_n \bar{m}_1}{\epsilon}\right)$, $t_k > 0$, $k \in z^+$, $\epsilon > 0$, $0 < \gamma < 1$ 和 $\bar{m}_1 > 0$ 为设计参数.

定理 4.1 考虑系统 (4.1) 以及假设 4.1 和假设 4.2, 通过设计有限时间命令滤波 (4.9)、虚拟控制器 (4.13) 和 (4.14)、时间触发控制器 (4.16)、补偿信号 (4.12) 以及自适应律 $\dot{\hat{\theta}}_i = \dfrac{r_i v_i^6 P_i^{\mathrm{T}} P_i}{2a_i^2} - \sigma_i \hat{\theta}_i$, 可以得到如下结果:

(1) 跟踪误差在有限时间内依概率收敛到零的邻域内;

(2) 闭环信号满足 SGFSP 条件;

(3) 存在正数 $t_\circ$ 使得 $\forall k \in z^+$, $t_{k+1} - t_k \geqslant t_\circ$, 也就是说芝诺行为能够被避免.

证明 所需的结果可以通过如下步骤获得.

第 1 步 根据式 (4.8), 可以得到

$$dv_1 = (f_1 + g_1\varsigma_2 - \dot{x}_{1,d} - \dot{\xi}_1)dt + \phi_1^{\mathrm{T}} d\omega$$

考虑如下 Lyapunov 函数:

$$V_1 = \frac{1}{4}v_1^4 + \frac{1}{2r_1}\tilde{\theta}_1^2 \tag{4.17}$$

式中, r_1 为正数. 根据定义 4.1, 有

$$\mathcal{L}V_1 = v_1^3(f_1 + g_1(z_2 + x_{2,c}) - \dot{x}_{1,d} - \dot{\xi}_1) + \frac{3}{2}v_1^2\phi_1^{\mathrm{T}}\phi_1 - \frac{1}{r_1}\tilde{\theta}_1\dot{\hat{\theta}}_1 \tag{4.18}$$

利用杨氏不等式可以得到

$$\frac{3}{2}v_1^2\phi_1^{\mathrm{T}}\phi_1 \leqslant \frac{3}{4}v_1^4\|\phi_1\|^4 l_1^{-2} + \frac{3}{4}l_1^2 \tag{4.19}$$

$$v_1^3 c_1 \mathrm{sign}(\xi_1) \leqslant v_1^6 + c_1^2 \tag{4.20}$$

式中, $l_1 > 0$, $i = 1, \cdots, n$ 是设计参数. 将式 (4.19) 和式 (4.20) 代入式 (4.18) 中, 可以得到

$$\mathcal{L}V_1 \leqslant v_1^3 \left(\bar{f}_1 + g_1(z_2 + x_{2,c}) - \dot{\xi}_1 - \dot{x}_{1,d} \right) + \frac{3}{4}l_1^2 - \frac{1}{r_1}\tilde{\theta}_1\dot{\hat{\theta}}_1 - \frac{3}{4}v_1^4 \tag{4.21}$$

令 $\bar{f}_1 = f_1 + \frac{3}{4}v_1\|\phi_1\|^4 l_1^{-2} + \frac{3}{4}v_1$, 可知 $\bar{f}_1$ 是一个未知的非线性函数. 根据引理 4.5, 存在模糊逻辑系统 $\Phi_1^{\mathrm{T}}P_1(X_1)$ 使得

$$\bar{f}_1 = \Phi_1^{\mathrm{T}}P_1(X_1) + \delta_1(X_1), \quad \|\delta_1(X_1)\| \leqslant \tau_1 \tag{4.22}$$

式中, $\delta_1(X_1)$ 表示估计误差, $\tau_1 > 0$. 根据杨氏不等式可以得到

$$
\begin{aligned}
v_1^3\bar{f}_1 &= v_1^3\Phi_1^{\mathrm{T}}P_1(X_1) + v_1^3\delta_1(X_1) \\
&\leqslant \frac{v_1^6 P_1^{\mathrm{T}}P_1\theta_1}{2a_1^2} + \frac{a_1^2}{2} + \frac{3}{4}v_1^4 + \frac{\tau_1^4}{4}
\end{aligned}
\tag{4.23}
$$

式中, a_1 是给定的常数. 根据式 (4.23), 可以得到

$$
\begin{aligned}
\mathcal{L}V_1 &\leqslant v_1^3 g_1(z_2 + x_{2,c}) - v_1^3\dot{\xi}_1 - v_1^3\dot{x}_{1,d} + \frac{v_1^6 P_1^{\mathrm{T}}P_1\theta_1}{2a_1^2} \\
&\quad + \frac{a_1^2}{2} + \frac{\tau_1^4}{4} + \frac{3}{4}l_1^2 - \frac{1}{r_1}\tilde{\theta}_1\dot{\hat{\theta}}_1
\end{aligned}
\tag{4.24}
$$

将式 (4.10) 和式 (4.23) 代入式 (4.24) 可得

$$
\begin{aligned}
\mathcal{L}V_1 &\leqslant v_1^3 g_1(z_2 + \alpha_1) + v_1^3 k_1\xi_1 + c_1^2 + v_1^6 - v_1^3\dot{x}_{1,d} + \frac{v_1^6 P_1^{\mathrm{T}}P_1\theta_1}{2a_1^2} \\
&\quad + \frac{a_1^2}{2} + \frac{\tau_1^4}{4} + \frac{3}{4}l_1^2 - \frac{1}{r_1}\tilde{\theta}_1\dot{\hat{\theta}}_1 - v_1^3 g_1\xi_2
\end{aligned}
\tag{4.25}
$$

然后, 设计虚拟控制器 α_1 为

$$\alpha_1 = \frac{1}{g_1}\left(-k_1 z_1 - v_1^3 - \frac{v_1^3 P_1^{\mathrm{T}}P_1\hat{\theta}_1}{2a_1^2} - m_1 + \dot{x}_{1,d} - \frac{3}{4}v_1 g_1^{\frac{4}{3}} \right) \tag{4.26}$$

利用式 (4.26), 可知式 (4.25) 变成

$$\mathcal{L}V_1 \leqslant -k_1 v_1^4 - m_1 v_1^3 + c_1^2 + \frac{a_1^2}{2} + \frac{\tau_1^4}{4} + \frac{3}{4}l_1^2$$

$$+ \frac{v_2^4}{4} + \frac{\tilde{\theta}_1}{r_1} \left(\frac{r_1 v_1^6 P_1^{\mathrm{T}} P_1}{2a_1^2} - \dot{\hat{\theta}}_1 \right) \tag{4.27}$$

第 i $(2 \leqslant i \leqslant n-1)$ 步　根据式 (4.9), 可得

$$dv_i = (f_i + g_i \varsigma_{i+1} - \dot{x}_{i,c} - \dot{\xi}_i)dt + \phi_i^{\mathrm{T}} d\omega \tag{4.28}$$

选取如下 Lyapunov 函数

$$V_i = V_{i-1} + \frac{1}{4} v_i^4 + \frac{1}{2r_i} \tilde{\theta}_i^2 \tag{4.29}$$

根据定义 4.1 可知

$$\mathcal{L}V_i = \mathcal{L}V_{i-1} + v_i^3(f_i + g_i \varsigma_{i+1} - \dot{x}_{i,c} - \dot{\xi}_i) + \frac{3}{2} v_i^2 \phi_i^{\mathrm{T}} \phi_i - \frac{1}{r_i} \tilde{\theta}_i \dot{\hat{\theta}}_i \tag{4.30}$$

利用杨氏不等式可以得到

$$\frac{3}{2} v_i^2 \phi_i^{\mathrm{T}} \phi_i \leqslant \frac{3}{4} v_i^4 \|\phi_i\|^4 l_i^{-2} + \frac{3}{4} l_i^2 \tag{4.31}$$

$$v_i^3 c_i \mathrm{sign}(\xi_i) \leqslant v_i^6 + c_i^2 \tag{4.32}$$

根据式 (4.31) 和式 (4.32), 可以得到

$$\begin{aligned}
\mathcal{L}V_i \leqslant {} & \mathcal{L}V_{i-1} + v_i^3 \left(\bar{f}_i + g_i(z_{i+1} + x_{i+1,c}) - \dot{x}_{i,c} - \dot{\xi}_i \right) \\
& + \frac{3}{4} l_i^2 - \frac{1}{r_i} \tilde{\theta}_i \dot{\hat{\theta}}_i - v_i^4 - \frac{g_{i-1}^4 \xi_i^4 v_i^3}{4}
\end{aligned} \tag{4.33}$$

式中, $\bar{f}_i = f_i + \frac{3}{4} v_i \|\phi_i\|^4 l_i^{-2} + v_i + \frac{g_{i-1}^4 \xi_i^4}{4}$. 与第一步类似, 可以得到

$$\bar{f}_i = \Phi_i^{\mathrm{T}} P_i(X_i) + \delta_i(X_i), \quad \|\delta_i(X_i)\| \leqslant \tau_i \tag{4.34}$$

式中, $\delta_i(X_i)$ 是估计误差, $\tau_i > 0$. 根据杨氏不等式, 如下不等式成立

$$v_i^3 \bar{f}_i \leqslant \frac{v_i^6 \theta_i P_i^{\mathrm{T}} P_i}{2a_i^2} + \frac{a_i^2}{2} + \frac{3}{4} v_i^4 + \frac{1}{4} \tau_i^4 \tag{4.35}$$

式中, a_i 是一个给定的正数.

根据式 (4.11)、式 (4.32) 和式 (4.35), 那么式 (4.33) 变成

$$\mathcal{L}V_i \leqslant \mathcal{L}V_{i-1} + v_i^3 g_i(z_{i+1} + \alpha_i) - v_i^3 \dot{x}_{i,c} + v_i^3 k_i \xi_i + v_i^6 + c_i^2 + \frac{3}{4} l_i^2$$

$$- \frac{1}{r_i} \tilde{\theta}_i \dot{\hat{\theta}}_i + \frac{v_i^6 \theta_i P_i^{\mathrm{T}} P_i}{2a_i^2} + \frac{a_i^2}{2} + \frac{1}{4} \tau_i^4 - v_i^3 g_i \xi_{i+1} - \frac{v_i^4}{4} \tag{4.36}$$

然后, 设计虚拟控制器 α_i 为

$$\alpha_i = \frac{1}{g_i} \left(-k_i z_i - v_i^3 - \frac{v_i^3 P_i^{\mathrm{T}} P_i \hat{\theta}_i}{2a_i^2} - m_i + \dot{x}_{i,c} - \frac{3}{4} v_i g_i^{\frac{4}{3}} \right) \tag{4.37}$$

利用式 (4.37), 有

$$\mathcal{L} V_i \leqslant \sum_{j=1}^{i-1} \left(-k_j v_j^4 - m_j v_j^3 + c_j^2 + \frac{3}{4} l_j^2 + \frac{1}{2} a_j^2 \right.$$

$$\left. + \frac{1}{4} \tau_j^4 + \frac{\tilde{\theta}_j}{r_j} \left(\frac{r_j v_j^6 P_j^{\mathrm{T}} P_j}{2a_j^2} - \dot{\hat{\theta}}_j \right) \right) + \frac{v_{i+1}^4}{4} \tag{4.38}$$

4.2.2 事件触发控制器

设计如下事件触发控制器:

$$\chi(t) = -(1+\gamma) \left(\alpha_n \tanh \frac{v_n^3 g_n \alpha_n}{\epsilon} + \bar{m}_1 \tanh \frac{v_n^3 g_n \bar{m}_1}{\epsilon} \right) \tag{4.39}$$

$$\dot{\hat{\theta}}_i = \frac{r_i v_i^6 P_i^{\mathrm{T}} P_i}{2a_i^2} - \sigma_i \hat{\theta}_i \tag{4.40}$$

$$u(t) = \chi(t_k), \quad \forall t \in [t_k, \ t_{k+1}) \tag{4.41}$$

事件触发机制为

$$t_{k+1} = \inf \{ t \in \mathbb{R} \| \eta(t) | \geqslant \gamma |u(t)| + d_1 \} \tag{4.42}$$

式中, $\eta(t) = \chi(t) - u(t)$, $d_1 > 0$ 和 $\bar{m}_1 > d_1/(1-\gamma)$ 都是设计参数.

注 4.3   当 $t \in [t_k, t_{k+1})$, 控制信号保持为一个常数. 当满足条件 $t_{k+1} = \inf\{t \in \mathbb{R} \| \eta(t) | \geqslant \gamma |u(t)| + d_1\}$ 时, 时间 t_k 被重新标记为 t_{k+1} 并且控制信号 $u(t_{k+1})$ 被应用到系统. 从以上讨论可以看出, 与传统自适应控制器相比, 自适应事件触发控制器可以减少数据传输次数和控制驱动更新次数. 因此, 自适应事件触发控制器大大节省了控制器与执行器之间的通信资源.

根据式 (4.42), 可以得到 $\chi(t) = (1 + \lambda_1(t)\gamma)u(t) + \lambda_2(t)d_1$, $t_k \leqslant t < t_{k+1}$, 式中, $|\lambda_1(t)| \leqslant 1$, $|\lambda_2(t)| \leqslant 1$ 为时变参数. 因此, 如下不等式成立:

$$u(t) = \frac{\chi(t)}{1 + \lambda_1 \gamma} - \frac{\lambda_2 d_1}{1 + \lambda_1 \gamma} \tag{4.43}$$

选取如下 Lyapunov 函数:

$$V = \sum_{i=1}^{n} \left(\frac{1}{4} v_i^4 + \frac{1}{2r_i} \tilde{\theta}_i^2 \right) \tag{4.44}$$

根据定义 4.1 可得

$$\mathcal{L}V \leqslant v_n^3 (f_n + g_n u - \dot{x}_{n,c} - \dot{\xi}_n) + \frac{3}{2} v_n^2 \phi_n^{\mathrm{T}} \phi_n - \frac{1}{r_n} \tilde{\theta}_n \dot{\hat{\theta}}_n$$

$$+ \sum_{j=1}^{n-1} \left(-k_j v_j^4 - m_j v_j^3 + c_j^2 + \frac{3}{4} l_j^2 + \frac{1}{2} a_j^2 + \frac{1}{4} \tau_j^4 \right.$$

$$\left. + \frac{\tilde{\theta}_j}{r_j} \left(\frac{r_j v_j^6 P_j^{\mathrm{T}} P_j}{2 a_j^2} - \dot{\hat{\theta}}_j \right) \right) + \frac{v_n^4}{4} \tag{4.45}$$

将式 (4.43) 代入式 (4.45) 可得

$$\mathcal{L}V \leqslant v_n^3 \left(f_n + g_n \left(\frac{\chi(t)}{1 + \lambda_1 \gamma} - \frac{\lambda_2 d_1}{1 + \lambda_1 \gamma} \right) - \dot{x}_{n,c} - \dot{\xi}_n \right) - \frac{1}{r_n} \tilde{\theta}_n \dot{\hat{\theta}}_n$$

$$+ \frac{3}{2} v_n^2 \phi_n^{\mathrm{T}} \phi_n + \sum_{j=1}^{n-1} \left(-k_j v_j^4 - m_j v_j^3 + c_j^2 + \frac{3}{4} l_j^2 \right.$$

$$\left. + \frac{1}{2} a_j^2 + \frac{1}{4} \tau_j^4 + \frac{\tilde{\theta}_j}{r_j} \left(\frac{r_j v_j^6 P_j^{\mathrm{T}} P_j}{2 a_j^2} - \dot{\hat{\theta}}_j \right) \right) + \frac{v_n^4}{4} \tag{4.46}$$

利用 $\lambda_1(t) \in [-1, 1]$, $\lambda_2(t) \in [-1, 1]$ 可得

$$g_n \frac{v_n^3 \chi}{1 + \lambda_1(t) \gamma} \leqslant g_n \frac{v_n^3 \chi}{1 + \gamma} \tag{4.47}$$

$$g_n \left| \frac{\lambda_2(t) d_1}{1 + \lambda_1(t) \gamma} \right| \leqslant \frac{d_1 g_n}{1 - \gamma} \tag{4.48}$$

根据文献 [103] 可得

$$0 \leqslant |\varsigma| - \varsigma \tanh \left(\frac{\varsigma}{\epsilon} \right) \leqslant 0.2785 \epsilon \tag{4.49}$$

式中, $\epsilon > 0$, $\varsigma \in \mathbb{R}$. 将式 (4.47) 和式 (4.48) 代入式 (4.46) 可得

$$\mathcal{L}V \leqslant v_n^3 f_n + \frac{v_n^3 g_n \chi(t)}{1 + \gamma} + \left| \frac{v_n^3 g_n d_1}{1 - \gamma} \right| - v_n^3 (\dot{x}_{n,c} + \dot{\xi}_n) + \frac{3}{2} v_n^2 \phi_n^{\mathrm{T}} \phi_n$$

$$-\frac{1}{r_n}\tilde{\theta}_n\dot{\hat{\theta}}_n + \sum_{j=1}^{n-1}\left(-k_j v_j^4 - m_j v_j^3 + c_j^2 + \frac{3}{4}l_j^2 + \frac{1}{2}a_j^2\right.$$

$$\left. +\frac{1}{4}\tau_j^4 + \frac{\tilde{\theta}_j}{r_j}\left(\frac{r_j v_j^6 P_j^{\mathrm{T}} P_j}{2a_j^2} - \dot{\hat{\theta}}_j\right)\right) + \frac{v_n^4}{4} \tag{4.50}$$

根据式 (4.39), 如下不等式成立

$$\mathcal{L}V \leqslant v_n^3 f_n - v_n^3 g_n\left(\alpha_n \tanh\frac{v_n^3 g_n \alpha_n}{\epsilon} + \bar{m}_1 \tanh\frac{v_n^3 g_n \bar{m}_1}{\epsilon}\right)$$

$$+\left|\frac{v_n^3 g_n d_1}{1-\gamma}\right| - v_n^3(\dot{x}_{n,c} + \dot{\xi}_n) + \frac{3}{2}v_n^2\phi_n^{\mathrm{T}}\phi_n - \frac{1}{r_n}\tilde{\theta}_n\dot{\hat{\theta}}_n$$

$$+\sum_{j=1}^{n-1}\left(-k_j v_j^4 - m_j v_j^3 + c_j^2 + \frac{3}{4}l_j^2 + \frac{1}{2}a_j^2 + \frac{1}{4}\tau_j^4\right.$$

$$\left. +\frac{\tilde{\theta}_j}{r_j}\left(\frac{r_j v_j^6 P_j^{\mathrm{T}} P_j}{2a_j^2} - \dot{\hat{\theta}}_j\right)\right) + \frac{v_n^4}{4} \tag{4.51}$$

然后, 基于式 (4.51), 式 (4.50) 变成

$$\mathcal{L}V \leqslant v_n^3 f_n + v_n^3 g_n \alpha_n - |v_n^3 g_n \bar{m}_1| + \left|\frac{v_n^3 g_n d_1}{1-\gamma}\right| - v_n^3(\dot{x}_{n,c} + \dot{\xi}_n)$$

$$+\frac{3}{2}v_n^2\phi_n^{\mathrm{T}}\phi_n - \frac{1}{r_n}\tilde{\theta}_n\dot{\hat{\theta}}_n + \sum_{j=1}^{n-1}\left(-k_j v_j^4 - m_j v_j^3 + c_j^2\right.$$

$$\left. +\frac{3}{4}l_j^2 + \frac{1}{2}a_j^2 + \frac{1}{4}\tau_j^4 + \frac{\tilde{\theta}_j}{r_j}\left(\frac{r_j v_j^6 P_j^{\mathrm{T}} P_j}{2a_j^2} - \dot{\hat{\theta}}_j\right)\right) + \frac{v_n^4}{4} \tag{4.52}$$

如果选取虚拟控制器 α_n 为

$$\alpha_n = \frac{1}{g_n}\left(-k_n z_n - v_n^3 - \frac{v_n^3 P_n^{\mathrm{T}} P_n \hat{\theta}_n}{2a_n^2} - m_n + \dot{x}_{n,c}\right) \tag{4.53}$$

将虚拟控制器 α_n 代入式 (4.52) 中, 可得

$$\mathcal{L}V \leqslant \sum_{j=1}^{n}\left(-k_j v_j^4 - m_j v_j^3 + c_j^2 + \frac{3}{4}l_j^2 + \frac{1}{2}a_j^2 + \frac{1}{4}\tau_j^4\right.$$

$$\left. +\frac{\sigma_j \hat{\theta}_j \tilde{\theta}_j}{r_j}\right) - |v_n^3 g_n \bar{m}_1| + \left|\frac{v_n^3 g_n d_1}{1-\gamma}\right| + 0.557\epsilon \tag{4.54}$$

注意到

$$
\begin{aligned}
\frac{\sigma_j \tilde{\theta}_j \hat{\theta}_j}{r_j} &\leqslant -\frac{\sigma \tilde{\theta}_j^{\mathrm{T}} \tilde{\theta}_j}{2r_j} + \frac{\sigma \theta_j^{\mathrm{T}} \theta_j}{2r_j} \\
&= \frac{\sigma_j \theta_j^{\mathrm{T}} \theta_j}{2r_j} - \frac{\sigma_j \tilde{\theta}_j^{\mathrm{T}} \tilde{\theta}_j}{2r_j} - \frac{\sigma_j (\tilde{\theta}_j^{\mathrm{T}} \tilde{\theta}_j)^{\frac{3}{4}}}{2r_j} + \frac{\sigma_j (\theta_j^{\mathrm{T}} \theta_j)^{\frac{3}{4}}}{2r_j} \\
&\leqslant \frac{\sigma_j \theta_j^{\mathrm{T}} \theta_j}{2r_j} - \frac{\sigma_j \tilde{\theta}_j^{\mathrm{T}} \tilde{\theta}_j}{2r_j} - \frac{\sigma_j (\tilde{\theta}_j^{\mathrm{T}} \tilde{\theta}_j)^{\frac{3}{4}}}{2r_j} - \frac{3\sigma_j \tilde{\theta}_j^{\mathrm{T}} \tilde{\theta}_j}{8r_j} + \frac{\sigma_j}{8r_j} \\
&= -\frac{\sigma_j \tilde{\theta}_j^{\mathrm{T}} \tilde{\theta}_j}{8r_j} - \frac{\sigma_j (\tilde{\theta}_j^{\mathrm{T}} \tilde{\theta}_j)^{\frac{3}{4}}}{2r_j} + C_1
\end{aligned} \tag{4.55}
$$

式中, $C_1 = \dfrac{\sigma_j \theta_j^{\mathrm{T}} \theta_j}{2r_j} + \dfrac{\sigma_j}{8r_j}$. 将式 (4.55) 代入式 (4.54) 中, 可得

$$
\begin{aligned}
\mathcal{L}V \leqslant \sum_{j=1}^{n} \Bigg(&-k_j v_j^4 - m_j v_j^3 + c_j^2 + \frac{3}{4} l_j^2 + \frac{1}{2} a_j^2 + \frac{1}{4} \tau_j^4 \\
&- \frac{\sigma_j \tilde{\theta}_j^{\mathrm{T}} \tilde{\theta}_j}{8r_j} - \frac{\sigma_j (\tilde{\theta}_j^{\mathrm{T}} \tilde{\theta}_j)^{\frac{3}{4}}}{2r_j} + C_1 \Bigg) + 0.557\epsilon
\end{aligned} \tag{4.56}
$$

令 $\eta_1 = \min\left\{ 4k_1, \cdots, 4k_n, \dfrac{\sigma_1}{4}, \cdots, \dfrac{\sigma_n}{4} \right\}$, $\eta_2 = \min\left\{ 2\sqrt{2}m_1, \cdots, 2\sqrt{2}m_n, \dfrac{\sigma_1}{\sqrt[4]{2r_1}}, \right.$
$\left. \cdots, \dfrac{\sigma_n}{\sqrt[4]{2r_n}} \right\}$, $C = \sum_{j=1}^{n} \left(c_j^2 + \dfrac{3}{4} l_j^2 + \dfrac{1}{2} a_j^2 + \dfrac{1}{4} \tau_j^4 + C_1 \right) + 0.557\epsilon$. 然后使用引理 4.1,
式 (4.56) 可改写为

$$
\mathcal{L}V \leqslant -\eta_1 V - \eta_2 V^{\frac{3}{4}} + C \tag{4.57}
$$

第 $n+1$ 步 为补偿系统选择如下 Lyapunov 函数:

$$
V_{n+1} = \frac{1}{4} \sum_{j=1}^{n} \xi_j^4 \tag{4.58}
$$

因此可得

$$
\begin{aligned}
\mathcal{L}V_{n+1} = &\xi_1^3 \left(-k_1 \xi_1 + g_1 \xi_2 + g_1(x_{2,c} - \alpha_1) - c_1 \mathrm{sign}(\xi_1) \right) \\
&+ \sum_{j=2}^{n-1} \left(\xi_j^3 (-k_j \xi_j + g_j \xi_{j+1} + g_j(x_{j+1,c} - \alpha_j) - c_j \mathrm{sign}(\xi_j) \right)
\end{aligned}
$$

$$-\frac{g_{j-1}^4\xi_j^4}{4}\Big) + \xi_n^3\big(-k_n\xi_n - c_n\mathrm{sign}(\xi_n)\big) - \frac{g_{n-1}^4\xi_n^4}{4} \tag{4.59}$$

利用杨氏不等式

$$\xi_j^3 g_j \xi_{j+1} \leqslant \frac{3}{4}\xi_j^4 + \frac{g_j^4\xi_{j+1}^4}{4}, \quad j = 1,\cdots,n-1 \tag{4.60}$$

将式 (4.60) 代入式 (4.59), 可得

$$\mathcal{L}V_{n+1} \leqslant \sum_{j=1}^{n-1}\left(\left(-k_j+\frac{3}{4}\right)\xi_j^4 + |g_j\|\xi_j^3\|x_{j+1,c}-\alpha_j|\right) - k_n\xi_n^4 - \sum_{j=1}^{n}c_j|\xi_j^3| \tag{4.61}$$

选取如下 Lyapunov 函数:

$$\mathcal{V} = V + V_{n+1} \tag{4.62}$$

因此可得

$$\mathcal{L}V \leqslant -\eta_1 V - \eta_2 V^{\frac{3}{4}} + C + \sum_{j=1}^{n-1}\left(\left(-k_j+\frac{3}{4}\right)\xi_j^4 + |g_j\|\xi_i^3\|x_{j+1,c}-\alpha_j|\right)$$

$$- k_n\xi_n^4 - \sum_{j=1}^{n}c_j|\xi_j^3| + |\xi_n^3\|\varpi_{n1}\|g_n|$$

$$\leqslant -\eta_1 V - \eta_2 V^{\frac{3}{4}} + C + \sum_{j=1}^{n-1}\left(-k_j+\frac{3}{4}\right)\xi_j^4 + \sum_{j=1}^{n-1}|g_j\|\xi_i^3\|x_{j+1,c}-\alpha_j|$$

$$- k_n\xi_n^4 - \sum_{j=1}^{n}c_j|\xi_j^3| + |\xi_n^3\|\varpi_{n1}\|g_n|$$

根据引理 4.3 和引理 4.4, 有 $|x_{j+1,c}-\alpha_j| \leqslant \varpi_{j1}$, 从而可得

$$\mathcal{L}V \leqslant -\eta_1 V_n - \eta_2 V_n^{\frac{3}{4}} + C + \sum_{j=1}^{n-1}\left(-k_j+\frac{3}{4}\right)\xi_j^4$$

$$- k_n\xi_n^4 - \left(\frac{c_o}{2\sqrt{2}} - \bar{\varpi}_1\bar{g}\right)\left(\sum_{j=1}^{n}|\xi_j^3|\right) \tag{4.63}$$

根据引理 4.1, 式 (4.63) 可以改写为

$$\mathcal{L}V \leqslant -\eta_1 V_n - \eta_2 V_n^{\frac{3}{4}} + C + \sum_{j=1}^{n-1}\left(-k_j+\frac{3}{4}\right)\xi_j^4$$

$$-k_n\xi_n^4 - (c_0 - 2\sqrt{2}n^{\frac{1}{4}}\bar{\varpi}_1\bar{g})\left(\frac{1}{4}\sum_{j=1}^{n}\xi_j^4\right)^{\frac{3}{4}} \tag{4.64}$$

式中, $c_0 = 2\sqrt{2}\min\{c_j\}$, $\bar{\varpi}_1 = \max\{\varpi_{j1}\}$, $\bar{g} = \max\{g_j\}$, $j = 1,\cdots,n$. 然后, 如果选取合适的 c_j 使得 $c_0 - 2\sqrt{2}n^{\frac{1}{4}}\bar{\varpi}_1\bar{g} > 0$, 从而如下不等式成立:

$$\mathcal{L}\mathcal{V} \leqslant -\rho_1\mathcal{V} - \rho_2\mathcal{V}^{\frac{3}{4}} + C \tag{4.65}$$

式中, $\rho_1 = \min\left\{\eta_1, 4\left(k_1 - \dfrac{3}{4}\right), \cdots, 4\left(k_{n-1} - \dfrac{3}{4}\right), 4k_n\right\}$, $\rho_2 = \min\left\{\eta_2, c_0 - 2\sqrt{2}n^{\frac{1}{4}}\right.$ $\left.\bar{\varpi}_1\bar{g}\right\}$. 根据式 (4.64) 可得

$$\mathcal{L}\mathcal{V} \leqslant -\rho_1\mathcal{V} + C \tag{4.66}$$

基于引理 4.2, v_i, ξ_i, $\tilde{\theta}_i$ 和 $\hat{\theta}_i$ 都是依概率有界的. 根据 $z_i = v_i + \xi_i$, 可以得到 z_i 依概率有界. 因此, 所有信号依概率有界, 那么可以调整参数以确保 z_1 在有限时间内尽可能小. 根据式 (4.65) 可得

$$\mathcal{L}\mathcal{V} \leqslant -\rho_2\mathcal{V}^{\frac{3}{4}} + C \tag{4.67}$$

根据引理 4.2, 系统 (4.3) 满足 SGFSP 条件.

接下来, 将证明芝诺行为不会发生, 也就是说, 存在一个 $t_\circ > 0$ 使得 $k \in z^+$, $t_{k+1} - t_k \geqslant t_\circ$. 因此, 根据 $\eta(t) = \chi(t) - u(t)$, $\forall t \in [t_k, t_{k+1})$, 有

$$\frac{d}{dt}|\eta| = \frac{d}{dt}(\eta \times \eta)^{\frac{1}{2}} = \text{sign}(\eta)\dot{\eta} \leqslant |\dot{\chi}|$$

根据式 (4.39) 可得 χ 可微. 不等式 $|\dot{\chi}| \leqslant \kappa$ 成立, 式中 κ 是正数. 因为 $\eta(t_k) = 0$, $\lim\limits_{t \to t_{k+1}} \eta(t) = \gamma|u(t)| + d_1$, 所以 $t_\circ \geqslant (\gamma|u(t)| + d_1)/\kappa$, 芝诺行为被避免.

注 4.4 众所周知, 芝诺行为存在于广泛的实际系统中. 芝诺行为是系统在有限的时间间隔内可能发生无数事件, 从而导致系统不稳定. 易证如果 $t_{k+1} - t_k > 0$, 对于任意 k, 芝诺行为不会发生. 根据定理 4.1 的证明, 可以得到 $t_{k+1} - t_k \geqslant (\gamma|u(t)| + d_1)/\kappa$. 因此, 可以得到 $t_{k+1} - t_k > 0$, 即芝诺行为被成功地避免.

4.3 仿 真 例 子

例 4.1 为了验证设计方案的可行性和有效性, 考虑了一个实际的单连杆机械手及其电机动力学系统, 如图 4.1 所示. 与文献 [107] 和文献 [108] 中的例子相

比, 系统中还考虑了随机因素的影响, 使仿真更接近实际系统. 所考虑的系统是

$$\begin{cases} A\ddot{w} + D\dot{w} + M\sin(w) = \rho \\ N\dot{\rho} + F\rho = u - R_m\dot{w} \\ y = \varsigma_1 \end{cases} \tag{4.68}$$

式中, w, $\dot{w}$ 和 $\ddot{w}$ 分别表示连杆的位置、速度和加速度, ρ 是电机轴角度, u 表示电机扭矩的控制输入. 定义 $\varsigma_1 = w$, $\varsigma_2 = \dot{w}$ 以及 $\varsigma_3 = \rho/A$.

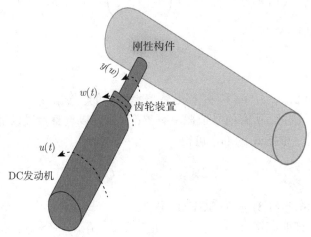

图 4.1   单连杆机械手

在实际问题中, 随机干扰通常存在. 因此, 考虑式 (4.68) 中的随机干扰 $\phi_i^{\mathrm{T}} d\omega$, 上述系统可以写成如下形式:

$$\begin{cases} d\varsigma_1 = \varsigma_2 dt \\ d\varsigma_2 = \left(\varsigma_3 - \dfrac{M}{B}\sin(\varsigma_1) - \dfrac{D}{A}\varsigma_2\right) dt \\ d\varsigma_3 = \left(u + \dfrac{R_m}{NA}\varsigma_2 + \dfrac{F}{N}\varsigma_3\right) dt + \phi_3^{\mathrm{T}} d\omega \\ y = \varsigma_1 \end{cases}$$

参考信号选为 $x_{1,d} = 0.5\sin t$. 模糊基函数如下所示

$$\mu_{F_i^1} = e^{-\frac{1}{2}(\varsigma_i + 1.5)^2}, \quad \mu_{F_i^2} = e^{-\frac{1}{2}(\varsigma_i + 1)^2}$$

$$\mu_{F_i^3} = e^{-\frac{1}{2}(\varsigma_i + 0.5)^2}, \quad \mu_{F_i^4} = e^{-\frac{1}{2}(\varsigma_i)^2}$$

$$\mu_{F_i^5} = e^{-\frac{1}{2}(\varsigma_i - 0.5)^2}, \quad \mu_{F_i^6} = e^{-\frac{1}{2}(\varsigma_i - 1)^2}$$

$$\mu_{F_i^7} = e^{-\frac{1}{2}(\varsigma_i - 1.5)^2}$$

设计如下的控制器:

$$\begin{cases} \alpha_1 = \dfrac{1}{g_1}\left(-k_1 z_1 - v_1^3 - \dfrac{v_1^3 P_1^{\mathrm{T}} P_1 \hat{\theta}_1}{2a_1^2} - m_1 + \dot{x}_{1,d} - \dfrac{3}{4}v_2 g_2^{\frac{4}{3}}\right) \\[3mm] \alpha_2 = \dfrac{1}{g_2}\left(-k_2 z_2 - v_2^3 - \dfrac{v_2^3 P_2^{\mathrm{T}} P_2 \hat{\theta}_2}{2a_2^2} - m_2 + \dot{x}_{2,c} - \dfrac{3}{4}v_2 g_2^{\frac{4}{3}} - \dfrac{v_2}{4}\right) \\[3mm] \alpha_3 = \dfrac{1}{g_3}\left(-k_3 z_3 - v_3^3 - \dfrac{v_3^3 P_3^{\mathrm{T}} P_3 \hat{\theta}_3}{2a_3^2} - m_3 + \dot{x}_{3,c}\right) \\[3mm] \chi(t) = -(1+\gamma)\left(\alpha_3 \tanh \dfrac{v_3^3 g_3 \alpha_3}{\epsilon} + \bar{m}_1 \tanh \dfrac{v_3^3 g_3 \bar{m}_1}{\epsilon}\right) \\[3mm] u = \chi(t_k), \quad k \in z^+ \end{cases}$$

以及如下两个自适应律:

$$\begin{cases} \dot{\hat{\theta}}_1 = \dfrac{r_1 v_1^6 P_1^{\mathrm{T}} P_1}{2a_1^2} - \sigma_1 \hat{\theta}_1 \\[3mm] \dot{\hat{\theta}}_2 = \dfrac{r_2 v_2^6 P_2^{\mathrm{T}} P_2}{2a_2^2} - \sigma_2 \hat{\theta}_2 \\[3mm] \dot{\hat{\theta}}_3 = \dfrac{r_3 v_3^6 P_3^{\mathrm{T}} P_3}{2a_3^2} - \sigma_3 \hat{\theta}_3 \end{cases}$$

事件触发机制为 $t_{k+1} = \inf\{t \in \mathbb{R} \| \eta(t) | \geqslant \gamma |u(t)| + d_1\}$. 状态的初值为 $\varsigma_1(0) = 0.1$, $\varsigma_2(0) = 0.1$, $\varsigma_3(0) = 0.1$, 设计参数为 $\dfrac{M}{B} = 20$, $\dfrac{D}{A} = 10$, $\dfrac{R_m}{NA} = 20$, $\dfrac{F}{N} = 20$, $\phi_3 = 1$, $g_1 = 1$, $g_2 = 1$, $g_3 = 1$, $a_1 = 6$, $a_2 = 20$, $a_3 = 200$, $k_1 = 25$, $k_2 = 12$, $k_3 = 12$, $\sigma_1 = 0.1$, $\sigma_2 = 0.1$, $\sigma_3 = 0.1$, $r_1 = 20$, $r_2 = 20$, $r_3 = 20$, $c_1 = 0.1$, $c_2 = 0.1$, $c_3 = 0.1$, $m_1 = 0.3$, $m_2 = 0.2$, $m_3 = 0.2$, $\lambda_{11} = 20$, $\lambda_{12} = 20$, $\lambda_{21} = 20$, $\lambda_{22} = 20$, $\lambda_{31} = 20$, $\lambda_{32} = 20$, $\gamma = 0.5$, $d_1 = 0.5$, $\bar{m}_1 = 2$, $\epsilon = 9$.

仿真结果如图 4.2~图 4.10 所示. y 和 $x_{1,d}$ 的轨迹如图 4.2 所示, 可以看到系统输出 y 可以在一个小的误差内追踪给定的参考信号 $x_{1,d}$. 图 4.3 表示 ς_2 和 ς_3 的轨迹图, 可以看到状态 ς_2 和 ς_3 有界. 图 4.4 表示跟踪误差的轨迹图, 可以

看到跟踪误差 $z_1 = y - x_{1,d}$ 收敛到零附近的邻域内. 图 4.5 表示自适应律 $\hat{\theta}_1, \hat{\theta}_2$ 和 $\hat{\theta}_3$ 的轨迹图. 图 4.6 表示事件触发控制器 u 的轨迹. 图 4.7 表示事件触发时间间隔 $t_{k+1} - t_k$. 根据图 4.6 和图 4.7, 可以看到, 计算负担和通信资源可以显著减少. 利用文献 [128] 中提出的方法, 图 4.8 表示参考信号 $x_{1,d}$ 以及系统输出的轨迹 y. 图 4.9 表示跟踪误差 z_1 的比较图, 这表明, 使用所提出的设计方法产生的跟踪误差远小于使用文献 [128] 中提出的方法产生的误差. 图 4.10 表示收敛时间比较图. 根据图 4.10, 利用所提出的方法, 当跟踪误差区间为 $(-0.1, 0.1)$ 时, 收敛时间为 0.3s. 然而, 利用文献 [128] 中的方法, 收敛时间几乎趋于无穷. 因此, 基于上述讨论, 可以得出结论, 所提出的自适应事件触发模糊跟踪控制器的效率已得到验证.

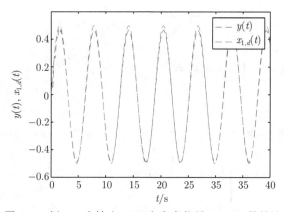

图 4.2　例 4.1 中输出 $y(t)$ 和参考信号 $x_{1,d}(t)$ 的轨迹

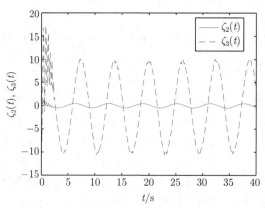

图 4.3　例 4.1 中状态 $\zeta_2(t)$ 和 $\zeta_3(t)$ 的轨迹

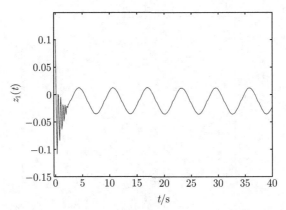

图 4.4 例 4.1 中跟踪误差 $z_1(t)$ 的轨迹

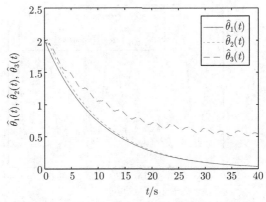

图 4.5 例 4.1 中 $\hat{\theta}_1(t)$, $\hat{\theta}_2(t)$ 和 $\hat{\theta}_3(t)$ 的轨迹

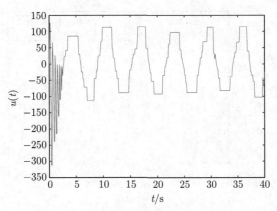

图 4.6 例 4.1 中控制输入 $u(t)$ 的轨迹

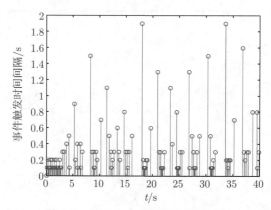

图 4.7　例 4.1 中事件触发时间间隔

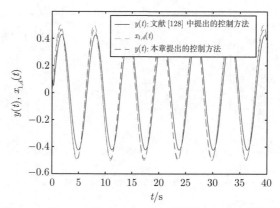

图 4.8　例 4.1 中输出 $y(t)$ 和参考信号 $x_{1,d}(t)$ 的比较

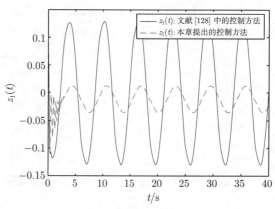

图 4.9　例 4.1 中跟踪误差 $z_1(t)$ 的比较

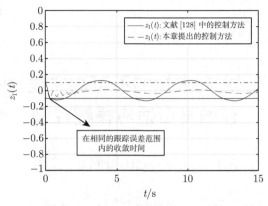

图 4.10　例 4.1 中收敛时间的比较

4.4　结　　论

　　针对非线性随机系统, 本章提出了一种基于命令滤波器的有限时间事件触发自适应模糊跟踪控制方案. 提出了事件触发机制以减少上述系统的通信资源的浪费. 有限时间命令滤波器用于解决微分爆炸问题. 结合有限时间命令滤波器和事件触发机制, 基于反推技术设计了非线性随机系统的自适应模糊事件触发跟踪控制器. 仿真结果证明了该控制器的有效性.

第 5 章　控制方向未知的不可测非线性随机系统事件触发自适应模糊控制

5.1　预备知识和问题描述

5.1.1　预备知识

考虑如下随机微分方程:

$$dx = \Phi(t,x)dt + \Psi(t,x)d\omega \tag{5.1}$$

式中, x 表示系统的状态向量, Φ 和 Ψ 是局部 Lipschitz 函数, 并且 $\Phi(0) = \Psi(0) = 0$. ω 是标准的 r 维 Wiener 过程. 考虑 C^2 函数 $V(x)$ 以及系统 (5.1), 通过微分运算符 $\mathcal{L}$ 可得如下方程

$$\mathcal{L}V(t,x) = \frac{\partial V}{\partial t} + \frac{\partial V}{\partial x}\Phi + \frac{1}{2}\mathrm{Tr}\left\{\Psi\frac{\partial^2 V}{\partial x^2}\Psi^{\mathrm{T}}\right\} \tag{5.2}$$

式中, C^2 表示具有 2 阶连续偏导的一类函数, $\mathrm{Tr}(\cdot)$ 表示矩阵的迹.

定义 5.1 [121]　如果随机过程 $x(t)$ 满足 $\lim\limits_{d\to\infty} \sup_{0\leqslant t\leqslant\infty} P(|x(t)| > d) = 0$, 则称随机过程 $x(t)$ 依概率有界.

定义 5.2 [122]　Nussbaum 型函数为偶函数, 且满足可微条件以及如下条件:

$$\begin{cases} \lim\limits_{c\to\infty} \sup \dfrac{1}{c}\displaystyle\int_0^c \mathcal{N}(\zeta)d\zeta = \infty \\ \lim\limits_{c\to\infty} \inf \dfrac{1}{c}\displaystyle\int_0^c \mathcal{N}(\zeta)d\zeta = -\infty \end{cases} \tag{5.3}$$

例如, $e^{\zeta^2}\cos\left(\dfrac{\pi}{2}\zeta\right)$, $\ln(\zeta+1)\cos\sqrt{\ln(\zeta+1)}$ 以及 $\zeta^2\cos(\zeta)$ 可以被称作 Nussbaum 型函数. 本章使用了 Nussbaum 型函数 $\mathcal{N}(\zeta) = \zeta^2\cos(\zeta)$.

引理 5.1 [121]　考虑随机微分方程 (5.1), 对于所有 $x \in \mathbb{R}^n$ 和 $t > t_0$, 如果存在 C^2 函数 $V(x)$, 两个 k_∞ 函数 χ_1 和 χ_2, 两个正数 τ_1 和 τ_2 使得

$$\chi_1(||x||) \leqslant V(x) \leqslant \chi_2(||x||)$$

$$\mathcal{L}V(x) \leqslant -\tau_1 V(x) + \tau_2$$

则可以得到如下结论:

(i) 对于任意初始状态 $x \in \mathbb{R}^n$, 系统 (5.1) 存在唯一的解 $x(t)$;

(ii) 系统 (5.1) 的解 $x(t)$ 依概率有界.

引理 5.2 [110]   对于随机系统 (5.1), 令 $\mathcal{N}(\zeta(t))$ 为平滑的 Nussbaum 型函数, 假设 $V(t) \geqslant 0$ 且 $\zeta(t)$ 为定义在 $[0, t_f)$ 上的平滑函数. 如果如下不等式成立:

$$\mathcal{L}V(t) \leqslant -\bar{o}_1 V(t) + l^* \mathcal{N}(\zeta(t) + 1)\dot{\zeta} + \bar{o}_2 \tag{5.4}$$

式中, l^* 为非零的常数, 且常数 $\bar{o}_i > 0$ $(i = 1, 2)$, 则 $EV(t), \zeta(t)$ 以及 $l^* \mathcal{N}(\zeta(t)+1)\dot{\zeta}$ 在 $[0, t_f)$ 上有界, 式中, $t_f < +\infty$.

引理 5.3 [123]   对于 $\forall \varpi \in \mathbb{R}$ 和 $\bar{\iota} > 0$, 如下不等式成立

$$0 \leqslant |\varpi| - \varpi \tanh\left(\frac{\varpi}{\bar{\iota}}\right) \leqslant \bar{\iota}\delta, \quad \delta = 0.2785$$

5.1.2 问题描述

对于如下非线性随机系统

$$\begin{cases} dx_i = (f_i(\bar{x}_n) + l_i x_{i+1})dt + g_i^{\mathrm{T}}(\bar{x}_n)d\omega, \\ \quad i = 1, 2, \cdots, n-1 \\ dx_n = (f_n(\bar{x}_n) + l_n u)dt + g_n^{\mathrm{T}}(\bar{x}_n)d\omega, \\ y = x_1 \end{cases} \tag{5.5}$$

式中, $\bar{x}_i = [x_1, \cdots, x_i]^{\mathrm{T}} \in \mathbb{R}^i, y \in \mathbb{R}$ 和 $u \in \mathbb{R}$ 分别表示系统的状态、输出以及控制输入. l_i $(i = 1, 2, \cdots, n)$ 是非零常数, 代表未知控制方向. $f_i(\bar{x}_n)$ 和 $g_i(\bar{x}_n)$ 是满足局部 Lipschitz 条件的完全未知的非线性函数, 并且 $f_i(0) = g_i(0) = 0$. ω 的定义和式 (5.1) 相同. 另外, 状态 $x_2, \cdots, x_n$ 是未知的, 仅输出 y 是可测的.

为了减少控制器和执行器之间的传输负担, 我们的控制目标是设计一个事件触发自适应模糊输出反馈控制器 u, 以确保闭环系统中的所有信号在概率上有界, 并且观测器误差和输出信号收敛到原点的一个小邻域.

由于控制参数未知, 控制设计的难度无疑会大大增加. 为了克服上述挑战, 提出了系统 (5.5) 的线性状态变换.

令 $\eta_i = x_i / \prod_{j=i}^n l_j, \bar{\eta}_i = [\eta_1, \eta_2, \cdots, \eta_i]^{\mathrm{T}}, i = 1, 2, \cdots, n$, 则 $\bar{x}_i = A_i \bar{\eta}_i$, 式中, $A_i = \mathrm{diag}\{\prod_{j=1}^n l_j, \cdots, \prod_{j=i}^n l_j\}$. $\eta = \bar{\eta}_n$ 的动态为

$$
\begin{cases}
d\eta_i = \left(\dfrac{1}{\prod_{j=i}^{n} l_j} \bar{f}_i(\eta) + \eta_{i+1} \right) dt + \dfrac{1}{\prod_{j=i}^{n} l_j} \bar{g}_i^{\mathrm{T}}(\eta) d\omega \\[4mm]
d\eta_n = \left(\dfrac{1}{l_n} \bar{f}_n(\eta) + u \right) dt + \dfrac{1}{l_n} \bar{g}_n^{\mathrm{T}}(\eta) d\omega \\[4mm]
y = \prod_{j=1}^{n} l_j \eta_1
\end{cases}
\tag{5.6}
$$

式中, $i = 1, 2, \cdots, n-1$, $\bar{f}_i(\eta) = f_i(A_n \eta)$, $\bar{g}_i(\eta) = g_i(A_n \eta)$. 显然, 系统 (5.6) 和系统 (5.5) 是等价的.

注 5.1   另一方面, 由于 $\eta_i = x_i / \prod_{j=i}^{n} l_j$, 则 $d\eta_i = 1 / \prod_{j=i}^{n} l_j dx_i$. 根据原始系统 (5.5), 可以得到新系统 (5.6). 另一方面, 由于 $\prod_{j=i}^{n} l_j$ 是一个未知的非零常数, 根据线性状态变换 $\eta_i = x_i / \prod_{j=i}^{n} l_j$, 通过在系统 (5.6) 的每个子系统等号的两侧乘 $\prod_{j=i}^{n} l_j$, 可以得到系统 (5.6). 这样, 系统 (5.5) 和系统 (5.6) 是等价的.

注 5.2   本章研究了具有不可测状态和未知控制方向的非线性随机系统的事件触发输出反馈控制. 在文献 [110] 和文献 [111] 中, 讨论了非线性随机系统的输出反馈控制问题. 在文献 [112] 中, 提出了一种非线性系统的事件触发控制方案. 然而, 这些现有的研究方案并没有解决本章想要解决的问题. 为了成功地解决上述问题, 通过线性状态变换获得系统 (5.6). 显然, 它是一个具有不可测状态和非严格反馈结构的不确定非线性随机系统. 下一个控制设计将在系统 (5.6) 的基础上进行.

5.2   事件触发控制设计方案

5.2.1   观测器设计

由于系统 (5.6) 中的状态是不可测量的, 为了使控制设计能够顺利进行, 构造了如下状态观测器:

$$
\begin{cases}
\dot{\hat{\eta}}_i = \hat{\eta}_{i+1} - \mu_i \hat{\eta}_1, \quad i = 1, 2, \cdots, n-1 \\[2mm]
\dot{\hat{\eta}}_n = u - \mu_n \hat{\eta}_1
\end{cases}
\tag{5.7}
$$

式中, $\mu_i > 0$, $\hat{\eta}_i$ 代表 η_i, $i = 1, 2, \cdots, n$ 的估计. 我们能够选取合适的正数 μ_i 使得下述矩阵

$$
B = \begin{bmatrix}
-\mu_1 & & \\
\vdots & & I_{n-1} \\
-\mu_n & 0 & \cdots & 0
\end{bmatrix}
$$

是渐近稳定的. 则对于一个给定的矩阵 $Q = Q^{\mathrm{T}} > 0$, 存在一个正定矩阵 $P = P^{\mathrm{T}}$, 有 $B^{\mathrm{T}}P + PB = -Q$. 定义观测器误差为 $\tilde{\eta} = \eta - \hat{\eta}$, 则观测器误差 $\tilde{\eta}$ 为

$$d\tilde{\eta} = (H(\eta) + B\tilde{\eta} + U\eta_1)dt + R(\eta)d\omega, \tag{5.8}$$

式中,

$$H(\cdot) = \begin{bmatrix} h_1(\eta), \cdots, h_n(\eta) \end{bmatrix}^{\mathrm{T}} = \left[\frac{\bar{f}_1(\eta)}{\prod_{j=1}^{n} l_j}, \cdots, \frac{\bar{f}_n(\eta)}{l_n} \right]^{\mathrm{T}}$$

$$R(\cdot) = \begin{bmatrix} r_1(\eta), \cdots, r_n(\eta) \end{bmatrix}^{\mathrm{T}} = \left[\frac{\bar{g}_1^{\mathrm{T}}(\eta)}{\prod_{j=1}^{n} l_j}, \cdots, \frac{\bar{g}_n^{\mathrm{T}}(\eta)}{l_n} \right]^{\mathrm{T}}$$

$$U = [\mu_1, \cdots, \mu_n]^{\mathrm{T}}$$

基于上述分析, 整个系统表示为

$$\begin{cases} d\tilde{\eta} = (H(\eta) + B\tilde{\eta} + U\eta_1)dt + R(\eta)d\omega, \\ dy = (\bar{f}_1(\eta) + \prod_{j=1}^{n} l_j\eta_2)dt + \bar{g}_1^{\mathrm{T}}(\eta)d\omega \\ \dot{\hat{\eta}}_i = \hat{\eta}_{i+1} - \mu_i\hat{\eta}_1, \quad i = 1, 2, \cdots, n-1 \\ \dot{\hat{\eta}}_n = u - \mu_n\hat{\eta}_1 \end{cases} \tag{5.9}$$

此外, 定义如下坐标变换:

$$\begin{cases} \xi_1 = y \\ \xi_i = \hat{\eta}_i - \alpha_{i-1}, \quad i = 2, 3, \cdots, n \end{cases} \tag{5.10}$$

式中, ξ_i 表示误差变量, α_i 代表虚拟控制信号. 在控制设计中, 构造虚拟控制器 α_i 和自适应律 $\dot{\hat{\theta}}_i$:

$$\alpha_1 = \mathcal{N}(\zeta)\left(\gamma_1\xi_1 + \frac{\xi_1^3\hat{\theta}_1}{m_1}\tanh\left(\frac{\xi_1^6}{a_1}\right)\right) \tag{5.11}$$

$$\dot{\zeta} = \xi_1^3\left(\gamma_1\xi_1 + \frac{\xi_1^3\hat{\theta}_1}{m_1}\tanh\left(\frac{\xi_1^6}{a_1}\right)\right) \tag{5.12}$$

$$\alpha_i = -\gamma_i\xi_i - \frac{\xi_i^3\hat{\theta}_i}{m_i}\tanh\left(\frac{\xi_i^6}{a_i}\right), \quad i = 2, 3, \cdots, n \tag{5.13}$$

$$\dot{\hat{\theta}}_i = \frac{\lambda_i\xi_i^6}{m_i}\tanh\left(\frac{\xi_i^6}{a_i}\right) - d_i\hat{\theta}_i, \quad i = 1, 2, \cdots, n \tag{5.14}$$

式中, γ_i, m_i, a_i, λ_i, d_i 表示正的设计参数. 定义 $\theta_i^* = ||W_i||^2$, $\hat{\theta}_i$ 表示 θ_i^* 的估计, $\tilde{\theta}_i = \theta_i^* - \hat{\theta}_i$ 表示估计误差.

注 5.3　利用双曲正切函数 $\tanh(\cdot)$, 本章构造了虚拟控制器, 如式 (5.11) 和式 (5.13) 所示. 可以看出, 虚拟控制器的形式简单, 易于在实际应用中实现. 同时, 式 (5.14) 中的自适应律表示如果初值 $\hat{\theta}_i(0) \geqslant 0$, 则对于任意 $t > 0$, 存在 $\hat{\theta}_i(t) \geqslant 0$. 因此, 我们假设 $\hat{\theta}_i(t) \geqslant 0$.

5.2.2　控制设计

在这一部分中, 提出了一种基于事件触发机制的自适应模糊输出反馈稳定控制策略.

第 0 步　选取 Lyapunov 函数 V_0 为

$$V_0 = \frac{1}{2}(\tilde{\eta}^{\mathrm{T}} P \tilde{\eta})^2 \tag{5.15}$$

根据式 (5.2) 和式 (5.9), 可以得到

$$
\begin{aligned}
\mathcal{L}V_0 ={} & (\tilde{\eta}^{\mathrm{T}} P \tilde{\eta}) \tilde{\eta}^{\mathrm{T}} (B^{\mathrm{T}} P + PB) \tilde{\eta} + 2\tilde{\eta}^{\mathrm{T}} P \tilde{\eta} \tilde{\eta}^{\mathrm{T}} P H(\eta) \\
& + 2\mathrm{Tr}\{R^{\mathrm{T}}(\eta)(2P\tilde{\eta}\tilde{\eta}^{\mathrm{T}} P + \tilde{\eta}^{\mathrm{T}} P \tilde{\eta} P)R(\eta)\} + 2\tilde{\eta}^{\mathrm{T}} P \tilde{\eta} \tilde{\eta}^{\mathrm{T}} P U \eta_1 \\
\leqslant{} & -\lambda_0 \|\tilde{\eta}\|^4 + 2\tilde{\eta}^{\mathrm{T}} P \tilde{\eta} \tilde{\eta}^{\mathrm{T}} P H(\eta) \\
& + 2\mathrm{Tr}\{R^{\mathrm{T}}(\eta)(2P\tilde{\eta}\tilde{\eta}^{\mathrm{T}} P + \tilde{\eta}^{\mathrm{T}} P \tilde{\eta} P)R(\eta)\} + 2\tilde{\eta}^{\mathrm{T}} P \tilde{\eta} \tilde{\eta}^{\mathrm{T}} P U \eta_1 \tag{5.16}
\end{aligned}
$$

式中, $\lambda_0 = \lambda_{\min}(P)\lambda_{\min}(Q)$, $\lambda_{\min}(\cdot)$ 表示矩阵的最小特征值. 由于 $h_i(\eta)$ 是未知的非线性函数, 根据模糊逻辑系统, 如下的不等式成立:

$$h_i(\chi_0) = W_{i0_1}^{\mathrm{T}} S_{i0_1}(\chi_0) + \delta_{i0_1}(\chi_0), \quad \|\delta_{i0_1}(\chi_0)\| \leqslant \varepsilon_{i0_1}$$

式中, $\chi_0 = \eta$, $\chi_0 \in \Omega_{\chi_0} = \{\chi_0 | \eta \in \Omega_\eta\}$, Ω_η 表示状态轨迹可以通过的紧集. $\delta_{i0_1}(\chi_0)$ 为估计误差, $\varepsilon_{i0_1} > 0$. 因此,

$$H(\eta) = F_{0_1}(\chi_0) = W_{0_1}^{\mathrm{T}} S_{0_1}(\chi_0) + \delta_{0_1}(\chi_0), \quad \|\delta_{0_1}(\chi_0)\| \leqslant \varepsilon_{0_1}$$

类似地, 对于未知的非线性函数 $r_i(\eta)$, 可以得到如下等式

$$R(\eta) = F_{0_2}(\chi_0) = W_{0_2}^{\mathrm{T}} S_{0_2}(\chi_0) + \delta_{0_2}(\chi_0), \quad \|\delta_{0_2}(\chi_0)\| \leqslant \varepsilon_{0_2}$$

式中, $\delta_{0_i}(\chi_0)$ 为估计误差向量, 且 $\varepsilon_{0_i} > 0$. 定义 $\theta_{0_i} = \|W_{0_i}^{\mathrm{T}}\|^2$, $i = 1, 2$. 结合模糊性质和杨氏不等式, 可以得到如下不等式:

$$
\begin{aligned}
2\tilde{\eta}^{\mathrm{T}} P \tilde{\eta} \tilde{\eta}^{\mathrm{T}} P H(\eta) &= 2\tilde{\eta}^{\mathrm{T}} P \tilde{\eta} \tilde{\eta}^{\mathrm{T}} P (W_{0_1}^{\mathrm{T}} S_{0_1}(\chi_0) + \delta_{0_1}(\chi_0)) \\
&= 2\tilde{\eta}^{\mathrm{T}} P \tilde{\eta} \tilde{\eta}^{\mathrm{T}} P (W_{0_1}^{\mathrm{T}} S_{0_1}(\chi_0)) + 2\tilde{\eta}^{\mathrm{T}} P \tilde{\eta} \tilde{\eta}^{\mathrm{T}} P \delta_{0_1}(\chi_0)
\end{aligned}
$$

$$\leqslant 3c_0^{\frac{4}{3}}||\tilde{\eta}||^4 + \frac{||P||^8}{2c_0^4}||W_{0_1}^{\mathrm{T}}S_{0_1}(\chi_0)||^4 + \frac{||P||^8}{2c_0^4}\varepsilon_{0_1}^4$$

$$\leqslant 3c_0^{\frac{4}{3}}||\tilde{\eta}||^4 + \frac{||P||^8}{2c_0^4}\theta_{0_1}^2 + \frac{||P||^8}{2c_0^4}\varepsilon_{0_1}^4 \tag{5.17}$$

$$2\mathrm{Tr}\{R^{\mathrm{T}}(\eta)(2P\tilde{\eta}\tilde{\eta}^{\mathrm{T}}P + \tilde{\eta}^{\mathrm{T}}P\tilde{\eta}P)R(\eta)\}$$

$$\leqslant 6n\sqrt{n}||R(\eta)||^2||P||^2||\tilde{\eta}||^2$$

$$\leqslant \frac{3n\sqrt{n}||P||^4}{c_1^2}(||W_{0_2}^{\mathrm{T}}S_{0_2}(\chi_0) + \delta_{0_2}(\chi_0)||)^4 + 3n\sqrt{n}c_1^2||\tilde{\eta}||^4$$

$$\leqslant \frac{24n\sqrt{n}||P||^4}{c_1^2}(||W_{0_2}^{\mathrm{T}}S_{0_2}(\chi_0)||^4 + ||\delta_{0_2}(\chi_0)||^4) + 3n\sqrt{n}c_1^2||\tilde{\eta}||^4$$

$$\leqslant 3n\sqrt{n}c_1^2||\tilde{\eta}||^4 + \frac{24n\sqrt{n}||P||^4}{c_1^2}\theta_{0_2}^2 + \frac{24n\sqrt{n}||P||^4}{c_1^2}\varepsilon_{0_2}^4 \tag{5.18}$$

$$2\tilde{\eta}^{\mathrm{T}}P\tilde{\eta}\tilde{\eta}^{\mathrm{T}}U\eta_1 \leqslant \frac{3}{2}c_2^{\frac{4}{3}}||P||^{\frac{8}{3}}||\tilde{\eta}||^4 + \frac{1}{2c_2^4}||U||^4\eta_1^4 \tag{5.19}$$

式中, c_0, c_1 以及 c_2 为正的设计参数. 将式 (5.17)~ 式 (5.19) 代入式 (5.16) 可得

$$\mathcal{L}V_0 \leqslant -\lambda_0^*||\tilde{\eta}||^4 + \rho_0 + \frac{1}{2c_2^4}||U||^4\eta_1^4 \tag{5.20}$$

式中, $\lambda_0^* = \lambda_0 - 3c_0^{\frac{4}{3}} - 3n\sqrt{n}c_1^2 - \frac{3}{2}c_2^{\frac{4}{3}}||P||^{\frac{8}{3}}$,

$$\rho_0 = \frac{||P||^8}{2c_0^4}\theta_{0_1}^2 + \frac{||P||^8}{2c_0^4}\varepsilon_{0_1}^4 + \frac{24n\sqrt{n}||P||^4}{c_1^2}\theta_{0_2}^2 + \frac{24n\sqrt{n}||P||^4}{c_1^2}\varepsilon_{0_2}^4$$

注 5.4 式 (5.17) 和式 (5.18) 解决了非严格反馈和未知非线性函数引起的问题. 文献 [113] 和文献 [112] 都基于一个假设来处理上述问题, 这需要确保所研究系统中的非线性函数满足全局 Lipschitz 条件. 本章利用模糊逻辑系统的结构特点和代数运算技术来解决上述问题, 并达到与上述文献相同的控制效果. 该方法放松了系统中非线性函数的约束.

第 1 步 根据式 (5.9) 和式 (5.10), 可以得到

$$d\xi_1 = \left(\bar{f}_1(\eta) + \prod_{j=1}^n l_j\eta_2\right)dt + \bar{g}_1^{\mathrm{T}}(\eta)d\omega \tag{5.21}$$

定义如下 Lyapunov 函数:

$$V_1 = V_0 + \frac{1}{4}\xi_1^4 + \frac{1}{2\lambda_1}\tilde{\theta}_1^2 \tag{5.22}$$

通过利用式 (5.2) 和式 (5.21), 有

$$\mathcal{L}V_1 = \mathcal{L}V_0 + \xi_1^3\left(\bar{f}_1(\eta) + \prod_{j=1}^{n}l_j(\xi_2 + \alpha_1 + \tilde{\eta}_2)\right)$$
$$+ \frac{3}{2}\xi_1^2\bar{g}_1^{\mathrm{T}}(\eta)\bar{g}_1(\eta) - \frac{1}{\lambda_1}\tilde{\theta}_1\dot{\hat{\theta}}_1 \tag{5.23}$$

利用杨氏不等式可以得到如下不等式

$$\xi_1^3\prod_{j=1}^{n}l_j\tilde{\eta}_2 \leqslant \vartheta_{11}^4\|\tilde{\eta}\|^4 + \frac{3(\prod_{j=1}^{n}l_j)^{\frac{4}{3}}}{4\vartheta_{11}^{\frac{4}{3}}}\xi_1^4 \tag{5.24}$$

$$\xi_1^3\prod_{j=1}^{n}l_j\xi_2 \leqslant \frac{1}{4}\vartheta_{12}^4\xi_2^4 + \frac{3(\prod_{j=1}^{n}l_j)^{\frac{4}{3}}}{4\vartheta_{12}^{\frac{4}{3}}}\xi_1^4 \tag{5.25}$$

$$\frac{3}{2}\xi_1^2\bar{g}_1^{\mathrm{T}}(\eta)\bar{g}_1(\eta) \leqslant \frac{3}{4}\sigma_1^{-2}\|\bar{g}_1(\eta)\|^4\xi_1^4 + \frac{3}{4}\sigma_1^2 \tag{5.26}$$

式中, ϑ_{11}, ϑ_{12} 和 σ_1 为正的参数. 根据式 (5.24)~ 式 (5.26), 式 (5.23) 可以被写成

$$\mathcal{L}V_1 \leqslant -(\lambda_0^* - \vartheta_{11})\|\tilde{\eta}\|^4 + \rho_0 + \xi_1^3 F_1(\chi_1) - \frac{3}{4}\xi_1^4$$
$$+ \xi_1^3\prod_{j=1}^{n}l_j\alpha_1 - \frac{1}{\lambda_1}\tilde{\theta}_1\dot{\hat{\theta}}_1 + \frac{3}{4}\sigma_1^2 + \frac{1}{4}\vartheta_{12}^4\xi_2^4 \tag{5.27}$$

式中, $F_1(\chi_1) = \dfrac{1}{2c_2^4}\|U\|^4(1/\prod_{j=1}^{n}l_j)^4\xi_1 + \bar{f}_1(\eta) + \dfrac{3}{4}\sigma_1^{-2}\|\bar{g}_1(\eta)\|^4\xi_1 + \dfrac{3(\prod_{j=1}^{n}l_j)^{\frac{4}{3}}}{4\vartheta_{11}^{\frac{4}{3}}}\xi_1 +$

$\dfrac{3}{4}\xi_1 + \dfrac{3(\prod_{j=1}^{n}l_j)^{\frac{4}{3}}}{4\vartheta_{12}^{\frac{4}{3}}}\xi_1$ 以及 $\chi_1 = [\eta, \xi_1]^{\mathrm{T}}$. 由于 $F_1(\chi_1)$ 是未知的非线性函数, 可以利用模糊逻辑系统对其进行估计. 因此,

$$F_1(\chi_1) = W_1^{\mathrm{T}}S_1(\chi_1) + \delta_1(\chi_1) \tag{5.28}$$

式中, $\delta_1(\chi_1)$ 代表估计误差并且满足 $\|\delta_1(\chi_1)\| \leqslant \varepsilon_1$, $\varepsilon_1 > 0$. 利用杨氏不等式可以得到

$$\xi_1^3 F_1(\chi_1) \leqslant \frac{\theta_1^*\xi_1^6}{m_1}S_1^{\mathrm{T}}(\chi_1)S_1(\chi_1) + \frac{m_1}{2} + \frac{3}{4}\xi_1^4 + \frac{\varepsilon_1^4}{4}$$

根据引理 5.3 和 $S(x)$ 的性质, 上述公式可以改写为

$$\xi_1^3 F_1(\chi_1) \leqslant \frac{\theta_1^* \xi_1^6}{m_1} \tanh\left(\frac{\xi_1^6}{a_1}\right) + \frac{\theta_1^* \delta a_1}{m_1} + \frac{m_1}{2}$$
$$+ \frac{3}{4}\xi_1^4 + \frac{\varepsilon_1^4}{4} \tag{5.29}$$

将式 (5.11) 中所设计的虚拟控制器 α_1 和式 (5.14) 中的自适应律 $\dot{\hat{\theta}}_1$ 代入式 (5.29), 可以得到

$$\mathcal{L}V_1 \leqslant -(\lambda_0^* - \vartheta_1)\|\tilde{\eta}\|^4 + \left(\prod_{j=1}^n l_j \mathcal{N}(\zeta) + 1\right)\dot{\zeta} + \frac{d_1}{\lambda_1}\tilde{\theta}_1 \hat{\theta}_1$$
$$- \gamma_1 \xi_1^4 + \sum_{j=0}^1 \rho_j + \frac{1}{4}\vartheta_{12}^4 \xi_2^4 \tag{5.30}$$

式中, $\vartheta_1 = \vartheta_{11}$, $\rho_1 = \frac{\theta_1^* \delta a_1}{m_1} + \frac{\varepsilon_1^4}{4} + \frac{3}{4}\sigma_1^2 + \frac{m_1}{2}$.

第 i ($i = 2, 3, \cdots, n-1$) 步 利用式 (5.9) 和式 (5.10), 可以得到

$$\mathrm{d}\xi_i = (\xi_{i+1} + \alpha_i + \mu_i \tilde{\eta}_1 - \mathcal{L}\alpha_{i-1})\mathrm{d}t - \frac{\partial \alpha_{i-1}}{\partial x_1}\bar{g}_1^{\mathrm{T}}(\eta)\mathrm{d}\omega \tag{5.31}$$

式中,

$$\mathcal{L}\alpha_{i-1} = \frac{\partial \alpha_{i-1}}{\partial x_1}\prod_{j=1}^n l_j(\hat{\eta}_2 + \tilde{\eta}_2) + D_{i-1} \tag{5.32}$$

$$D_{i-1} = \frac{\partial \alpha_{i-1}}{\partial x_1}\bar{f}_1(\eta) + \sum_{j=2}^{i-1}\frac{\partial \alpha_{i-1}}{\partial \hat{\eta}_j}\dot{\hat{\eta}}_j + \sum_{j=1}^{i-1}\frac{\partial \alpha_{i-1}}{\partial \hat{\theta}_j}\dot{\hat{\theta}}_j$$
$$+ \frac{\partial \alpha_{i-1}}{\partial \zeta}\dot{\zeta} + \frac{1}{2}\frac{\partial^2 \alpha_{i-1}}{\partial x_1^2}\bar{g}_1^{\mathrm{T}}(\eta)\bar{g}_1(\eta) \tag{5.33}$$

选取如下 Lyapunov 函数:

$$V_i = V_{i-1} + \frac{1}{4}\xi_i^4 + \frac{1}{2\lambda_i}\tilde{\theta}_i^2 \tag{5.34}$$

计算 V_i 的导数可以得到

$$\mathcal{L}V_i = \mathcal{L}V_{i-1} + \xi_i^3\left(\xi_{i+1} + \alpha_i - \frac{\partial \alpha_{i-1}}{\partial x_1}\prod_{j=1}^n l_j(\hat{\eta}_2 + \tilde{\eta}_2) + \mu_i \tilde{\eta}_1\right.$$

$$-D_{i-1}\Bigg) + \frac{3}{2}\xi_i^2\left(\frac{\partial\alpha_{i-1}}{\partial x_1}\right)^2\bar{g}_1^{\mathrm{T}}(\eta)\bar{g}_1(\eta) - \frac{1}{\lambda_i}\tilde{\theta}_i\dot{\hat{\theta}}_i \tag{5.35}$$

根据杨氏不等式可以得到

$$\xi_i^3\xi_{i+1} \leqslant \frac{3}{4}\xi_i^4 + \frac{1}{4}\xi_{i+1}^4 \tag{5.36}$$

$$\xi_i^3\mu_i\tilde{\eta}_1 \leqslant \delta_{i1}^4\|\tilde{\eta}\|^4 + \frac{3}{4\delta_{i1}^{\frac{4}{3}}}\mu_i^{\frac{4}{3}}\xi_i^4 \tag{5.37}$$

$$-\xi_i^3\frac{\partial\alpha_{i-1}}{\partial x_1}\prod_{j=1}^n l_j\tilde{\eta}_2 \leqslant \frac{3(\prod_{j=1}^n l_j)^{\frac{4}{3}}}{4\vartheta_{i1}^{\frac{4}{3}}}\left(\frac{\partial\alpha_{i-1}}{\partial x_1}\right)^{\frac{4}{3}}\xi_i^4 + \vartheta_{i1}^4\|\tilde{\eta}\|^4 \tag{5.38}$$

$$\frac{3}{2}\xi_i^2\left(\frac{\partial\alpha_{i-1}}{\partial x_1}\right)^2\bar{g}_1^{\mathrm{T}}(\eta)\bar{g}_1(\eta) \leqslant \frac{3}{4}\sigma_i^{-2}\|\bar{g}_1(\eta)\|^4\left(\frac{\partial\alpha_{i-1}}{\partial x_1}\right)^4\xi_i^4 + \frac{3}{4}\sigma_i^2 \tag{5.39}$$

式中, δ_{i1}, ϑ_{i1} 以及 σ_i 为正的参数. 将式 (5.36)～ 式 (5.39) 代入式 (5.35) 可得

$$\begin{aligned}\mathcal{L}V_i \leqslant &-\left(\lambda_0^* - \sum_{j=1}^{i-1}\vartheta_j\right)\|\tilde{\eta}\|^4 + \left(\prod_{j=1}^n l_j\mathcal{N}(\zeta)+1\right)\dot\zeta + \sum_{j=1}^{i-1}\frac{d_j}{\lambda_j}\tilde{\theta}_j\hat{\theta}_j \\ &-\sum_{j=1}^{i-1}\gamma_j\xi_j^4 + \sum_{j=0}^{i-1}\rho_j + \xi_i^3 F_i(\chi_i) - \frac{3}{4}\xi_i^4 + \xi_i^3\alpha_i \\ &-\frac{1}{\lambda_i}\tilde{\theta}_i\dot{\hat{\theta}}_i + \frac{1}{4}\xi_{i+1}^4 + \frac{3}{4}\sigma_i^2 + \delta_{i1}^4\|\tilde{\eta}\|^4 + \vartheta_{i1}^4\|\tilde{\eta}\|^4\end{aligned} \tag{5.40}$$

式中,

$$\begin{aligned}F_i(\chi_i) =&\frac{7}{4}\xi_i + \frac{3}{4\delta_{i1}^{\frac{4}{3}}}\mu_i^{\frac{4}{3}}\xi_i + \frac{3}{4}\sigma_i^{-2}\|\bar{g}_1(\eta)\|^4\left(\frac{\partial\alpha_{i-1}}{\partial x_1}\right)^4\xi_i \\ &+ \frac{3(\prod_{j=1}^n l_j)^{\frac{4}{3}}}{4\vartheta_{i1}^{\frac{4}{3}}}\left(\frac{\partial\alpha_{i-1}}{\partial x_1}\right)^{\frac{4}{3}}\xi_i - D_{i-1} - \frac{\partial\alpha_{i-1}}{\partial x_1}\prod_{j=1}^n l_j\hat{\eta}_2\end{aligned}$$

以及 $\chi_i = [x_1, \xi_i, \eta, \hat{\eta}_2, \cdots, \hat{\eta}_i, \hat{\theta}_1, \hat{\theta}_2, \cdots, \hat{\theta}_{i-1}, \zeta]^{\mathrm{T}}$.

由于 $F_i(\chi_i)$ 是一个未知的非线性函数, 因此, 利用模糊逻辑系统估计 $F_i(\chi_i)$ 可得

$$F_i(\chi_i) = W_i^{\mathrm{T}} S_i(\chi_i) + \delta_i(\chi_i)$$

式中, $\delta_i(\chi_i)$ 表示估计误差, 并且 $\|\delta_i(\chi_i)\| \leqslant \varepsilon_i$, $\varepsilon_i > 0$. 此外, 可以得到

$$\xi_i^3 F_i(\chi_i) \leqslant \frac{\theta_i^*\xi_i^6}{m_i}\tanh\left(\frac{\xi_i^6}{a_i}\right) + \frac{\theta_i^*\delta a_i}{m_i} + \frac{m_i}{2} + \frac{3}{4}\xi_i^4 + \frac{\varepsilon_i^4}{4} \tag{5.41}$$

通过式 (5.13) 和式 (5.14) 中的 α_i 和 $\dot{\hat{\theta}}_i$. 因此, 式 (5.40) 变成

$$
\begin{aligned}
\mathcal{L}V_i \leqslant & -\left(\lambda_0^* - \sum_{j=1}^{i} \vartheta_j\right) \|\tilde{\eta}\|^4 + \left(\prod_{j=1}^{n} l_j \mathcal{N}(\zeta) + 1\right) \dot{\zeta} \\
& + \sum_{j=1}^{i} \frac{d_j}{\lambda_j} \tilde{\theta}_j \hat{\theta}_j - \sum_{j=1}^{i} \gamma_j \xi_j^4 + \frac{1}{4}\xi_{i+1}^4 + \sum_{j=0}^{i} \rho_j
\end{aligned}
\tag{5.42}
$$

式中, $\vartheta_j = \vartheta_{j1}^4 + \delta_{j1}^4, j = 2,3,\cdots,i$, $\rho_j = \dfrac{\theta_j^* \delta a_j}{m_j} + \dfrac{m_j}{2} + \dfrac{\varepsilon_j^4}{4} + \dfrac{3}{4}\sigma_j^2, j = 2,3,\cdots,i-1$.

第 n 步　构造实际控制器如下

$$
w(t) = -(1+\kappa)\left(\alpha_n \tanh\left(\frac{\xi_n^3 \alpha_n}{s}\right) + \bar{z}_1 \tanh\left(\frac{\xi_n^3 \bar{z}_1}{s}\right)\right)
\tag{5.43}
$$

$$
u(t) = w(t_k), \quad t \in [t_k, t_{k+1})
\tag{5.44}
$$

选取如下事件触发机制:

$$
t_{k+1} = \inf\{t \in \mathbb{R} \,|\, |o(t)| \geqslant \kappa |u(t)| + z_1\}
\tag{5.45}
$$

式中, $o(t) = w(t) - u(t)$, $t_k > 0$, $k \in z^+$, $s > 0$, $z_1 > 0$, $0 < \kappa < 1$ 以及 $\bar{z}_1 > z_1/(1-\kappa)$ 为设计参数.

结合式 (5.9) 和式 (5.10) 可以得到

$$
d\xi_n = (u + \mu_n \tilde{\eta}_1 - \mathcal{L}\alpha_{n-1})dt - \frac{\partial \alpha_{n-1}}{\partial x_1} \bar{g}_1^{\mathrm{T}}(\eta)d\omega
\tag{5.46}
$$

式中,

$$
\mathcal{L}\alpha_{n-1} = \frac{\partial \alpha_{n-1}}{\partial x_1} \prod_{j=1}^{n} l_j(\hat{\eta}_2 + \tilde{\eta}_2) + D_{n-1}
\tag{5.47}
$$

式中,

$$
\begin{aligned}
D_{n-1} = & \frac{\partial \alpha_{n-1}}{\partial x_1} \bar{f}_1(\eta) + \sum_{j=2}^{n-1} \frac{\partial \alpha_{n-1}}{\partial \hat{\eta}_j} \dot{\hat{\eta}}_j + \frac{\partial \alpha_{n-1}}{\partial \zeta} \dot{\zeta} \\
& + \sum_{j=1}^{n-1} \frac{\partial \alpha_{n-1}}{\partial \hat{\theta}_j} \dot{\hat{\theta}}_j + \frac{1}{2} \frac{\partial^2 \alpha_{n-1}}{\partial x_1^2} \bar{g}_1^{\mathrm{T}}(\eta)\bar{g}_1(\eta)
\end{aligned}
\tag{5.48}
$$

选取如下 Lyapunov 函数

$$
V_n = V_{n-1} + \frac{1}{4}\xi_n^4 + \frac{1}{2\lambda_n}\tilde{\theta}_n^2
\tag{5.49}
$$

根据式 (5.2) 和式 (5.46) 可以得到

$$\mathcal{L}V_n = \mathcal{L}V_{n-1} + \xi_n^3\Big(u + \mu_n\tilde{\eta}_1 - \frac{\partial\alpha_{n-1}}{\partial x_1}\prod_{j=1}^{n}l_j(\hat{\eta}_2+\tilde{\eta}_2)$$

$$-D_{n-1}\Big) + \frac{3}{2}\xi_n^2\left(\frac{\partial\alpha_{n-1}}{\partial x_1}\right)^2\bar{g}_1^{\mathrm{T}}(\eta)\bar{g}_1(\eta) - \frac{1}{\lambda_n}\tilde{\theta}_n\dot{\hat{\theta}}_n \tag{5.50}$$

利用杨氏不等式可得

$$\xi_n^3\mu_n\tilde{\eta}_1 \leqslant \delta_{n1}^4\|\tilde{\eta}\|^4 + \frac{3}{4\delta_{n1}^{\frac{4}{3}}}\mu_n^{\frac{4}{3}}\xi_n^4 \tag{5.51}$$

$$-\xi_n^3\frac{\partial\alpha_{n-1}}{\partial x_1}\prod_{j=1}^{n}l_j\tilde{\eta}_2 \leqslant \frac{3(\prod_{j=1}^{n}l_j)^{\frac{4}{3}}}{4\vartheta_{n1}^{\frac{4}{3}}}\left(\frac{\partial\alpha_{n-1}}{\partial x_1}\right)^{\frac{4}{3}}\xi_n^4 + \vartheta_{n1}^4\|\tilde{\eta}\|^4 \tag{5.52}$$

$$\frac{3}{2}\xi_n^2\left(\frac{\partial\alpha_{n-1}}{\partial x_1}\right)^2\bar{g}_1^{\mathrm{T}}(\eta)\bar{g}_1(\eta) \leqslant \frac{3}{4}\sigma_n^{-2}\|\bar{g}_1(\eta)\|^4\left(\frac{\partial\alpha_{n-1}}{\partial x_1}\right)^4\xi_n^4 + \frac{3}{4}\sigma_n^2 \tag{5.53}$$

式中, δ_{n1}, ϑ_{n1} 和 σ_n 代表正的参数. 因此, 式 (5.50) 变成

$$\mathcal{L}V_n \leqslant -\left(\lambda_0^* - \sum_{j=1}^{n-1}\vartheta_j\right)\|\tilde{\eta}\|^4 + \left(\prod_{j=1}^{n}l_j\mathcal{N}(\zeta)+1\right)\dot{\zeta} + \xi_n^3 u$$

$$+\sum_{j=1}^{n-1}\frac{d_j}{\lambda_j}\tilde{\theta}_j\hat{\theta}_j - \sum_{j=1}^{n-1}\gamma_j\xi_j^4 + \sum_{j=0}^{n-1}\rho_j + \xi_n^3 F_n(\chi_n)$$

$$+\delta_{n1}^4\|\tilde{\eta}\|^4 + \vartheta_{n1}^4\|\tilde{\eta}\|^4 - \frac{1}{\lambda_n}\tilde{\theta}_n\dot{\hat{\theta}}_n - \frac{3}{4}\xi_n^4 + \frac{3}{4}\sigma_n^2 \tag{5.54}$$

式中,

$$F_n(\chi_n) = \xi_n + \frac{3}{4}\sigma_n^{-2}\|g_1(\eta)\|^4\left(\frac{\partial\alpha_{n-1}}{\partial x_1}\right)^4\xi_n + \frac{3}{4\delta_{n1}^{\frac{4}{3}}}\mu_n^{\frac{4}{3}}\xi_n$$

$$+\frac{3(\prod_{j=1}^{n}l_j)^{\frac{4}{3}}}{4\vartheta_{n1}^{\frac{4}{3}}}\left(\frac{\partial\alpha_{n-1}}{\partial x_1}\right)^{\frac{4}{3}}\xi_n - \frac{\partial\alpha_{n-1}}{\partial x_1}\prod_{j=1}^{n}l_j\hat{\eta}_2 - D_{n-1}$$

以及 $\chi_n = [x_1,\xi_n,\eta,\hat{\eta}_2,\cdots,\hat{\eta}_n,\hat{\theta}_1,\hat{\theta}_2,\cdots\hat{\theta}_{n-1},\zeta]^{\mathrm{T}}$. 由于 $F_n(\chi_n)$ 是一个未知的非线性函数, 利用模糊逻辑系统估计未知非线性函数 $F_n(\chi_n)$ 可得

$$F_n(\chi_n) = W_n^{\mathrm{T}}S_n(\chi_n) + \delta_n(\chi_n)$$

式中, $\delta_n(\chi_n)$ 表示估计误差, 且 $\|\delta_n(\chi_n)\| \leqslant \varepsilon_n$, $\varepsilon_n > 0$. 利用杨氏不等式, 有

$$\xi_n^3 F_n(\chi_n) \leqslant \frac{\theta_n^*\xi_n^6}{m_n}\tanh\left(\frac{\xi_n^6}{a_n}\right) + \frac{\theta_n^*\delta a_n}{m_n} + \frac{m_n}{2} + \frac{3}{4}\xi_n^4 + \frac{\varepsilon_n^4}{4} \tag{5.55}$$

根据式 (5.45), 可得对于任意时间 $w(t) = (1 + \varsigma_1(t)\kappa)u(t) + \varsigma_2(t)z_1$ 都成立, 式中, $|\varsigma_1(t)| \leqslant 1$, $|\varsigma_2(t)| \leqslant 1$. 那么, $u(t)$ 可以写为

$$u(t) = \frac{w(t)}{1 + \varsigma_1(t)\kappa} - \frac{\varsigma_2(t)z_1}{1 + \varsigma_1(t)\kappa} \tag{5.56}$$

根据引理 5.3 和 $\xi \tanh(\xi) > 0$ 的性质可得

$$\begin{aligned}
\xi_n^3 u &= \xi_n^3 \left(\frac{w(t)}{1 + \varsigma_1(t)\kappa} - \frac{\varsigma_2(t)z_1}{1 + \varsigma_1(t)\kappa} \right) \\
&\leqslant -\xi_n^3 \alpha_n \tanh\left(\frac{\xi_n^3 \alpha_n}{s} \right) - \xi_n^3 \bar{z}_1 \tanh\left(\frac{\xi_n^3 \bar{z}_1}{s} \right) + \left| \frac{\xi_n^3 z_1}{1 - \kappa} \right| \\
&\leqslant \xi_n^3 \alpha_n + 0.557s
\end{aligned} \tag{5.57}$$

利用杨氏不等式可得

$$\sum_{j=1}^{n} \frac{d_j}{\lambda_j} \tilde{\theta}_j \hat{\theta}_j \leqslant -\sum_{j=1}^{n} \frac{d_j}{2\lambda_j} \tilde{\theta}_j^2 + \sum_{j=1}^{n} \frac{d_j}{2\lambda_j} \theta_j^2 \tag{5.58}$$

将式 (5.13) 所构造的虚拟控制器 α_n, 式 (5.14) 所构造的自适应律 $\dot{\hat{\theta}}_n$, 并将式 (5.55)、式 (5.57) 和式 (5.58) 代入式 (5.54) 可得

$$\begin{aligned}
\mathcal{L}V_n \leqslant &-\left(\lambda_0^* - \sum_{j=1}^{n} \vartheta_j \right) \|\tilde{\eta}\|^4 + \left(\prod_{j=1}^{n} l_j \mathcal{N}(\zeta) + 1 \right) \dot{\zeta} \\
&-\sum_{j=1}^{n} \frac{d_j}{2\lambda_j} \tilde{\theta}_j^2 - \sum_{j=1}^{n} \gamma_j \xi_j^4 + \sum_{j=0}^{n} \rho_j
\end{aligned} \tag{5.59}$$

式中, $\vartheta_j = \vartheta_{j1}^4 + \delta_{j1}^4$, $j = 2, 3, \cdots, n$; $\rho_j = \dfrac{\theta_j^* \delta a_j}{m_j} + \dfrac{\varepsilon_j^2}{4} + \dfrac{3}{4}\sigma_j^2 + \dfrac{m_j}{2}$, $j = 2, 3, \cdots, n-1$; $\rho_n = \dfrac{\theta_n^* \delta a_n}{m_n} + \dfrac{m_n}{2} + \dfrac{\varepsilon_n^2}{4} + \dfrac{3}{4}\sigma_n^2 + \sum_{j=1}^{n} \dfrac{d_j}{2\lambda_j}\theta_j^2 + 0.557s$.

5.2.3 稳定性分析

定理 5.1 对于随机非线性系统 (5.5), 通过构造观测器 (5.7)、虚拟控制器 (5.11) 和 (5.13)、实际控制器 (5.44)、自适应律 (5.14) 和事件触发机制 (5.43)~(5.45), 可以得到如下结论:

(1) 闭环内所有信号均依概率有界;

(2) 存在 $t^* > 0$, 满足 $t_{k+1} - t_k \geqslant t^*$, $\forall k \in z^+$, 并且芝诺行为被避免.

证明　(1) 令 $V = V_n$, 可以将其改写为

$$\mathcal{L}V \leqslant -\bar{o}_1 V + \left(\prod_{j=1}^n l_j \mathcal{N}(\zeta) + 1\right)\dot{\zeta} + \bar{o}_2 \tag{5.60}$$

式中, $\lambda_0^* - \sum_{j=1}^n \vartheta_j > 0$, $\bar{o}_1 = \min\left\{\dfrac{2(\lambda_0^* - \sum_{j=1}^n \vartheta_j)}{\lambda_{\max}^2(P)}, 4\gamma_j, d_j, j = 1, 2, \cdots, n\right\}$, $\bar{o}_2 = \sum_{j=0}^n \rho_j$. 由于 $\prod_{j=1}^n l_j \mathcal{N}(\zeta(s) + 1)\dot{\zeta}$ 是有界的, 根据引理 5.2, 存在常数 $\bar{o}_3$ 使得 $(\prod_{j=1}^n l_j \mathcal{N}(\zeta) + 1)\dot{\zeta} \leqslant \bar{o}_3$. 因此,

$$\mathcal{L}V \leqslant -\bar{o}_1 V + \bar{o}_2 + \bar{o}_3 \tag{5.61}$$

将上述公式积分可得

$$EV(t) \leqslant V(0)e^{-\bar{o}_1 t} + \frac{\bar{o}_2}{\bar{o}_1} + \frac{\bar{o}_3}{\bar{o}_1} \tag{5.62}$$

根据式 (5.62)、引理 5.1、引理 5.2 和定义 5.1, 可得 $EV(t)$ 和 $\zeta(t)$ 在 $[0, t_f)$ 上有界. 其中, $t_f < +\infty$. 因此, $\tilde{\eta}_i, y, \xi_i (i = 2, 3, \cdots, n)$, $\tilde{\theta}_i$ 和 $\hat{\theta}_i$ 依概率有界. 此外, 可知 $\alpha_i, \hat{\eta}_i$ 和 $x_i (i = 1, 2, \cdots, n)$ 依概率有界.

根据式 (5.62) 可得

$$\frac{1}{4} E \sum_{i=1}^n \xi_i^4 \leqslant EV(t) \leqslant V(0) + \frac{\bar{o}_2}{\bar{o}_1} + \frac{\bar{o}_3}{\bar{o}_1}$$

因此 $E \sum_{i=1}^n \xi_i^4 \leqslant 4U$, $U = V(0) + \dfrac{\bar{o}_3}{\bar{o}_1} + \dfrac{\bar{o}_2}{\bar{o}_1}$. 因此, 误差信号收敛到紧集 $\Omega_\xi := \{\xi_i \in \mathbb{R} | E \sum_{i=1}^n \xi_i^4 \leqslant 4U\}$. 同时, 通过选取合适的初值和参数可以保证观测器误差 $\tilde{\eta}$ 以及输出 y 收敛到零附近的邻域内. 因此, 可以使得状态 x_i 收敛到零附近.

(2) 通过证明 $t^* > 0$ 使得 $t_{k+1} - t_k \geqslant t^*, k \in z^+$, 可以说明芝诺行为被避免. 根据 $o(t) = w(t) - u(t)$ 可得

$$\frac{d}{dt}|o| = \frac{d}{dt}(o \cdot o)^{\frac{1}{2}} = \text{sign}(o)\dot{o} \leqslant |\dot{w}| \tag{5.63}$$

根据 (5.43) 可知 w 是可微的, 并且 $\dot{w}$ 是由一些有界信号构成的连续函数. 因此, 存在正数 w^* 使得 $|\dot{w}| \leqslant w^*$ 成立. 结合 $o(t_k) = 0$ 和 $\lim_{t \to t_{k+1}} o(t) = \kappa|u(t)| + z_1$, 可以得到 $t^* \geqslant (\kappa|u(t)| + z_1)/w^*$. 因此芝诺行为被避免.

5.3 仿 真 例 子

例 5.1 考虑如下非线性随机系统:

$$\begin{cases} dx_1 = (l_1 x_2 + x_1 x_2^2)dt + 0.5x_2 \cos(x_1)d\omega \\ dx_2 = (l_2 u + x_1 \cos(x_2^2))dt + 0.5x_2 e^{-x_1^2}d\omega \\ y = x_1 \end{cases}$$

式中, l_1 和 l_2 代表未知方向参数, 并且 $l_1 = -0.5$, $l_2 = 0.2$.

构造如下观测器

$$\begin{cases} \dot{\hat{\eta}}_1 = \hat{\eta}_2 - \mu_1 \hat{\eta}_1 \\ \dot{\hat{\eta}}_2 = u - \mu_2 \hat{\eta}_1 \end{cases}$$

式中, $\hat{\eta}_1(0) = 1$, $\hat{\eta}_2(0) = 1$, $\mu_1 = 1$, $\mu_2 = 1$.

另外, 引入模糊逻辑系统来逼近未知函数, 并选取基函数为

$$\begin{cases} \mu_{F_i^j} = e^{-0.5(x_i + x_j^*)^2} \\ x_j^* = 9, 7, 5, 3, 1, 0, -1, -3, -5, -7, -9, \quad j = 1, 2, \cdots, 11 \end{cases}$$

设计虚拟控制器和自适应律为

$$\begin{cases} \alpha_1 = \mathcal{N}(\zeta)\left(\gamma_1 \xi_1 + \dfrac{\xi_1^3 \hat{\theta}_1}{m_1}\tanh\left(\dfrac{\xi_1^6}{a_1}\right)\right) \\[4mm] \dot{\zeta} = \xi_1^3\left(\gamma_1 \xi_1 + \dfrac{\xi_1^3 \hat{\theta}_1}{m_1}\tanh\left(\dfrac{\xi_1^6}{a_1}\right)\right) \\[4mm] \alpha_2 = -\gamma_2 \xi_2 - \dfrac{\xi_2^3 \hat{\theta}_2}{m_2}\tanh\left(\dfrac{\xi_2^6}{a_2}\right) \\[4mm] \dot{\hat{\theta}}_1 = \dfrac{\lambda_1 \xi_1^6}{m_1}\tanh\left(\dfrac{\xi_1^6}{a_1}\right) - d_1 \hat{\theta}_1 \\[4mm] \dot{\hat{\theta}}_2 = \dfrac{\lambda_2 \xi_2^6}{m_2}\tanh\left(\dfrac{\xi_2^6}{a_2}\right) - d_2 \hat{\theta}_2 \end{cases}$$

初始条件选为 $x_1(0) = 0.3$, $x_2(0) = -1$, $\zeta(0) = 0.5$, $\hat{\theta}_1(0) = 1$, $\hat{\theta}_2(0) = 2$. 选取设计参数为 $\gamma_1 = 45$, $\gamma_2 = 40$, $m_1 = 10$, $m_2 = 20$, $\lambda_1 = 1$, $\lambda_2 = 1$, $a_1 = 1$, $a_2 = 1$, $d_1 = 2$, $d_2 = 1$.

基于相对阈值事件触发策略 $t_{k+1} = \inf\{t \in \mathbb{R} \,|\, |o(t)| \geqslant \kappa|u(t)| + z_1\}$, 构造如下实际控制器

$$
\begin{cases}
w(t) = -(1+\kappa)\left(\alpha_2 \tanh\left(\dfrac{\alpha_2 \xi_2^3}{s}\right) + \bar{z}_1 \tanh\left(\dfrac{\xi_2^3 \bar{z}_1}{s}\right)\right) \\
u(t) = w(t_k), \quad t \in [t_k, t_{k+1})
\end{cases}
$$

式中, $\kappa = 0.5$, $s = 0.001$, $\bar{z}_1 = 40$, $z_1 = 5$. 除了相对阈值事件触发机制外, 还有一个固定阈值事件触发机制, 以节省通信资源. 接下来, 比较两个事件触发机制. 虽然这两种事件触发机制不同, 但它们具有相同的控制设计过程. 选取固定阈值事件触发机制:

$$
t_{k+1} = \inf\{t \in \mathbb{R} \,|\, |o(t)| \geqslant z_2\}
$$

式中, $o(t) = w(t) - u(t)$, $t_k > 0$, $k \in z^+$, $s > 0$, $z_2 > 0$, $\bar{z}_2 > z_2$ 为设计参数. 基于固定阈值事件触发机制, 构造如下事件触发控制器:

$$
w(t) = \alpha_n - \bar{z}_2 \tanh\left(\frac{\xi_n^3 \bar{z}_2}{s}\right)
$$

$$
u(t) = w(t_k), \quad t \in [t_k, t_{k+1})
$$

式中, $\bar{z}_2 = 55$, $z_2 = 5$. 仿真结果如图 5.1～图 5.8 所示. 图 5.1～图 5.6 是在相对阈值触发机制下获得的. 图 5.1 表示 x_1 和 x_2 的运动轨迹. 观测器误差 $\tilde{\eta}_1$ 和 $\tilde{\eta}_2$ 的运动轨迹如图 5.2 所示. 图 5.3 表示自适应参数 $\hat{\theta}_1$ 和 $\hat{\theta}_2$ 的轨迹图. 图 5.4 表示 ζ 和 $\mathcal{N}(\zeta)$ 的轨迹图. 图 5.5 表示相对阈值事件触发控制器 u 的轨迹图. 图 5.6 说明 $t_{k+1} - t_k$ 触发的时间间隔. 从图 5.6 可以看出, 1.5s 后没有触发, 所以控制信号没有更新, 这可以从图 5.5 中得到证实. 显然, 控制信号的传输时间减少了, 这就减轻了控制器和执行器之间的传输负担, 大大节省了通信资源. 图 5.7 描述了固定阈值事件触发的控制器 u 的轨迹图. 图 5.8 表示固定阈值事件触发的时间间隔 $t_{k+1} - t_k$. 从图 5.8 可以看出, 2.5 s 后没有触发, 所以控制信号没有更新, 这也可以从图 5.7 中得到证实. 很明显, 控制信号的传输时间减少了, 节省了通信资源. 与相对阈值事件触发机制相比, 固定阈值事件触发机制的触发时间短、次数多. 因此, 相对阈值事件触发机制在理论上更有利于节约资源.

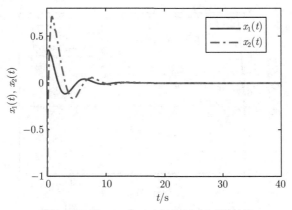

图 5.1 例 5.1 中 $x_1(t)$ 和 $x_2(t)$ 的轨迹

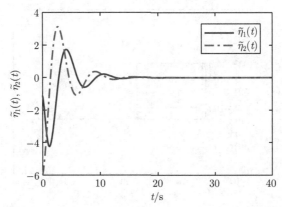

图 5.2 例 5.1 中观测器误差 $\tilde{\eta}_1(t)$ 和 $\tilde{\eta}_2(t)$ 的轨迹

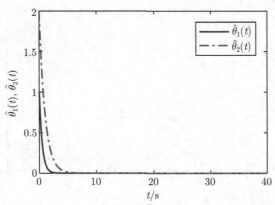

图 5.3 例 5.1 中自适应参数 $\hat{\theta}_1(t)$ 和 $\hat{\theta}_2(t)$ 的轨迹

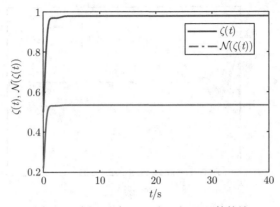

图 5.4   例 5.1 中 $\zeta(t)$ 和 $\mathcal{N}(\zeta(t))$ 的轨迹

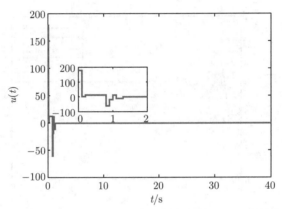

图 5.5   例 5.1 中相对阈值事件触发控制器 $u(t)$ 的轨迹

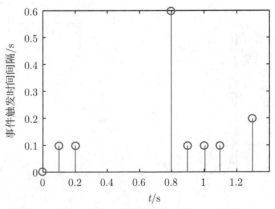

图 5.6   例 5.1 中相对阈值的事件触发时间间隔

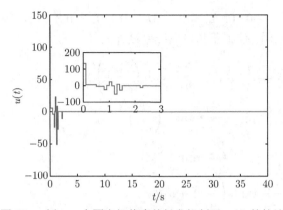

图 5.7 例 5.1 中固定阈值事件触发控制器 $u(t)$ 的轨迹

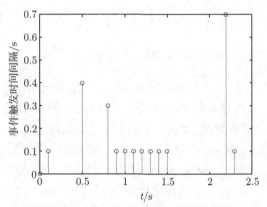

图 5.8 例 5.1 中固定阈值的事件触发时间间隔

例 5.2 考虑一类具有未知控制方向的非线性随机系统的输出反馈控制问题的实际应用, 考虑了由文献 [114] 给出的船舶动力学问题:

$$\ddot{y} + \Lambda \dot{y} + l_2(My^3 + Ly) = l_2 u \tag{5.64}$$

式中, y 为航向角速度, u 为舵角. $l_2 \neq 0$, M, L 和 Λ 表示常数, 它们与船舶的水动力系数和质量有关. 在实际应用中, 常数 Λ 经常受到流速和风浪的干扰. 假设 $\Lambda = \Lambda_0 + \Lambda_1 W_t$, Λ_0 和 Λ_1 是常量, W_t 是标准的白噪声过程. 此外, 给出坐标变换 $x_1 = y$, $x_2 = \dfrac{1}{l_1}\dot{y}$, $l_1 \neq 0$ 具有与 l_2 相同的物理意义. 假设符号 l_1 和 l_2 是未知的. 通过将 Itô 公式应用于文献 [115], 系统 (5.64) 可以重新描述为

$$\begin{cases} dx_1 = l_1 x_2 dt \\ dx_2 = \left(\dfrac{l_2}{l_1} u - \Lambda_0 x_2 - \dfrac{M l_2}{l_1} x_1^3 - \dfrac{l_2 L}{l_1} x_1 \right) dt + \Lambda_1 x_2 d\omega \end{cases}$$

式中, $l_1 = 0.5$, $l_2 = -0.16$, $\Lambda_0 = 0.5$, $M = 0.1$, $L = 0.3$ 和 $\Lambda_1 = 0.1$. 观测器和隶属函数与例 5.1 相同. 控制器和自适应率设计为

$$
\begin{cases}
\alpha_1 = \mathcal{N}(\zeta)\left(\gamma_1\xi_1 + \dfrac{\xi_1^3\hat{\theta}_1}{m_1}\tanh\left(\dfrac{\xi_1^6}{a_1}\right)\right) \\
\dot{\zeta} = \xi_1^3\left(\gamma_1\xi_1 + \dfrac{\xi_1^3\hat{\theta}_1}{m_1}\tanh\left(\dfrac{\xi_1^6}{a_1}\right)\right) \\
\alpha_2 = -\gamma_2\xi_2 - \dfrac{\xi_2^3\hat{\theta}_2}{m_2}\tanh\left(\dfrac{\xi_2^6}{a_2}\right) \\
\dot{\hat{\theta}}_1 = \dfrac{\lambda_1\xi_1^6}{m_1}\tanh\left(\dfrac{\xi_1^6}{a_1}\right) - d_1\hat{\theta}_1 \\
\dot{\hat{\theta}}_2 = \dfrac{\lambda_2\xi_2^6}{m_2}\tanh\left(\dfrac{\xi_2^6}{a_2}\right) - d_2\hat{\theta}_2 \\
w(t) = -(1+\kappa)\left(\alpha_2\tanh\left(\dfrac{\alpha_2\xi_2^3}{s}\right) + \bar{z}_1\tanh\left(\dfrac{\xi_2^3\bar{z}_1}{s}\right)\right) \\
u(t) = w(t_k), \quad t \in [t_k, t_{k+1})
\end{cases}
$$

式中, 初始值选为 $x_1(0) = 0.4\text{rad/s}$, $x_2(0) = 0\text{rad/s}$, $\hat{\theta}_1(0) = 1$, $\hat{\theta}_2(0) = 1$, $\zeta(0) = 0.5$, 设计参数选择与例 5.1 相同. 可以看出, 两个示例中设计的控制器具有相同的结构, 这表明本章提出的控制方法具有更强的适用性. 在仿真中, 图 5.9 和图 5.10 表明状态 x_1 和 x_2 以及观测器误差 $\tilde{\eta}_1$ 和 $\tilde{\eta}_2$ 收敛到原点的一个小邻域. 图 5.11 表明自适应参数 $\hat{\theta}_1$ 和 $\hat{\theta}_2$ 是有界的. ζ 和 $\mathcal{N}(\zeta)$ 的轨迹如图 5.12 所示. 事件触发控制器 u 和事件触发时间间隔如图 5.13 和图 5.14 所示, 可以看出所设计的控制器可以大大节省通信资源. 仿真结果表明, 采用所设计的控制方案可以获得良好的稳定性能.

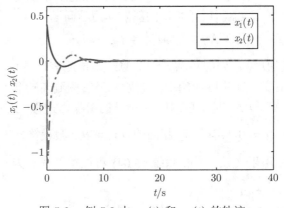

图 5.9　例 5.2 中 $x_1(t)$ 和 $x_2(t)$ 的轨迹

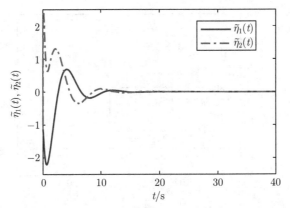

图 5.10　例 5.2 中观测器误差 $\tilde{\eta}_1(t)$ 和 $\tilde{\eta}_2(t)$ 的轨迹

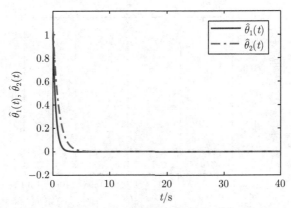

图 5.11　例 5.2 中自适应参数 $\hat{\theta}_1(t)$ 和 $\hat{\theta}_2(t)$ 的轨迹

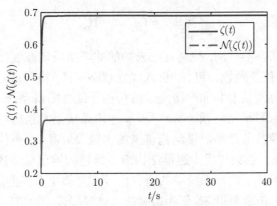

图 5.12　例 5.2 中 $\zeta(t)$ 和 $\mathcal{N}(\zeta(t))$ 的轨迹

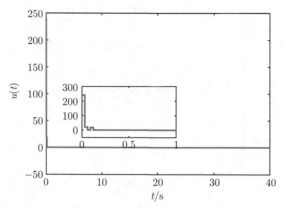

图 5.13　例 5.2 中事件触发控制器 $u(t)$ 的轨迹

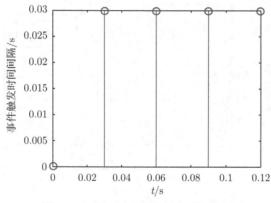

图 5.14　例 5.2 中事件触发时间间隔

5.4　结　　论

　　讨论了一类状态不可测, 控制方向未知的非严格反馈非线性随机系统的控制问题. 首先, 为了使控制设计可行, 引入线性状态变换, 将具有未知控制方向的系统转化为具有不可测状态和非严格反馈结构的非线性随机系统. 其次, 使用状态观测器解决了不可测状态问题. 同时, 模糊逻辑系统及其结构特征被用来克服不确定非线性函数及其非严格反馈结构带来的困难. 最后, 在事件触发输入的背景下, 结合 Lyapunov 函数和反步逆推法构造了自适应输出反馈控制器. 通过使用所设计的控制器保证了闭环系统中的所有信号都是概率有界的, 并且减少了控制器和执行器之间的传输负担. 数值和实际仿真结果验证了该方法的有效性.

第 6 章　基于事件触发策略的不确定非严格反馈非线性随机系统自适应模糊控制

6.1　问题描述

考虑如下一类非严格反馈非线性随机系统:

$$
\begin{cases}
dx_i = (f_i(x) + g_i(x)x_{i+1} + \tau_i(x))dt + \Psi_i^{\mathrm{T}}(x)d\omega \\
\quad i = 1, \cdots, n-1 \\
dx_n = (f_n(x) + g_n(x)u(t) + \tau_n(x))dt + \Psi_n^{\mathrm{T}}(x)d\omega \\
\quad y = x_1
\end{cases}
\tag{6.1}
$$

式中, $\bar{x}_i = [x_1, x_2, \cdots, x_i]^{\mathrm{T}} \in \mathbb{R}^i$ 为系统状态变量, 并且 $x = \bar{x}_n$, $y \in \mathbb{R}$ 和 $u \in \mathbb{R}$ 分别代表系统的输出和输入, ω 代表标准的布朗运动; $f_i(x)$, $g_i(x)$ 和 $\Psi_i(x)$ 是未知的连续非线性函数满足 $f_i(0) = \Psi_i(0) = 0$; $\tau_i(x)$ 是有界的外部扰动, 其界未知. 换句话说, 存在正数 $\bar{r}_i$ 满足 $|\tau_i(x)| \leqslant \bar{r}_i$.

假设 6.1　$g_i(\bar{x}_i)$ 的符号是固定的, 并且存在常数 b_m 和 b_M, 对于 $i = 1, 2, \cdots, n$, 以下不等式成立

$$
0 < b_m \leqslant |g_i(\bar{x}_i)| \leqslant b_M < \infty, \quad \forall \bar{x}_i \in \mathbb{R}^i
\tag{6.2}
$$

显然, 式 (6.2) 意味着 $g_i(\bar{x}_i)$ 是严格正或严格负的. 因此, 可以假设 $g_i(\bar{x}_i) > 0$, $\forall \bar{x}_i \in \mathbb{R}^i$.

给定一个连续可微的参考信号 y_d, 并且 $\dot{y}_d$ 是连续和有界的. 控制目标是构造控制器 u 使得输出 y 能够以较小的误差追踪参考信号 y_d.

考虑如下非线性随机系统:

$$
dx = f(x)dt + h(x)d\omega
\tag{6.3}
$$

式中, $f(\cdot)$ 和 $h(\cdot)$ 为局部 Lipschitz 函数, 且 $f(0) = h(0) = 0$.

定义 6.1 [124]　对于任意给定的 $V(x) \in C^2$, 微分算子 $\mathcal{L}$ 表示如下

$$
\mathcal{L}V = \frac{\partial V}{\partial x}f + \frac{1}{2}\mathrm{Tr}\left\{ h^{\mathrm{T}}\frac{\partial^2 V}{\partial x^2}h \right\}
\tag{6.4}
$$

式中, $\mathrm{Tr}(B)$ 为 B 的迹.

定义 6.2 [121] 如果 $\lim\limits_{c\to\infty} \sup_{t>0} P\{||x(t,\omega)|| > c\} = 0$, $P\{M\}$ 代表事件 M 的概率, 则称非线性随机系统 (6.3) 的解 $\{x(t,\omega), t \geqslant 0\}$ 是依概率有界的.

引理 6.1 [122] 考虑随机系统 (6.3), 如果 Lyapunov 函数 $V : \mathbb{R}^n \to \mathbb{R}$ 满足正定、径向无界和二次连续可微条件, 并且存在正数 $s_0 > 0, p_0 \geqslant 0$ 使得

$$\mathcal{L}V(x) \leqslant -s_0 V(x) + p_0$$

则系统具有唯一解且系统概率有界.

引理 6.2 [123] 对于任意变量 $\hbar \in \mathbb{R}$ 和常数 $\epsilon > 0$, 以下条件成立

$$0 \leqslant |\hbar| - \hbar \tanh\left(\frac{\hbar}{\epsilon}\right) \leqslant \delta\epsilon, \quad \delta = 0.2785 \tag{6.5}$$

6.2 事件触发控制设计过程

定义以下坐标变换:

$$\begin{cases} \xi_1 = x_1 - y_d \\ \xi_i = x_i - \alpha_{i-1}, \quad i = 2, \cdots, n \end{cases} \tag{6.6}$$

式中, ξ_i 代表虚拟误差变量, α_i 表示虚拟控制器.

利用双曲正切函数, 设计虚拟控制器为

$$\alpha_i = -k_i \xi_i - \hat{\theta}_i \tanh\left(\frac{\xi_i^3}{v_i}\right) \tag{6.7}$$

式中, $i = 1, 2, \cdots, n$, k_i 及 v_i 为正数. 从虚拟控制器的表达式可以看出, 虚拟控制器的形式简单, 有助于在实际应用中实现.

设计自适应率为

$$\dot{\hat{\theta}}_i = -\varsigma_i \hat{\theta}_i + \lambda_i \xi_i^3 \tanh\left(\frac{\xi_i^3}{v_i}\right) \tag{6.8}$$

式中, $i = 1, 2, \cdots, n$, ς_i 和 λ_i 表示正数, $\hat{\theta}_i$ 表示 θ_i 的估计.

注 6.1 根据式 (6.8) 可知如果初始条件 $\hat{\theta}_i(0) \geqslant 0$, 则对于所有 $t \geqslant 0$, $\hat{\theta}_i(t) \geqslant 0$ 成立. 在本章中, 我们选取 $\hat{\theta}_i(0) \geqslant 0$.

第 1 步 基于系统 (6.1) 和式 (6.6), 如下不等式成立

$$d\xi_1 = (g_1(x)x_2 + f_1(x) + \tau_1(x) - \dot{y}_d) dt + \Psi_1^{\mathrm{T}}(x)d\omega \tag{6.9}$$

考虑如下 Lyapunov 函数

$$V_1 = \frac{1}{4}\xi_1^4 + \frac{b_m}{2\lambda_1}\tilde{\theta}_1^2 \tag{6.10}$$

式中, $\tilde{\theta}_1$ 表示估计误差且令 $\tilde{\theta}_1 = \theta_1 - \hat{\theta}_1$.

根据式 (6.4) 和式 (6.9) 可得

$$\mathcal{L}V_1 \leqslant \xi_1^3(g_1(x)x_2 + f_1(x) + \tau_1(x) - \dot{y}_d) + \frac{3}{2}\xi_1^2\Psi_1^{\mathrm{T}}(x)\Psi_1(x) - \frac{b_m}{\lambda_1}\tilde{\theta}_1\dot{\hat{\theta}}_1 \tag{6.11}$$

根据杨氏不等式可得

$$\xi_1^3\tau_1(x) \leqslant \frac{1}{2q_{11}^2}\xi_1^6\bar{r}_1^2 + \frac{1}{2}q_{11}^2, \tag{6.12}$$

$$\frac{3}{2}\xi_1^2\Psi_1^{\mathrm{T}}(x)\Psi_1(x) \leqslant \frac{3}{4}l_1^{-2}\xi_1^4\|\Psi_1(x)\|^4 + \frac{3}{4}l_1^2 \tag{6.13}$$

式中, q_{11} 和 l_1 是非零常数. 将式 (6.12)、式 (6.13) 代入式 (6.11) 可得

$$\mathcal{L}V_1 \leqslant \xi_1^3 g_1(x_1)x_2 + \xi_1^3\bar{\chi}_1(E_1) - \frac{3}{4}\xi_1^4 - \frac{3}{4}g_1(x_1)\xi_1^4$$

$$+ \frac{1}{2}q_{11}^2 + \frac{3}{4}l_1^2 - \frac{b_m}{\lambda_1}\tilde{\theta}_1\dot{\hat{\theta}}_1 \tag{6.14}$$

式中, $\bar{\chi}_1(E_1) = -g_1(x_1)x_2 + g_1(x)x_2 + f_1(x) + \frac{3}{4}g_1(x_1)\xi_1 - \dot{y}_d + \frac{3}{4}l_1^{-2}\xi_1\|\Psi_1(x)\|^4 + \frac{1}{2q_{11}^2}\xi_1^3\bar{r}_1^2 + \frac{3}{4}\xi_1$ 为连续函数, $E_1 = [x_1, x_2, \cdots, x_n, y_d, \dot{y}_d]^{\mathrm{T}}$.

由于连续函数 $f_1(x)$, $g_1(x)$, $\tau_1(x)$ 和 $\Psi_1(x)$ 是未知的, $\bar{\chi}_1(E_1)$ 不能直接构造虚拟控制器 α_1. 因此, 基于模糊估计技术, 估计 $\bar{\chi}_1(E_1)$ 为

$$\bar{\chi}_1(E_1) = W_1^{\mathrm{T}}S_1(E_1) + \delta_1(E_1) \tag{6.15}$$

式中, $\delta_1(E_1)$ 为估计误差, 且 $\|\delta_1(E_1)\| \leqslant \varepsilon_1$, $\varepsilon_1 > 0$. 则根据引理 6.2, 可以得到

$$\xi_1^3\bar{\chi}_1(E_1) \leqslant |\xi_1^3|\|W_1\|\|S_1(E_1)\| + \frac{3}{4}\xi_1^4 + \frac{1}{4}\varepsilon_1^4$$

$$\leqslant \xi_1^3 b_m\theta_1\|S_1(E_1)\|\tanh\left(\frac{\xi_1^3\|S_1(E_1)\|}{\upsilon_1}\right) + \delta b_m\theta_1\upsilon_1 + \frac{3}{4}\xi_1^4 + \frac{1}{4}\varepsilon_1^4$$

式中, 未知常数 $\theta_1 = \dfrac{\|W_1\|}{b_m}$. 由于 $\|S_1(E_1)\| = (S_1^{\mathrm{T}}(E_1)S_1(E_1))^{\frac{1}{2}} \leqslant 1$, 则

$$\xi_1^3\bar{\chi}_1(E_1) \leqslant \xi_1^3 b_m\theta_1\tanh\left(\frac{\xi_1^3}{\upsilon_1}\right) + \delta b_m\theta_1\upsilon_1 + \frac{3}{4}\xi_1^4 + \frac{1}{4}\varepsilon_1^4 \tag{6.16}$$

将式 (6.16) 代入式 (6.14) 可得

$$\mathcal{L}V_1 \leqslant \xi_1^3 g_1(x_1)\xi_2 + \xi_1^3 g_1(x_1)\alpha_1 + \xi_1^3 b_m \theta_1 \tanh\left(\frac{\xi_1^3}{\upsilon_1}\right) + \frac{1}{4}\varepsilon_1^4$$
$$+ \delta b_m \theta_1 \upsilon_1 - \frac{3}{4}g_1(x_1)\xi_1^4 + \frac{1}{2}q_{11}^2 + \frac{3}{4}l_1^2 - \frac{b_m}{\lambda_1}\tilde{\theta}_1\dot{\hat{\theta}}_1 \tag{6.17}$$

通过选取式 (6.7) 中的 α_1, 根据式 (6.2), 以下不等式成立:

$$\xi_1^3 g_1(x_1)\alpha_1 \leqslant -k_1 b_m \xi_1^4 - \xi_1^3 b_m \hat{\theta}_1 \tanh\left(\frac{\xi_1^3}{\upsilon_1}\right) \tag{6.18}$$

采用式 (6.8) 中设计的 $\dot{\hat{\theta}}_1$, 根据式 (6.18), 式 (6.17) 可以写成

$$\mathcal{L}V_1 \leqslant -k_1 b_m \xi_1^4 + \xi_1^3 g_1(x_1)\xi_2 - \frac{3}{4}g_1(x_1)\xi_1^4 + \delta b_m \theta_1 \upsilon_1 + \frac{1}{4}\varepsilon_1^4$$
$$+ \frac{1}{2}q_{11}^2 + \frac{3}{4}l_1^2 + \frac{b_m \varsigma_1}{\lambda_1}\tilde{\theta}_1\hat{\theta}_1 \tag{6.19}$$

此外, 应用杨氏不等式可得

$$\xi_1^3 g_1(x_1)\xi_2 \leqslant \frac{3}{4}g_1(x_1)\xi_1^4 + \frac{1}{4}g_1(x_1)\xi_2^4 \tag{6.20}$$

将式 (6.20) 代入式 (6.19), 可得

$$\mathcal{L}V_1 \leqslant -a_1 \xi_1^4 + \tilde{\rho}_1 + \frac{1}{4}g_1(x_1)\xi_2^4 + \frac{b_m \varsigma_1}{\lambda_1}\tilde{\theta}_1\hat{\theta}_1 \tag{6.21}$$

式中, $a_1 = k_1 b_m$, $\tilde{\rho}_1 = \delta b_m \theta_1 \upsilon_1 + \frac{1}{4}\varepsilon_1^4 + \frac{1}{2}q_{11}^2 + \frac{3}{4}l_1^2$.

第 i ($i = 2, 3, \cdots, n-1$) 步   根据式 (6.1)、式 (6.6) 和 Itô 等式可以得到如下不等式:

$$d\xi_i = (g_i(x)x_{i+1} + f_i(x) + \tau_i(x) - \mathcal{L}\alpha_{i-1})\, dt$$
$$+ \left(\Psi_i(x) - \sum_{j=1}^{i-1}\frac{\partial \alpha_{i-1}}{\partial x_j}\Psi_j(x)\right)^{\mathrm{T}} d\omega \tag{6.22}$$

式中,

$$\mathcal{L}\alpha_{i-1} = \sum_{j=1}^{i-1}\frac{\partial \alpha_{i-1}}{\partial x_j}(g_j(x)x_{j+1} + f_j(x) + \tau_j(x)) + D_{i-1} \tag{6.23}$$

$$D_{i-1} = \sum_{j=1}^{i-1} \frac{\partial \alpha_{i-1}}{\partial \hat{\theta}_j} \dot{\hat{\theta}}_j + \frac{1}{2} \sum_{p,q=1}^{i-1} \frac{\partial^2 \alpha_{i-1}}{\partial x_p \partial x_q} \Psi_p^{\mathrm{T}}(x) \Psi_q(x) + \frac{\partial \alpha_{i-1}}{\partial y_d} \dot{y}_d \qquad (6.24)$$

选取 Lyapunov 函数 V_i 为

$$V_i = V_{i-1} + \frac{1}{4}\xi_i^4 + \frac{b_m}{2\lambda_i}\tilde{\theta}_i^2 \qquad (6.25)$$

此外, 根据式 (6.4) 可以得到

$$\begin{aligned}
\mathcal{L}V_i = {} & \mathcal{L}V_{i-1} + \xi_i^3 \left(g_i(x) x_{i+1} + f_i(x) + \tau_i(x) - \mathcal{L}\alpha_{i-1} \right) \\
& + \frac{3}{2}\xi_i^2 \left(\Psi_i(x) - \sum_{j=1}^{i-1} \frac{\partial \alpha_{i-1}}{\partial x_j} \Psi_j(x) \right)^{\mathrm{T}} \left(\Psi_i(x) \right. \\
& \left. - \sum_{j=1}^{i-1} \frac{\partial \alpha_{i-1}}{\partial x_j} \Psi_j(x) \right) - \frac{b_m}{\lambda_i} \tilde{\theta}_i \dot{\hat{\theta}}_i
\end{aligned} \qquad (6.26)$$

接下来, 利用与式 (6.12) 相同的处理方式, 可得

$$-\xi_i^3 \sum_{j=1}^{i-1} \frac{\partial \alpha_{i-1}}{\partial x_j} \tau_j(x) \leqslant \sum_{j=1}^{i-1} \frac{1}{2q_{ij}^2} \xi_i^6 \left(\frac{\partial \alpha_{i-1}}{\partial x_j} \right)^2 \bar{r}_j^2 + \sum_{j=1}^{i-1} \frac{1}{2} q_{ij}^2 \qquad (6.27)$$

$$\xi_i^3 \tau_i(x) \leqslant \frac{1}{2q_{ii}^2} \xi_i^6 \bar{r}_i^2 + \frac{1}{2} q_{ii}^2 \qquad (6.28)$$

$$\frac{3}{2}\xi_i^2 \Phi_i^{\mathrm{T}}(x) \Phi_i(x) \leqslant \frac{3}{4} l_i^{-2} \xi_i^4 \|\Phi_i(x)\|^4 + \frac{3}{4} l_i^2 \qquad (6.29)$$

式中, $\Phi_i(x) = \Psi_i(x) - \sum_{j=1}^{i-1} \frac{\partial \alpha_{i-1}}{\partial x_j} \Psi_j(x)$, q_{ij} $(j = 1, 2, \cdots, i-1)$, q_{ii} 和 l_i 为非零常数.

此外, 将式 (6.23)、式 (6.27)~ 式 (6.29) 代入式 (6.26), 式 (6.26) 可被写成

$$\begin{aligned}
\mathcal{L}V_i \leqslant {} & -\sum_{j=1}^{i-1} a_j \xi_j^4 + \sum_{j=1}^{i-1} \frac{b_m \varsigma_j}{\lambda_j} \tilde{\theta}_j \hat{\theta}_j + \sum_{j=1}^{i-1} \tilde{\rho}_j + \xi_i^3 g_i(\bar{x}_i) x_{i+1} + \xi_i^3 \bar{\chi}_i(E_i) \\
& + \xi_i^3 \bar{\chi}_i(E_i) - \frac{3}{4}\xi_i^4 - \frac{3}{4} g_i(\bar{x}_i) \xi_i^4 + \frac{1}{2} \sum_{j=1}^{i} q_{ij}^2 + \frac{3}{4} l_i^2 - \frac{b_m}{\lambda_i} \tilde{\theta}_i \dot{\hat{\theta}}_i \\
& - \frac{b_m}{\lambda_i} \tilde{\theta}_i \dot{\hat{\theta}}_i
\end{aligned} \qquad (6.30)$$

式中, $a_j = k_j b_m$, $\tilde{\rho}_j = \delta b_m \theta_j v_j + \frac{1}{4}\varepsilon_j^4 + \frac{1}{2}\sum_{k=1}^{j} q_{jk}^2 + \frac{3}{4}l_j^2, j = 1, 2, \cdots, i-1.$

$\bar{\chi}_i(E_i) = -g_i(\bar{x}_i)x_{i+1} + \frac{1}{4}g_{i-1}(\bar{x}_{i-1})\xi_i + g_i(x)x_{i+1} + f_i(x) - \sum_{j=1}^{i-1}\frac{\partial \alpha_{i-1}}{\partial x_j}(g_j(x)x_{j+1} +$

$f_j(x)) + \frac{3}{4}\xi_i + \frac{3}{4}l_i^{-2}\xi_i \left\| \Psi_i(x) - \frac{\partial \alpha_{i-1}}{\partial x_{i-1}}\Psi_{i-1}(x) \right\|^4 + \sum_{j=1}^{i-1}\frac{1}{2q_{ij}^2}\xi_i^3 \left(\frac{\partial \alpha_{i-1}}{\partial x_j}\right)^2 \bar{r}_j^2 +$

$\frac{1}{2q_{ii}^2}\xi_i^3\bar{r}_i^2 - D_{i-1} + \frac{3}{4}g_i(\bar{x}_i)\xi_i,$ 并且 $E_i = [x_1, x_2, \cdots, x_n, y_d, \dot{y}_d, \hat{\theta}_1, \hat{\theta}_2, \cdots, \hat{\theta}_{i-1}]^{\mathrm{T}}.$

注意到 $\bar{\chi}_i(E_i)$ 为未知连续函数. 利用模糊逻辑系统, 未知非线性函数 $\bar{\chi}_i(E_i)$ 可以被估计为

$$\bar{\chi}_i(E_i) = W_i^{\mathrm{T}}S_i(E_i) + \delta_i(E_i) \tag{6.31}$$

式中, $\delta_i(E_i)$ 为估计误差, 且 $\|\delta_i(E_i)\| \leqslant \varepsilon_i$, $\varepsilon_i > 0$. 利用引理 6.2 可得

$$\xi_i^3\bar{\chi}_i(E_i) \leqslant |\xi_i^3|\|W_i\|\|S_i(E_i)\| + \frac{3}{4}\xi_i^4 + \frac{1}{4}\varepsilon_i^4$$

$$\leqslant \xi_i^3 b_m\theta_i\|S_i(E_i)\|\tanh\left(\frac{\xi_i^3\|S_i(E_i)\|}{v_i}\right) + \delta b_m\theta_i v_i + \frac{3}{4}\xi_i^4 + \frac{1}{4}\varepsilon_i^4$$

式中, 未知常数 $\theta_i = \frac{\|W_i\|}{b_m}$. 由于 $\|S_i(E_i)\| \leqslant 1$, 以下不等式成立

$$\xi_i^3\bar{\chi}_i(E_i) \leqslant \xi_i^3 b_m\theta_i\tanh\left(\frac{\xi_i^3}{v_i}\right) + \delta b_m\theta_i v_i + \frac{3}{4}\xi_i^4 + \frac{1}{4}\varepsilon_i^4 \tag{6.32}$$

将式 (6.32) 代入式 (6.30), 有

$$\mathcal{L}V_i \leqslant -\sum_{j=1}^{i-1}a_j\xi_j^4 + \sum_{j=1}^{i-1}\frac{b_m\varsigma_j}{\lambda_j}\tilde{\theta}_j\hat{\theta}_j + \sum_{j=1}^{i-1}\tilde{\rho}_j + \xi_i^3 g_i(\bar{x}_i)\xi_{i+1}$$

$$+ \xi_i^3 g_i(\bar{x}_i)\alpha_i + \xi_i^3 b_m\theta_i\tanh\left(\frac{\xi_i^3}{v_i}\right) + \delta b_m\theta_i v_i + \frac{1}{4}\varepsilon_i^4$$

$$- \frac{3}{4}g_i(\bar{x}_i)\xi_i^4 + \frac{1}{2}\sum_{j=1}^{i}q_{ij}^2 + \frac{3}{4}l_i^2 - \frac{b_m}{\lambda_i}\tilde{\theta}_i\dot{\hat{\theta}}_i \tag{6.33}$$

考虑式 (6.7) 中的 α_i 并利用式 (6.2), 以下不等式成立

$$\xi_i^3 g_i(\bar{x}_i)\alpha_i \leqslant -k_i b_m\xi_i^4 - \xi_i^3 b_m\hat{\theta}_i\tanh\left(\frac{\xi_i^3}{v_i}\right) \tag{6.34}$$

利用杨氏不等式可得

$$\xi_i^3 g_i(\bar{x}_i)\xi_{i+1} \leqslant \frac{3}{4}g_i(\bar{x}_i)\xi_i^4 + \frac{1}{4}g_i(\bar{x}_i)\xi_{i+1}^4 \tag{6.35}$$

利用以上不等式并且采用式 (6.8) 中的 $\dot{\hat{\theta}}_i$, 可以将式 (6.33) 写成

$$\mathcal{L}V_i \leqslant -\sum_{j=1}^{i} a_j \xi_j^4 + \sum_{j=1}^{i} \frac{b_m \varsigma_j}{\lambda_j}\tilde{\theta}_j\hat{\theta}_j + \frac{1}{4}g_i(\bar{x}_i)\xi_{i+1}^4 + \sum_{j=1}^{i}\tilde{\rho}_j \tag{6.36}$$

式中, $a_j = k_j b_m$, $\tilde{\rho}_j = \delta b_m \theta_j \upsilon_j + \frac{1}{4}\varepsilon_j^4 + \frac{1}{2}\sum_{k=1}^{j}q_{jk}^2 + \frac{3}{4}l_j^2, j = 1, 2, \cdots, i$.

第 n 步 在这一步, 虚拟控制器和实际控制器分别被设计为

$$\alpha_n = -k_n \xi_n - \hat{\theta}_n \tanh\left(\frac{\xi_n^3}{\upsilon_n}\right) \tag{6.37}$$

$$\sigma(t) = (1+\delta)\left(\alpha_n - \frac{b_M}{b_m}\bar{h}_1\tanh\left(\frac{\xi_n^3 \bar{h}_1 b_M}{\varepsilon}\right)\right) \tag{6.38}$$

$$u(t) = \sigma(t_k), \quad t \in [t_k, t_{k+1}) \tag{6.39}$$

事件触发条件为

$$t_{k+1} = \inf\{t \in \mathbb{R}||e(t)| \geqslant \delta|u(t)| + h_1\} \tag{6.40}$$

式中, $e(t) = \sigma(t) - u(t)$ 表示测量误差, ε, $0 < \delta < 1$, h_1 以及 $\bar{h}_1 > \dfrac{h_1}{1-\delta}$ 为正的参数. $t_k > 0$, $k \in Z^+$ 表示控制迭代时间. 根据式 (6.40), 在区间 $[t_k, t_{k+1})$ 内, 有 $\sigma(t) = (1+\breve{o}_1(t)\delta)u(t) + \breve{o}_2(t)h_1$ 成立, $\breve{o}_1(t)$ 和 $\breve{o}_2(t)$ 满足 $|\breve{o}_1(t)| \leqslant 1$, $|\breve{o}_2(t)| \leqslant 1$. 因此, 在整个时间区间, 有 $u(t) = \dfrac{\sigma(t)}{1+\breve{o}_1(t)\delta} - \dfrac{\breve{o}_2(t)h_1}{1+\breve{o}_1(t)\delta}$ 成立.

注 6.2 当 $t \in [t_k, t_{k+1})$ 时, 控制信号为一个常数, 即 $u(t) = \sigma(t_k)$. 如果式 (6.40) 成立, 事件将被标记为 t_{k+1} 且控制输入 $u(t) = \sigma(t_{k+1})$ 将被应用到系统, 其中 $t \in [t_{k+1}, t_{k+2})$. 值得注意的是, 可以调整由式 (6.40) 表示的触发事件的阈值. 一方面, 当控制信号 u 具有相对较小的值时, 系统将获得更精确的控制, 从而获得更好的系统性能. 另一方面, 当控制信号 u 具有相对较大的值时, 较大的测量误差有助于获得较长的触发间隔.

选取 Lyapunov 函数为

$$V_n = V_{n-1} + \frac{1}{4}\xi_n^4 + \frac{b_m}{2\lambda_n}\tilde{\theta}_n^2 \tag{6.41}$$

根据式 (6.1)、式 (6.6) 以及 Itô 公式, 可以得到

$$d\xi_n = (g_n(x)u(t) + f_n(x) + \tau_n(x) - \mathcal{L}\alpha_{n-1})\,dt$$

$$+ \left(\Psi_n(x) - \sum_{j=1}^{n-1} \frac{\partial \alpha_{n-1}}{\partial x_j} \Psi_j(x) \right)^{\mathrm{T}} d\omega \tag{6.42}$$

式中,

$$\mathcal{L}\alpha_{n-1} = \sum_{j=1}^{n-1} \frac{\partial \alpha_{n-1}}{\partial x_j} \left(g_j(x)x_{j+1} + f_j(x) + \tau_j(x) \right) + D_{n-1},$$

$$D_{n-1} = \frac{\partial \alpha_{n-1}}{\partial y_d} \dot{y}_d + \frac{1}{2} \sum_{p,q=1}^{n-1} \frac{\partial^2 \alpha_{n-1}}{\partial x_p \partial x_q} \Psi_p^{\mathrm{T}}(x) \Psi_q(x) + \sum_{j=1}^{n-1} \frac{\partial \alpha_{n-1}}{\partial \hat{\theta}_j} \dot{\hat{\theta}}_j$$

此外, 以下不等式成立:

$$\mathcal{L}V_n \leqslant -\sum_{j=1}^{n-1} a_j \xi_j^4 + \sum_{j=1}^{n-1} \frac{b_m \varsigma_j}{\lambda_j} \tilde{\theta}_j \hat{\theta}_j + \frac{1}{4} g_{n-1}(\bar{x}_{n-1}) \xi_n^4 - \frac{b_m}{\lambda_n} \tilde{\theta}_n \dot{\hat{\theta}}_n$$

$$+ \xi_n^3 \left(g_n(x)u(t) + f_n(x) + \tau_n(x) - \mathcal{L}\alpha_{n-1} \right)$$

$$+ \sum_{j=1}^{n-1} \tilde{\rho}_j + \frac{3}{2} \xi_n^2 \left(\Psi_n(x) - \sum_{j=1}^{n-1} \frac{\partial \alpha_{n-1}}{\partial x_j} \Psi_j(x) \right)^{\mathrm{T}}$$

$$\times \left(\Psi_n(x) - \sum_{j=1}^{n-1} \frac{\partial \alpha_{n-1}}{\partial x_j} \Psi_j(x) \right) \tag{6.43}$$

式中, $a_j = k_j b_m$, $\tilde{\rho}_j = \delta b_m \theta_j \upsilon_j + \frac{1}{4}\varepsilon_j^4 + \frac{1}{2}\sum_{k=1}^{j} q_{jk}^2 + \frac{3}{4}l_j^2$, $j = 1, 2, \cdots, n-1$. 接下来, 通过利用杨氏不等式, 可以获得以下不等式

$$-\xi_n^3 \sum_{j=1}^{n-1} \frac{\partial \alpha_{n-1}}{\partial x_j} \tau_j(x) \leqslant \sum_{j=1}^{n-1} \frac{\xi_n^6}{2q_{nj}^2} \left(\frac{\partial \alpha_{n-1}}{\partial x_j} \right)^2 \bar{r}_j^2 + \sum_{j=1}^{n-1} \frac{1}{2} q_{nj}^2 \tag{6.44}$$

$$\xi_n^3 \tau_n(x) \leqslant \frac{1}{2q_{nn}^2} \xi_n^6 \bar{r}_n^2 + \frac{1}{2} q_{nn}^2 \tag{6.45}$$

$$\sum_{j=1}^{n} \frac{b_m \varsigma_j}{\lambda_j} \tilde{\theta}_j \hat{\theta}_j \leqslant \sum_{j=1}^{n} -\frac{b_m \varsigma_j}{2\lambda_j} \tilde{\theta}_j^2 + \sum_{j=1}^{n} \frac{b_m \varsigma_j}{2\lambda_j} \theta_j^2 \tag{6.46}$$

$$\frac{3}{2}\xi_n^2\Phi_n^{\mathrm{T}}(x)\Phi_n(x) \leqslant \frac{3}{4}l_n^{-2}\xi_n^4\|\Phi_n(x)\|^4 + \frac{3}{4}l_n^2 \tag{6.47}$$

式中, $\Phi_n(x) = \Psi_n(x) - \sum_{j=1}^{n-1}\frac{\partial\alpha_{n-1}}{\partial x_j}\Psi_j(x)$, q_{nj} $(j = 1, 2, \cdots, n-1)$, q_{nn} 和 l_n 为非零常数. 此外, 将式 (6.44)~式 (6.47) 代入式 (6.43), 式 (6.43) 变成

$$\mathcal{L}V_n \leqslant -\sum_{j=1}^{n-1}a_j\xi_j^4 + \sum_{j=1}^{n-1}\frac{b_m\varsigma_j}{\lambda_j}\tilde{\theta}_j\hat{\theta}_j + \sum_{j=1}^{n-1}\tilde{\rho}_j + \xi_n^3 g_n(x)u(t)$$
$$+ \xi_n^3\bar{\chi}_n(E_n) - \frac{3}{4}\xi_n^4 + \frac{1}{2}\sum_{j=1}^{n}q_{nj}^2 + \frac{3}{4}l_n^2 - \frac{b_m}{\lambda_n}\tilde{\theta}_n\dot{\hat{\theta}}_n \tag{6.48}$$

式中, $\bar{\chi}_n(E_n) = f_n(x) - \sum_{j=1}^{n-1}\frac{\partial\alpha_{n-1}}{\partial x_j}\left(g_j(x)x_{j+1} + f_j(x)\right) - D_{n-1} + \frac{3}{4}l_n^{-2}\xi_n\Big\|\Psi_n(x) - \frac{\partial\alpha_{n-1}}{\partial x_{n-1}}\Psi_{n-1}(x)\Big\|^4 + \frac{1}{2q_{nn}^2}\xi_n^3\bar{r}_n^2 + \sum_{j=1}^{n-1}\frac{1}{2q_{nj}^2}\xi_n^3\left(\frac{\partial\alpha_{n-1}}{\partial x_j}\right)^2\bar{r}_j^2 + \frac{3}{4}\xi_n + \frac{1}{4}g_{n-1}(\bar{x}_{n-1})\xi_n$, 其中 $E_n = [x_1, x_2, \cdots, x_n, y_d, \dot{y}_d, \hat{\theta}_1, \hat{\theta}_2, \cdots, \hat{\theta}_{n-1}]^{\mathrm{T}}$. 注意到 $\bar{\chi}_n(E_n)$ 是未知的连续函数. 因此, 未知项仍然可以通过上述方法近似, 即

$$\bar{\chi}_n(E_n) = W_n^{\mathrm{T}}S_n(E_n) + \delta_n(E_n) \tag{6.49}$$

式中, $\delta_n(E_n)$ 表示估计误差, 且 $\|\delta_n(E_n)\| \leqslant \varepsilon_n$, $\varepsilon_n > 0$. 然后, 根据引理 6.2 可得

$$\xi_n^3\bar{\chi}_n(E_n) \leqslant |\xi_n^3|\|W_n\|\|S_n(E_n)\| + \frac{3}{4}\xi_n^4 + \frac{1}{4}\varepsilon_n^4$$
$$\leqslant \xi_n^3 b_m\theta_n\|S_n(E_n)\|\tanh\left(\frac{\xi_n^3\|S_n(E_n)\|}{v_n}\right)$$
$$+ \delta b_m\theta_n v_n + \frac{3}{4}\xi_n^4 + \frac{1}{4}\varepsilon_n^4$$

式中, $\theta_n = \frac{\|W_n\|}{b_m}$ 为未知常数. 由于 $\|S_n(E_n)\| \leqslant 1$, 有

$$\xi_n^3\bar{\chi}_n(E_n) \leqslant \xi_n^3 b_m\theta_n\tanh\left(\frac{\xi_n^3}{v_n}\right) + \delta b_m\theta_n v_n + \frac{3}{4}\xi_n^4 + \frac{1}{4}\varepsilon_n^4 \tag{6.50}$$

由于 $u(t) = \frac{\sigma(t)}{1 + \breve{o}_1(t)\delta} - \frac{\breve{o}_2(t)h_1}{1 + \breve{o}_1(t)\delta}$, 以下不等式成立:

$$\xi_n^3 g_n u(t) = \xi_n^3 g_n\left(\frac{\sigma(t)}{1 + \breve{o}_1(t)\delta} - \frac{\breve{o}_2(t)h_1}{1 + \breve{o}_1(t)\delta}\right)$$

$$\leqslant -b_m k_n \xi_n^4 - \xi_n^3 \hat{\theta}_n b_m \tanh\left(\frac{\xi_n^3}{\upsilon_n}\right) + 0.2785\varepsilon \tag{6.51}$$

然后采用式 (6.8) 中设计的 $\dot{\hat{\theta}}_n$, 并且使用式 (6.46)、式 (6.50) 和式 (6.51), 可以得到以下不等式

$$\mathcal{L}V_n \leqslant -\sum_{j=1}^{n} a_j \xi_j^4 - \sum_{j=1}^{n} \frac{b_m \varsigma_j}{2\lambda_j} \tilde{\theta}_j^2 + \sum_{j=1}^{n} \tilde{\rho}_j \tag{6.52}$$

式中, $a_j = k_j b_m, j = 1, 2, \cdots, n$, $\tilde{\rho}_j = \delta b_m \theta_j \upsilon_j + \frac{1}{4}\varepsilon_j^4 + \frac{3}{4}l_j^2 + \frac{1}{2}\sum_{k=1}^{j} q_{jk}^2$, $\tilde{\rho}_n = \delta b_m \theta_n \upsilon_n + \frac{1}{4}\varepsilon_n^4 + \frac{1}{2}\sum_{i=1}^{n} q_{nj}^2 + \frac{3}{4}l_n^2 + \sum_{j=1}^{n} \frac{b_m \varsigma_j}{2\lambda_j}\theta_j^2 + 0.2785\varepsilon$.

6.3　稳定性和可行性分析

本章的结果总结如下.

定理 6.1　考虑不确定非线性随机系统 (6.1)、假设 6.1、所构造的虚拟控制器 (6.7)、实际控制器 (6.39) 和自适应律 (6.8), 可以得到如下结论.

(1) 闭环系统的所有信号依概率有界. 误差信号 ξ_j 和 $\tilde{\theta}$ 保持在紧集 Ω_ξ 上, 其表达式为

$$\Omega_\xi = \left\{ \xi_j, \tilde{\theta}_j \Big| \sum_{j=1}^{n} E[|\xi_j|^4] \leqslant 4V(0) + 4\frac{p_0}{s_0} |\tilde{\theta}_j| \right.$$
$$\left. \leqslant \sqrt{\frac{2\lambda_j}{b_m}\left(V(0) + \frac{p_0}{s_0}\right)}, j = 1, 2, \cdots, n \right\} \tag{6.53}$$

(2) 存在有限时间 $T^* = \max\left\{0, \frac{1}{s_0}\ln\left(\frac{s_0 V(0)}{p_0}\right)\right\}$, 保证了四次均方跟踪误差在有限时间内收敛到紧集 $\Omega_1 = \left\{y(t) \in \mathbb{R} \Big| E[|y - y_d|^4] \leqslant 8\frac{p_0}{s_0}, \forall t > T^*\right\}$ 内.

(3) 芝诺行为不会发生.

证明　(1) 令 $V = V_n$. 定义 $s_0 = \min\{4a_j, \varsigma_j\}$, $j = 1, 2, \cdots, n$ 和 $p_0 = \sum_{j=1}^{n} \tilde{\rho}_j$, 式 (6.52) 能够被写成

$$\mathcal{L}V \leqslant -s_0 V + p_0, \quad t \geqslant 0 \tag{6.54}$$

因此, 根据引理 6.1, ξ_j, $\hat{\theta}_j$ 和 $\tilde{\theta}_j$ 依概率有界. 因此根据 $|\tanh(\cdot)| < 1$, α_j 也依概率有界. 根据定义 6.2 可知信号 $x_j = \xi_j + \alpha_{j-1}$ 依概率有界.

结合式 (6.54) 和文献 [116] 中的定理 4.1, 有

$$\frac{dE[V(t)]}{dt} \leqslant -s_0 E[V(t)] + p_0 \tag{6.55}$$

以及

$$E[V(t)] \leqslant e^{-s_0 t} V(0) + \frac{p_0}{s_0}, \quad \forall t > 0 \tag{6.56}$$

此外可以验证

$$E[V(t)] \leqslant V(0) + \frac{p_0}{s_0}, \quad \forall t > 0 \tag{6.57}$$

式中, $V(0) = \sum_{j=1}^{n} \frac{1}{4} \xi_j^4(0) + \sum_{j=1}^{n} \frac{b_m}{2\lambda_j} \tilde{\theta}_j^2(0)$. 根据式 (6.57), 可以得到 ξ_j 和 $\tilde{\theta}_j$ 始终保持在 (6.53) 中定义的紧集 Ω_ε 里面.

(2) 根据式 (6.56) 可知存在一个有限时间 T^* 使得

$$E[|y - y_d|^4] \leqslant 4E[V(t)] \leqslant \frac{8p_0}{s_0}, \quad \forall t > T^*$$

因此, 根据实际需要, 可以通过调节参数 s_0 和 p_0 实现预期的跟踪性能.

(3) 接下来进行可行性分析, 即证明芝诺行为不会发生.

下面将证明存在 $t^* > 0$ 满足 $t_{k+1} - t_k \geqslant t^*, \forall k \in z^+$. 由于 $e(t) = \sigma(t) - u(t)$, $\forall t \in [t_k, t_{k+1})$, 有 $\frac{d}{dt}|e| = \frac{d}{dt}(e * e)^{\frac{1}{2}} = \mathrm{sign}(e)\dot{e} \leqslant \dot{\sigma}$, 且 $\dot{\sigma}$ 可微. 由于 $\dot{\sigma}$ 是关于有界信号 x 和 $\hat{\theta}$ 的连续函数, 存在常数 $\kappa > 0$ 使得 $|\dot{\sigma}| \leqslant \kappa$. 考虑 $e(t_k) = 0$ 和 $\lim_{t \to t_{k+1}} e(t) = \delta|u(t)| + h_1$, 可知执行间隔 t^* 的下界满足 $t^* \geqslant \frac{\delta|u(t)| + h_1}{\kappa}$. 因此, 芝诺行为被避免.

6.4 仿真例子

例 6.1 考虑如下的一类具有外部干扰的非严格反馈非线性随机系统:

$$\begin{cases} dx_1 = \big(f_1(x) + g_1(x)x_2 + \tau_1(x)\big)dt + \Psi_1^{\mathrm{T}}(x)d\omega \\ dx_2 = \big(f_2(x) + g_2(x)u(t) + \tau_2(x)\big)dt + \Psi_2^{\mathrm{T}}(x)d\omega \\ \quad y = x_1 \end{cases}$$

式中, $f_1(x) = 1 - \cos(x_1 x_2)$, $g_1(x) = 2.5 + 0.5\sin(x_1)$, $\tau_1(t, x) = 0.1\sin(x_1)$, $\Psi_1(x) = x_1^3 x_2$, $f_2(x) = x_1^2 e^{x_2}$, $g_2(x) = 2 + \sin(x_1 x_2)$, $\tau_2(t, x) = 0.5\cos(x_2)$, $\Psi_2(x) = x_2 + x_2\sin(x_1)$. 参考信号为 $y_d = 0.7\sin(t)$.

选取如下基函数:

$$\mu_{F_i^1} = e^{-0.5(x_i+9)^2}, \quad \mu_{F_i^2} = e^{-0.5(x_i-9)^2}$$
$$\mu_{F_i^3} = e^{-0.5(x_i+7)^2}, \quad \mu_{F_i^4} = e^{-0.5(x_i-7)^2}$$
$$\mu_{F_i^5} = e^{-0.5(x_i+5)^2}, \quad \mu_{F_i^6} = e^{-0.5(x_i-5)^2}$$
$$\mu_{F_i^7} = e^{-0.5(x_i+3)^2}, \quad \mu_{F_i^8} = e^{-0.5(x_i-3)^2}$$
$$\mu_{F_i^9} = e^{-0.5(x_i+1)^2}, \quad \mu_{F_i^{10}} = e^{-0.5(x_i-1)^2}$$
$$\mu_{F_i^{11}} = e^{-0.5(x_i)^2}$$

此外, 构造虚拟控制率和实际控制器为

$$
\begin{cases}
\alpha_1 = -k_1\xi_1 - \hat{\theta}_1 \tanh\left(\dfrac{\xi_1^3}{\upsilon_1}\right) \\[3mm]
\alpha_2 = -k_2\xi_2 - \hat{\theta}_2 \tanh\left(\dfrac{\xi_2^3}{\upsilon_2}\right) \\[3mm]
\sigma(t) = (1+\delta)\left(\alpha_2 - \dfrac{b_M}{b_m}\bar{h}_1 \tanh\left(\dfrac{\xi_2^3 \bar{h}_1 b_M}{\varepsilon}\right)\right) \\[3mm]
u(t) = \sigma(t_k), \quad t \in [t_k, t_{k+1})
\end{cases}
$$

自适应律设计如下:

$$
\begin{cases}
\dot{\hat{\theta}}_1 = -\varsigma_1\hat{\theta}_1 + \lambda_1\xi_1^3 \tanh\left(\dfrac{\xi_1^3}{\upsilon_1}\right) \\[3mm]
\dot{\hat{\theta}}_2 = -\varsigma_2\hat{\theta}_2 + \lambda_2\xi_2^3 \tanh\left(\dfrac{\xi_2^3}{\upsilon_2}\right)
\end{cases}
$$

状态的初值为 $x_1(0) = 1.2$, $x_2(0) = -0.02$, $\hat{\theta}_1(0) = \hat{\theta}_2(0) = 2$. 选取设计参数为 $k_1 = 50$, $k_2 = 20$, $\upsilon_1 = \upsilon_2 = 1$, $\varsigma_1 = \varsigma_2 = 5$, $\delta = 0.5$, $\varepsilon = 10$, $b_M = 2$, $b_m = 1$, $h_1 = 1$, $\bar{h}_1 = 3$, $\lambda_1 = \lambda_2 = 1$.

图 6.1～图 6.6 给出了仿真结果. 图 6.1 描述了输出 y 和参考信号 y_d 的轨迹. 从图 6.1 中可以看出, 即使给定一个很大的初值 $x_1(0) = 1.2$, 输出信号 y 也可以很快地回应并且可以以较小的误差追踪参考信号 y_d. 并且该特性也可以从图 6.2 的跟踪误差 ξ_1 轨迹中看出, 误差满足 $|\xi_1| \leqslant 0.008$. 根据图 6.3 中 $x_1(t)$ 和 $x_2(t)$ 的轨迹, 可以看出 $x_1(t)$ 和 $x_2(t)$ 有界. 图 6.4 表示自适应参数 $\hat{\theta}_1$ 和 $\hat{\theta}_2$ 的轨迹. 从图 6.5 可以看出, 控制输入 u 的值相对较小, 可以应用到实际中去. 图 6.6 给出了触发事件的时间间隔 $t_{k+1} - t_k$. 我们可以了解到触发间隔相对较长, 触发次数相对较少, 这将减轻控制器和传感器之间的传输负担, 并大大节省通信资源.

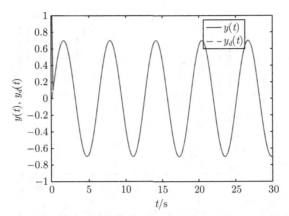

图 6.1 例 6.1 中 $y(t)$ 和 $y_d(t)$ 的轨迹

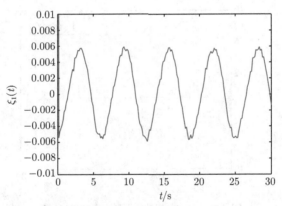

图 6.2 例 6.1 中跟踪误差 $\xi_1(t)$ 的轨迹

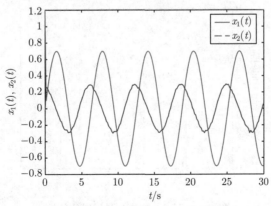

图 6.3 例 6.1 中 $x_1(t)$ 和 $x_2(t)$ 的轨迹

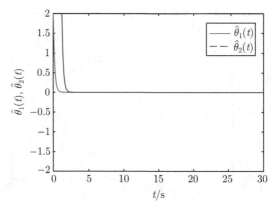

图 6.4 例 6.1 中自适应参数 $\hat{\theta}_1(t)$ 和 $\hat{\theta}_2(t)$ 的轨迹

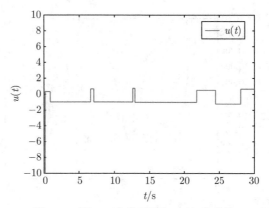

图 6.5 例 6.1 中控制输入 $u(t)$ 的轨迹

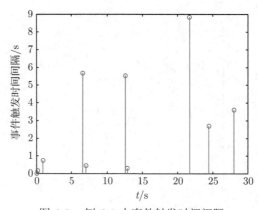

图 6.6 例 6.1 中事件触发时间间隔

6.5　结　　论

　　针对一类非严格反馈非线性随机系统, 提出了一种基于事件触发的自适应模糊控制方案. 结合反步技术, 模糊逻辑系统和事件触发机制构造控制器. 所设计的控制器不仅实现了控制目标, 而且节省了通信资源. 此外, 通过排除芝诺行为, 保证了事件触发机制的可行性. 仿真结果表明了该方法的有效性.

第 7 章 具有全状态约束的非线性多输入多输出系统自适应事件触发跟踪控制

7.1 问题描述和准备工作

7.1.1 问题描述

考虑以下严格反馈非线性多输入多输出系统:

$$
\begin{cases}
\dot{x}_{i,j} = g_{i,j} x_{i,j+1} + f_{i,j}(\underline{x}_{i,j}), \quad j = 1, \cdots, n_i - 1 \\
\dot{x}_{i,n_i} = g_{i,n_i} u_i + f_{i,n_i}(X, \underline{u}_{i-1}) \\
y_i = x_{i,1}, \quad i = 1, 2, \cdots, m
\end{cases}
\tag{7.1}
$$

其中, $\underline{x}_{i,j} = [x_{i,1}, x_{i,2}, \cdots, x_{i,j}]^{\mathrm{T}} \in \mathbb{R}^j$ 是系统的状态变量, $X = [\underline{x}_{1,n_1}, \underline{x}_{2,n_2}, \cdots, \underline{x}_{m,n_m}]^{\mathrm{T}}$. u_i 和 y_i 分别是系统的输入和输出, $\underline{u}_{i-1} = [u_1, u_2, \cdots, u_{i-1}]^{\mathrm{T}}$. $f_{i,j}(\cdot)$ 是未知的光滑非线性函数. $g_{i,j}(\cdot) \neq 0$ 是控制系数. 系统的所有状态被约束在一个给定的区间里面, 此区间被定义为 $\Omega_{i,j} := \{ x_{i,j}(t) \in \mathbb{R} | k_{a_{i,j}}(t) < x_{i,j}(t) < k_{b_{i,j}}(t) \}$, 其中约束函数 $k_{a_{i,j}}(t)$, $k_{b_{i,j}}(t)$ 为关于 t 的连续函数.

本章的控制目标是设计控制方案使系统具有以下性质:

(1) 系统的输出 y_i 可以跟踪给定的信号 y_{d_i}, 使得跟踪误差收敛到包含原点在内的一个小的邻域内;

(2) 所有的状态将会始终保持在约束区间里面;

(3) 闭环内所有信号均有界.

为完成控制方案的设计, 需要以下基本假设:

假设 7.1 控制系数 $g_{i,j}$ 对于控制器的设计是已知的, 且其符号为正.

假设 7.2 约束函数 $k_{a_{i,j}}$ 和 $k_{b_{i,j}}$ 以及它们的一阶导数 $\dot{k}_{a_{i,j}}$, $\dot{k}_{b_{i,j}}$ 是连续且有界的. 此外, 存在常数 $\bar{k}_{a_{i,j}}$, $\underline{k}_{b_{i,j}}$ 使得 $k_{a_{i,j}}(t) < \bar{k}_{a_{i,j}}$, $k_{b_{i,j}}(t) > \underline{k}_{b_{i,j}}$.

假设 7.3 跟踪信号 y_{d_i} 及它的一阶导数 $\dot{y}_{d_i}$ 是连续且有界的. 此外, y_{d_i} 被定义在集合 $\Omega_{d_i} := \{ y_{d_i}(t) \in \mathbb{R} | k_{da_i}(t) \leqslant y_{d_i}(t) \leqslant k_{db_i}(t) \}$ 上, 其中 $k_{da_i}(t)$, $k_{db_i}(t)$ 满足 $k_{da_i}(t) < k_{a_{i,1}}(t)$, $k_{db_i}(t) < k_{b_{i,1}}(t)$.

7.1.2 准备工作

为了解决全状态约束问题, 引入以下统一障碍函数 (unified barrier function, UBF):

$$\vartheta_{i,j} = \frac{x_{i,j} - \bar{k}_{a_{i,j}}}{x_{i,j} - k_{a_{i,j}}(t)} + \frac{x_{i,j} - \underline{k}_{b_{i,j}}}{k_{b_{i,j}}(t) - x_{i,j}} \tag{7.2}$$

$\vartheta_{i,j}$ 和 $x_{i,j}$ 的关系如图 7.1 所示. 通过图 7.1 中 $\vartheta_{i,j}$ 和 $x_{i,j}$ 的关系可知对于所有的状态变量 $x_{i,j} \in \Omega_{i,j}$, 只要初始状态 $x_{i,j}(0)$ 满足 $x_{i,j}(0) \in \Omega_{i,j}$, 性质 $\vartheta_{i,j} \to -\infty \Longleftrightarrow x_{i,j} \to k_{a_{i,j}}^{+}(t)$, $\vartheta_{i,j} \to +\infty \Longleftrightarrow x_{i,j} \to k_{b_{i,j}}^{-}(t)$ 就会成立. 因此在初始条件 $x_{i,j}(0) \in \Omega_{i,j}$ 下, 只要通过控制设计使得 $\vartheta_{i,j}$ 有界, 状态 $x_{i,j}$ 的约束要求就会被满足.

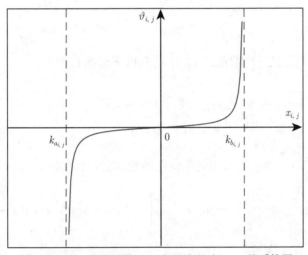

图 7.1 统一障碍函数 $\vartheta_{i,j}$ 与约束状态 $x_{i,j}$ 关系简图

注 7.1 与传统的障碍 Lyapunov 函数方法相比较, 引入统一障碍函数来处理状态约束问题可以有效地避免可行性条件. 障碍 Lyapunov 函数是根据误差变量和误差约束构造的, 其中误差变量又依赖于虚拟控制器, 所以此方法要求虚拟控制器满足给定的约束, 以此为前提条件, 才能够满足状态约束. 对虚拟控制器的约束被称为可行性条件. 而本章使用的统一障碍函数是直接根据状态变量和状态约束构造的, 通过直接控制变换后的状态, 既能满足状态约束, 又不需要虚拟控制器满足给定的约束条件, 因此避免了可行性条件.

基于统一障碍函数, 构造以下变换:

$$\vartheta_{i,j} = \vartheta_{i,j_1} x_{i,j} + \vartheta_{i,j_2}, \quad j = 1, \cdots, n_i \tag{7.3}$$

式中, $\vartheta_{i,j_1} = (\bar{k}_{a_{i,j}} - k_{a_{i,j}} + k_{b_{i,j}} - \underline{k}_{b_{i,j}})/[(x_{i,j} - k_{a_{i,j}})(k_{b_{i,j}} - x_{i,j})]$, $\vartheta_{i,j_2} = (k_{a_{i,j}}\underline{k}_{b_{i,j}} - \bar{k}_{a_{i,j}}k_{b_{i,j}})/[(x_{i,j} - k_{a_{i,j}})(k_{b_{i,j}} - x_{i,j})]$, $j = 1, \cdots, n_i$.

因此可以得到

$$x_{i,j} = \vartheta_{i,j}/\vartheta_{i,j_1} - \vartheta_{i,j_3}, \quad j = 1, \cdots, n_i \tag{7.4}$$

式中, $\vartheta_{i,j_3} = \vartheta_{i,j_2}/\vartheta_{i,j_1} = (k_{a_{i,j}}\underline{k}_{b_{i,j}} - \bar{k}_{a_{i,j}}k_{b_{i,j}})/(\bar{k}_{a_{i,j}} - k_{a_{i,j}} + k_{b_{i,j}} - \underline{k}_{b_{i,j}})$, $j = 1, \cdots, n_i$.

通过对两边同时求导可得

$$
\dot{\vartheta}_{i,j} = \left[\frac{\bar{k}_{a_{i,j}} - k_{a_{i,j}}}{(x_{i,j} - k_{a_{i,j}})^2} + \frac{k_{b_{i,j}} - \underline{k}_{b_{i,j}}}{(k_{b_{i,j}} - x_{i,j})^2} \right] \dot{x}_{i,j}
$$
$$
+ \left[\frac{(x_{i,j} - \bar{k}_{a_{i,j}})\dot{k}_{a_{i,j}}}{(x_{i,j} - k_{a_{i,j}})^2} - \frac{(x_{i,j} - \underline{k}_{b_{i,j}})\dot{k}_{b_{i,j}}}{(k_{b_{i,j}} - x_{i,j})^2} \right] \tag{7.5}
$$

结合式 (7.1)、式 (7.4) 和式 (7.5) 得到以下转换系统:

$$
\begin{cases}
\dot{\vartheta}_{i,j} = g_{i,j}\vartheta_{i,j+1} + \Phi_{i,j}, \quad j = 1, \cdots, n_i - 1 \\
\dot{\vartheta}_{i,n_i} = \lambda_{i,n_{i_1}}g_{i,n_i}u_i + \Phi_{i,n_i}
\end{cases} \tag{7.6}
$$

式中, $\Phi_{i,j}, j = 1, \cdots, n_i$ 是未知的非线性函数, 其表达式为

$$
\Phi_{i,j} = \lambda_{i,j_1}\left[f_{i,j} + \frac{g_{i,j}\vartheta_{i,j+1}}{\vartheta_{i,j+1_1}} - g_{i,j}\vartheta_{i,j+1_3} \right] + \lambda_{i,j_2} - g_{i,j}\vartheta_{i,j+1}, \quad j = 1, \cdots, n_i - 1
$$

$$
\Phi_{i,n_i} = \lambda_{i,n_{i_1}}f_{i,n_i} + \lambda_{i,n_{i_2}}
$$

式中, $\lambda_{i,j_1} = (\bar{k}_{a_{i,j}} - k_{a_{i,j}})/(x_{i,j} - k_{a_{i,j}})^2 + (k_{b_{i,j}} - \underline{k}_{b_{i,j}})/(k_{b_{i,j}} - x_{i,j})^2$, $\lambda_{i,j_2} = [(x_{i,j} - \bar{k}_{a_{i,j}})\dot{k}_{a_{i,j}}]/(x_{i,j} - k_{a_{i,j}})^2 - [(x_{i,j} - \underline{k}_{b_{i,j}})\dot{k}_{b_{i,j}}]/(k_{b_{i,j}} - x_{i,j})^2$, $j = 1, \cdots, n_i$.

对于给定的跟踪信号 y_{d_i}, 定义以下变换:

$$
y_{d_i}^* = \frac{y_{d_i} - \bar{k}_{a_{i,1}}}{y_{d_i} - k_{a_{i,1}}} + \frac{y_{d_i} - \underline{k}_{b_{i,1}}}{k_{b_{i,1}} - y_{d_i}} \tag{7.7}
$$

定义以下坐标变换:

$$
\begin{cases}
z_{i,1} = \vartheta_{i,1} - y_{d_i}^* \\
z_{i,j} = \vartheta_{i,j} - \alpha_{i,j-1}^*, \quad j = 2, \cdots, n_i
\end{cases} \tag{7.8}
$$

式中, $\alpha_{i,j}^*, j = 1, \cdots, n_i - 1$ 为以下一阶滤波的输出:

$$\omega_{i,j}\dot{\alpha}_{i,j}^*(t) + \alpha_{i,j}^*(t) = \alpha_{i,j}(t), \quad j = 1, \cdots, n_i - 1 \tag{7.9}$$

式中, $\alpha_{i,j}, \ j = 1, \cdots, n_i$ 是一阶滤波的输入, $\omega_{i,j}$ 为设计参数, 其符号为正, 并且 $\alpha_{i,j}^*(0) = \alpha_{i,j}(0)$.

为了消除滤波误差带来的影响, 定义以下误差补偿系统:

$$\begin{cases} \dot{\zeta}_{i,1} = -\sigma_{i,1}\zeta_{i,1} + g_{i,1}(\alpha_{i,1}^* - \alpha_{i,1}) + g_{i,1}\zeta_{i,2} - \dfrac{1}{2}\zeta_{i,1} \\ \dot{\zeta}_{i,s} = -\sigma_{i,s}\zeta_{i,s} + g_{i,s}(\alpha_{i,s}^* - \alpha_{i,s}) + g_{i,s}\zeta_{i,s+1} - g_{i,s-1}\zeta_{i,s-1} - \dfrac{1}{2}\zeta_{i,s} \\ \qquad j = 2, \cdots, n_i - 1 \\ \dot{\zeta}_{i,n_i} = -\sigma_{i,n_i}\zeta_{i,n_i} - g_{i,n_i-1}\zeta_{i,n_i-1} - \dfrac{1}{2}\zeta_{i,n_i} \end{cases} \tag{7.10}$$

式中, $\sigma_{i,j}, j = 1, \cdots, n_i$ 为设计参数. 定义以下辅助误差系统:

$$e_{i,j} = z_{i,j} - \zeta_{i,j}, \quad j = 1, \cdots, n_i \tag{7.11}$$

定义常数:

$$H_{i,j}^* = \|h_{i,j}^*\|^2, \quad j = 1, \cdots, n_i$$

式中, $h_{i,j}^*$ 为神经网络的理想权向量. $H_{i,j}^*$ 的估计为 $H_{i,j}$, 估计误差为 $\tilde{H}_{i,j} = H_{i,j}^* - H_{i,j}$.

引理 7.1 [125] 如果 $\bar{\mu}_{i,k} = [\mu_{i,1}, \cdots, \mu_{i,k}]^{\mathrm{T}}$ 是一个由 $\bar{\mu}_{i,n}$ 的前 k 个元素组成的新中心, $\bar{z}_k = [z_1, \cdots, z_k]^{\mathrm{T}}$ 是一个由 $\bar{z}_n$ 的前 k 个元素组成的新输入变量, 那么对于相同的宽度, 我们将得到 $W^{\mathrm{T}}(\bar{z}_n)W(\bar{z}_n) \leqslant W^{\mathrm{T}}(\bar{z}_k)W(\bar{z}_k)$, 其中 $W(\cdot)$ 是神经网络的基函数向量.

引理 7.2 [124] 对于 $\forall x \in \mathbb{R}$, 不等式 $0 \leqslant |x| - x\tanh(x/\kappa) \leqslant 0.2785\kappa$ 成立, 其中 $\kappa > 0$ 是一个给定的正常数.

7.2 自适应事件触发控制设计

第 1 步 对 $e_{i,1}$ 求导可得

$$\begin{aligned} \dot{e}_{i,1} &= \dot{z}_{i,1} - \dot{\zeta}_{i,1} \\ &= \Phi_{i,1} + g_{i,1}(e_{i,2} + \zeta_{i,2} + \alpha_{i,1}^*) - \dot{y}_{d_i}^* - \dot{\zeta}_{i,1} \end{aligned} \tag{7.12}$$

式中,

$$\dot{y}_{d_i}^* = \left[\frac{\bar{k}_{a_{i,1}} - \underline{k}_{a_{i,1}}}{(y_{d_i} - \underline{k}_{a_{i,1}})^2} + \frac{k_{b_{i,1}} - \underline{k}_{b_{i,1}}}{(k_{b_{i,1}} - y_{d_i})^2} \right] \dot{y}_{d_i}$$

$$+ \left[\frac{(y_{d_i} - \bar{k}_{a_{i,1}}) \dot{k}_{a_{i,1}}}{(y_{d_i} - \underline{k}_{a_{i,1}})^2} - \frac{(y_{d_i} - \underline{k}_{b_{i,1}}) \dot{k}_{b_{i,1}}}{(k_{b_{i,1}} - y_{d_i})^2} \right] \tag{7.13}$$

利用神经网络技术, 未知非线性函数 $\Phi_{i,1} - \dot{y}_{d_i}^*$ 可以被估计为

$$\Phi_{i,1} - \dot{y}_{d_i}^* = h_{i,1}^{*\mathrm{T}} W_{i,1}(E_{i,1}) + \delta_{i,1}(E_{i,1}), \quad |\delta_{i,1}| \leqslant \bar{\delta}_{i,1} \tag{7.14}$$

式中, $E_{i,1} = [\underline{x}_{i,2}, y_{d_i}, \dot{y}_{d_i}, \underline{k}_{a_{i,2}}, \dot{\underline{k}}_{a_{i,2}}, \underline{k}_{b_{i,2}}, \dot{\underline{k}}_{b_{i,2}}]^{\mathrm{T}}$, $\underline{k}_{s_{i,2}} = [k_{s_{i,1}}, k_{s_{i,2}}]^{\mathrm{T}}$, $\dot{\underline{k}}_{s_{i,2}} = [\dot{k}_{s_{i,1}}, \dot{k}_{s_{i,2}}]^{\mathrm{T}}$, $s = a$, b, $\bar{\delta}_{i,1} > 0$ 为正数.

选取 Lyapunov 函数 $V_{i,1}$ 为

$$V_{i,1} = \frac{1}{2} e_{i,1}^2 + \frac{1}{2\gamma_{i,1}} \widetilde{H}_{i,1}^2 \tag{7.15}$$

式中, $\gamma_{i,1}$ 为正数. 对 $V_{i,1}$ 求导可得

$$\dot{V}_{i,1} = e_{i,1}(\Phi_{i,1} - \dot{y}_{d_i}^* + g_{i,1}e_{i,2} + g_{i,1}\zeta_{i,2} + g_{i,1}\alpha_{i,1}^* - \dot{\zeta}_{i,1}) - \frac{1}{\gamma_{i,1}} \widetilde{H}_{i,1}\dot{H}_{i,1} \tag{7.16}$$

根据引理 7.1 和杨氏不等式可得

$$e_{i,1}(\Phi_{i,1} - \dot{y}_{d_i}^*) \leqslant \frac{1}{2a_{i,1}^2} e_{i,1}^2 H_{i,1}^* W_{i,1}^{\mathrm{T}}(E_{i,1,1}) W_{i,1}(E_{i,1,1}) + \frac{1}{2} a_{i1}^2 + \frac{1}{2} e_{i,1}^2$$

$$+ \frac{1}{2} \bar{\delta}_{i,1}^2 \tag{7.17}$$

式中, $E_{i,1,1} = [\underline{x}_{i,1}, y_{d_i}, \dot{y}_{d_i}, k_{a_{i,1}}, \dot{k}_{a_{i,1}}, k_{b_{i,1}}, \dot{k}_{b_{i,1}}]^{\mathrm{T}}$, $H_{i,1}^* = \|h_{i,1}^*\|^2$, $a_{i,1}$ 为设计参数. 将式 (7.17) 代入式 (7.16) 可得

$$\dot{V}_{i,1} \leqslant e_{i,1} \left[g_{i,1}e_{i,2} + g_{i,1}\zeta_{i,2} + g_{i,1}\alpha_{i,1}^* - \dot{\zeta}_{i,1} + \frac{1}{2a_{i,1}^2} e_{i,1} H_{i,1} W_{i,1}^{\mathrm{T}} W_{i,1} + \frac{1}{2} e_{i,1} \right]$$

$$+ \frac{1}{2} a_{i,1}^2 + \frac{1}{2} \bar{\delta}_{i,1}^2 \tag{7.18}$$

设计虚拟控制器 $\alpha_{i,1}$ 和自适应律 $\dot{H}_{i,1}$ 为

$$\alpha_{i,1} = \frac{1}{g_{i,1}} \left[-\frac{1}{2a_{i,1}^2} e_{i,1} H_{i,1} W_{i,1}^{\mathrm{T}} W_{i,1} - \sigma_{i,1} z_{i,1} - \frac{1}{2} z_{i,1} \right] \tag{7.19}$$

$$\dot{H}_{i,1} = -l_{i,1}H_{i,1} + \frac{\gamma_{i,1}}{2a_{i,1}^2}e_{i,1}^2 W_{i,1}^{\mathrm{T}}W_{i,1} \tag{7.20}$$

式中, $\sigma_{i,1}, l_{i,1}$ 为设计参数. 将式 (7.10)、式 (7.19) 和式 (7.20) 代入式 (7.18) 可得

$$\dot{V}_{i,1} \leqslant g_{i,1}e_{i,1}e_{i,2} - \sigma_{i,1}e_{i,1}^2 + \frac{l_{i,1}}{\gamma_{i,1}}\widetilde{H}_{i,1}H_{i,1} + \frac{1}{2}a_{i,1}^2 + \frac{1}{2}\bar{\delta}_{i,1}^2 \tag{7.21}$$

第 i, j $(j = 2, \cdots, n_i - 1)$ 步　假设虚拟控制器 $\alpha_{i,j-1}$ 和相关自适应律的设计已经完成. 结合式 (7.6)、式 (7.8)、式 (7.11) 可得

$$\begin{aligned}\dot{e}_{i,j} &= \dot{z}_{i,j} - \dot{\zeta}_{i,j}\\ &= g_{i,j}(e_{i,j+1} + \zeta_{i,j+1} + \alpha_{i,j}^*) + \Phi_{i,j} - \dot{\alpha}_{i,j-1}^* - \dot{\zeta}_{i,j}\end{aligned} \tag{7.22}$$

利用神经网络估计 $\Phi_{i,j} - \dot{\alpha}_{i,j-1}^*$ 可得

$$\Phi_{i,j} - \dot{\alpha}_{i,j-1}^* = h_{i,j}^{*\mathrm{T}}W_{i,j}(E_{i,j})^{\mathrm{T}} + \delta_{i,j}(E_{i,j}), \quad |\delta_{i,j}| \leqslant \bar{\delta}_{i,j} \tag{7.23}$$

式中, $E_{i,j} = [\underline{x}_{i,j+1}, \underline{k}_{a_{i,j+1}}, \underline{k}_{b_{i,j+1}}, \dot{\alpha}_{i,j-1}^*]^{\mathrm{T}}$, $\underline{k}_{s_{i,j+1}} = [k_{s_{i,1}}, \cdots, k_{s_{i,j+1}}]^{\mathrm{T}}$, $s = a, b$, $\bar{\delta}_{i,j}$ 为设计参数. 选取以下 Lyapunov 函数

$$V_{i,j} = V_{i,j-1} + \frac{1}{2}e_{i,j}^2 + \frac{1}{2\gamma_{i,j}}\widetilde{H}_{i,j}^2 \tag{7.24}$$

式中, $\gamma_{i,j}$ 为正数. $V_{i,j}$ 的导数为

$$\begin{aligned}\dot{V}_{i,j} &= \dot{V}_{i,j-1} + e_{i,j}\dot{e}_{i,j} - \frac{1}{\gamma_{i,j}}\widetilde{H}_{i,j}\dot{H}_{i,j}\\ &= e_{i,j}\left[\Phi_{i,j} + g_{i,j}(e_{i,j+1} + \zeta_{i,j+1} + \alpha_{i,j}^*) - \dot{\alpha}_{i,j-1}^* - \dot{\zeta}_{i,j}\right]\\ &\quad + \dot{V}_{i,j-1} - \frac{1}{\gamma_{i,j}}\widetilde{H}_{i,j}\dot{H}_{i,j}\end{aligned} \tag{7.25}$$

利用引理 7.1 和杨氏不等式可得

$$\begin{aligned}e_{i,j}\left[\Phi_{i,j} - \dot{\alpha}_{i,j-1}^*\right] \leqslant {} & \frac{1}{2a_{i,j}^2}e_{i,j}^2 H_{i,j}^* W_{i,j}^{\mathrm{T}}(E_{i,j,j})W_{i,j}(E_{i,j,j})\\ & + \frac{1}{2}e_{i,j}^2 + \frac{1}{2}\bar{\delta}_{i,j}^2 + \frac{1}{2}a_{i,j}^2\end{aligned} \tag{7.26}$$

式中, $E_{i,j} = [\underline{x}_{i,j}, \underline{k}_{a_{i,j}}, \underline{k}_{b_{i,j}}, \dot{\alpha}^*_{i,j-1}]^{\mathrm{T}}$, $\underline{k}_{s_{i,j}} = [k_{s_{i,1}}, \cdots, k_{s_{i,j}}]^{\mathrm{T}}$, $s = a, b$. $a_{i,j}$ 为正数. 将式 (7.26) 代入式 (7.25) 可得

$$\dot{V}_{i,j} \leqslant e_{i,j} \left[g_{i,j} e_{i,j+1} + g_{i,j} \zeta_{i,j+1} + g_{i,j} \alpha^*_{i,j} - \dot{\zeta}_{i,j} + \frac{1}{2} e_{i,j} + \frac{1}{2a^2_{i,j}} e_{i,j} H_{i,j} W^{\mathrm{T}}_{i,j} W_{i,j} \right]$$

$$+ \frac{1}{2} a^2_{i,j} + \frac{1}{2} \bar{\delta}^2_{i,j} - \frac{1}{\gamma_{i,j}} \widetilde{H}_{i,j} \dot{H}_{i,j} + \frac{1}{2a^2_{i,j}} e^2_{i,j} \widetilde{H}_{i,j} W^{\mathrm{T}}_{i,j} W_{i,j} + g_{i,j-1} e_{i,j-1} e_{i,j}$$

$$- \sum_{s=1}^{j-1} \sigma_{i,j-1} z^2_{i,j-1} + \sum_{s=1}^{j-1} \frac{l_{i,j-1}}{\gamma_{i,j-1}} \widetilde{H}_{i,j-1} H_{i,j-1} + \sum_{s=1}^{j-1} \frac{1}{2} (a^2_{i,j-1} + \bar{\delta}^2_{i,j-1}) \quad (7.27)$$

设计虚拟控制器 $\alpha_{i,j}$ 和自适应律 $\dot{H}_{i,j}$ 为

$$\alpha_{i,j} = \frac{1}{g_{i,j}} \left[-\frac{1}{2a^2_{i,j}} e_{i,j} H_{i,j} W^{\mathrm{T}}_{i,j} W_{i,j} - g_{i,j-1} z_{i,j-1} - \sigma_{i,j} z_{i,j} - \frac{1}{2} z_{i,j} \right] \quad (7.28)$$

$$\dot{H}_{i,j} = -l_{i,j} H_{i,j} + \frac{\gamma_{i,j}}{2a^2_{i,j}} e^2_{i,j} W^{\mathrm{T}}_{i,j} W_{i,j} \quad (7.29)$$

式中, $\sigma_{i,j}, l_{i,j}$ 为设计参数. 结合式 (7.27)、式 (7.10)、式 (7.28) 和式 (7.29), 可得

$$\dot{V}_{i,j} \leqslant - \sum_{s=1}^{j} \sigma_{i,j} e^2_{i,j} + \sum_{s=1}^{j} \frac{l_{i,j}}{\gamma_{i,j}} \widetilde{H}_{i,j} H_{i,j} + \sum_{s=1}^{j} \frac{1}{2} (a^2_{i,j} + \bar{\delta}^2_{i,j})$$

$$+ g_{i,j} e_{i,j} e_{i,j+1} \quad (7.30)$$

第 i, n_i 步　选取以下 Lyapunov 函数

$$V_{i,n_i} = V_{i,n_i-1} + \frac{1}{2} e^2_{i,n_i} + \frac{1}{2\gamma_{i,n_i}} \widetilde{H}^2_{i,n_i} \quad (7.31)$$

式中, γ_{i,n_i} 为正数. 对 V_i 求导可得

$$\dot{V}_{i,n_i} = \dot{V}_{i,n_i-1} + e_{i,n_i} \dot{e}_{i,n_i} - \frac{1}{\gamma_{i,n_i}} \widetilde{H}_{i,n_i} \dot{H}_{i,n_i}$$

$$= e_{i,n_i} (\lambda_{i,n_{i_1}} f_{i,n_i} + \lambda_{i,n_{i_1}} g_{i,n_i} u_i + \lambda_{i,n_{i_2}} + \Phi_{i,n_i} - \dot{\alpha}^*_{i,n_i-1} - \dot{\zeta}_{i,n_i})$$

$$+ \dot{V}_{i,n_i-1} - \frac{1}{\gamma_{i,n_i}} \widetilde{H}_{i,n_i} \dot{H}_{i,n_i} \quad (7.32)$$

与上述步骤类似, 非线性函数 $\Phi_{i,n_i} - \dot{\alpha}^*_{i,n_i-1}$ 可以被估计为

$$\Phi_{i,n_i} - \dot{\alpha}^*_{i,n_i-1} = h^{*\mathrm{T}}_{i,n_i} W_{i,n_i} + \delta_{i,n_i}, \quad |\delta_{i,n_i}| \leqslant \bar{\delta}_{i,n_i} \quad (7.33)$$

式中, $\bar{\delta}_{i,n_i}$ 为正数. 利用杨氏不等式可得

$$e_{i,n_i}(\Phi_{i,n_i} - \dot{\alpha}^*_{i,n_i-1}) \leqslant \frac{1}{2a^2_{i,n_i}} e^2_{i,n_i} H^*_{i,n_i} W^{\mathrm{T}}_{i,n_i} W_{i,n_i} + \frac{1}{2} e^2_{i,n_i}$$
$$+ \frac{1}{2}(a^2_{i,n_i} + \bar{\delta}^2_{i,n_i}) \tag{7.34}$$

式中, a_{i,n_i} 为设计参数. 将式 (7.34) 代入式 (7.32) 可得

$$\dot{V}_{i,n_i} \leqslant - \sum_{s=1}^{n_i-1} \sigma_{i,n_i-1} e^2_{i,n_i-1} + \sum_{s=1}^{n_i-1} \frac{l_{i,n_i-1}}{\gamma_{i,n_i-1}} \widetilde{H}_{i,n_i-1} H_{i,n_i-1}$$
$$+ \sum_{s=1}^{n_i-1} \frac{1}{2}(a^2_{i,n_i-1} + \bar{\delta}^2_{i,n_i-1}) + e_{i,n_i}\Big[\lambda_{i,n_{i_1}} g_{i,n_i} u_i - \dot{\zeta}_{i,n_i} + \frac{1}{2} e_{i,n_i}$$
$$+ \frac{1}{2a^2_{i,n_i}} e_{i,n_i} H_{i,n_i} W^{\mathrm{T}}_{i,n_i} W_{i,n_i} + g_{i,n_i-1} e_{i,n_i-1}\Big] \tag{7.35}$$

设计自适应律 $\dot{H}_{i,n_i}$ 为

$$\dot{H}_{i,n_i} = -l_{i,n_i} H_{i,n_i} + \frac{\gamma_{i,n_i}}{2a^2_{i,n_i}} e^2_{i,n_i} W^{\mathrm{T}}_{i,n_i} W_{i,n_i} \tag{7.36}$$

式中, l_{i,n_i} 为设计参数. 为了减少控制器与传感器之间的传输负担, 设计以下事件触发控制机制:

$$\psi_i(t) = -(1 + \bar{\psi}_i)\Big[\alpha_{i,n_i} \tanh \frac{e_{i,n_i} \lambda_{i,n_{i_1}} g_{i,n_i} \alpha_{i,n_i}}{\kappa_i}$$
$$+ \xi_i \tanh \frac{e_{i,n_i} \lambda_{i,n_{i_1}} g_{i,n_i} \xi_i}{\kappa_i} \Big] \tag{7.37}$$

$$u_i(t) = \psi_i(t_s), \quad t \in [t_s, t_{s+1}) \tag{7.38}$$

$$t_{s+1} = \inf\{ t \in \mathbb{R} | |\chi_i(t)| \geqslant \bar{\psi}_i |u_i(t)| + \varsigma_i \} \tag{7.39}$$

式中, $t_s > 0$, $s \in z^+$ 表示控制信号的迭代时间. $\kappa_i > 0$, $\varsigma_i > 0$, $0 < \bar{\psi}_i < 1$, $\xi_i > \varsigma_i/(1-\bar{\psi}_i)$ 是设计参数. $\chi_i(t) = \psi_i(t) - u_i(t)$ 表示控制采样误差. 根据式 (7.37) 和式 (7.38) 可以得到, 当 $t = t_s$ 时, $-(\bar{\psi}_i|u_i(t)|+\varsigma_i) \leqslant \chi_i(t) \leqslant \bar{\psi}_i|u_i(t)|+\varsigma_i$, 所以存在时变参数 $0 \leqslant \beta_i(t) \leqslant 1$ 使得 $\chi_i(t) = \beta_i(-(\bar{\psi}_i|u_i(t)|+\varsigma_i)) + (1-\beta_i)(\bar{\psi}_i|u_i(t)|+\varsigma_i)$. 根据 $\chi_i(t) = \psi_i(t) - u_i(t)$ 可以得到

$$u_i(t) = \frac{\psi_i(t)}{1 + \beta_{i,1}(t)\bar{\psi}_i} - \frac{\beta_{i,2}(t)\varsigma_i}{1 + \beta_{i,1}(t)\bar{\psi}_i} \tag{7.40}$$

式中, $\beta_{i,1}(t) = \pm(1 - 2\beta_i(t))$, $\beta_{i,2}(t) = (1 - 2\beta_i(t))$ 为时变参数, 并且 $|\beta_{i,1}| \leqslant 1$, $|\beta_{i,2}| \leqslant 1$. 根据 $\lambda_{i,n_{i_1}} > 0$, $\kappa_i > 0$, $g_{i,n_i} > 0$ 以及双曲正切函数的定义可知 $e_{i,n_i}\lambda_{i,n_{i_1}}g_{i,n_i}\psi_i(t) \leqslant 0$. 由于 $\xi_i > \varsigma_i/(1 - \bar{\psi}_i)$, 其中 $\varsigma_i > 0$, $0 < \bar{\psi}_i < 1$, 易证 $-|e_{i,n_i}\lambda_{i,n_{i_1}}g_{i,n_i}\xi_i| + \varsigma_i|e_{i,n_i}|\lambda_{i,n_{i_1}}g_{i,n_i}/(1 - \bar{\psi}_i) \leqslant 0$, 利用 $e_{i,n_i}\lambda_{i,n_{i_1}}g_{i,n_i}\psi_i(t) \leqslant 0$, $|\beta_{i,1}| \leqslant 1$, $|\beta_{i,2}| \leqslant 1$ 可知

$$\frac{e_{i,n_i}\lambda_{i,n_{i_1}}g_{i,n_i}\psi_i(t)}{1 + \beta_{i,1}(t)\bar{\psi}_i} \leqslant \frac{e_{i,n_i}\lambda_{i,n_{i_1}}g_{i,n_i}\psi_i(t)}{1 + \bar{\psi}_i} \tag{7.41}$$

$$\left|\frac{\beta_{i,2}(t)\varsigma_i}{1 + \beta_{i,1}(t)\bar{\psi}_i}\right| \leqslant \frac{\varsigma_i}{1 - \bar{\psi}_i} \tag{7.42}$$

根据 $-|e_{i,n_i}\lambda_{i,n_{i_1}}g_{i,n_i}\alpha_{i,n_i}| - e_{i,n_i}\lambda_{i,n_{i_1}}g_{i,n_i}\alpha_{i,n_i} \leqslant 0$, $-|e_{i,n_i}\lambda_{i,n_{i_1}}g_{i,n_i}\xi_i| + \varsigma_i|e_{i,n_i}|\lambda_{i,n_{i_1}}g_{i,n_i}/(1 - \bar{\psi}_i) \leqslant 0$ 以及引理 7.2 可以得到

$$e_{i,n_i}\lambda_{i,n_{i_1}}g_{i,n_i}u_i$$

$$= e_{i,n_i}\lambda_{i,n_{i_1}}g_{i,n_i}\left[\frac{\psi_i(t)}{1 + \beta_{i,1}(t)\bar{\psi}_i} - \frac{\beta_{i,2}(t)\varsigma_i}{1 + \beta_{i,1}(t)\bar{\psi}_i}\right]$$

$$\leqslant \frac{e_{i,n_i}\lambda_{i,n_{i_1}}g_{i,n_i}\psi_i(t)}{1 + \bar{\psi}_i} + \frac{\varsigma_i|e_{i,n_i}|\lambda_{i,n_{i_1}}g_{i,n_i}}{1 - \bar{\psi}_i}$$

$$\leqslant -e_{i,n_i}\lambda_{i,n_{i_1}}g_{i,n_i}\alpha_{i,n_i} + e_{i,n_i}\lambda_{i,n_{i_1}}g_{i,n_i}\alpha_{i,n_i} + \frac{\varsigma_i e_{i,n_i}\lambda_{i,n_{i_1}}g_{i,n_i}}{1 - \bar{\psi}_i}$$

$$\quad - |e_{i,n_i}\lambda_{i,n_{i_1}}g_{i,n_i}\alpha_{i,n_i}| + |e_{i,n_i}\lambda_{i,n_{i_1}}g_{i,n_i}\alpha_{i,n_i}|$$

$$\quad - e_{i,n_i}\lambda_{i,n_{i_1}}g_{i,n_i}\alpha_{i,n_i}\tanh\left[\frac{e_{i,n_i}\lambda_{i,n_{i_1}}g_{i,n_i}\alpha_{i,n_i}}{\kappa_i}\right] + |e_{i,n_i}\lambda_{i,n_{i_1}}g_{i,n_i}\xi_i|$$

$$\quad - e_{i,n_i}\lambda_{i,n_{i_1}}g_{i,n_i}\xi_i\tanh\left[\frac{e_{i,n_i}\lambda_{i,n_{i_1}}g_{i,n_i}\xi_i}{\kappa_i}\right] - |e_{i,n_i}\lambda_{i,n_{i_1}}g_{i,n_i}\xi_i|$$

$$\leqslant e_{i,n_i}\lambda_{i,n_{i_1}}g_{i,n_i}\alpha_{i,n_i} + 0.556\kappa_i \tag{7.43}$$

因此, 式 (7.35) 变成

$$\dot{V}_{i,n_i} \leqslant \sum_{s=1}^{n_i-1}\frac{l_{i,s}}{\gamma_{i,s}}\widetilde{H}_{i,s}H_{i,s} - \sum_{s=1}^{n_i-1}\sigma_{i,s}e_{i,s}^2 + \sum_{s=1}^{n_i-1}\frac{1}{2}(a_{i,s}^2 + \bar{\delta}_{i,s}^2) + 0.556\kappa_i$$

$$\quad + e_{i,n_i}\left[\lambda_{i,n_{i_1}}g_{i,n_i}\alpha_{i,n_i} - \dot{\zeta}_{i,n_i} + \frac{1}{2}e_{i,n_i} + \frac{1}{2a_{i,n_i}^2}e_{i,n_i}H_{i,n_i}W_{i,n_i}^{\mathrm{T}}W_{i,n_i}\right.$$

$$\quad \left. + g_{i,n_i-1}e_{i,n_i-1}\right] \tag{7.44}$$

选取 α_{i,n_i} 为

$$\alpha_{i,n_i} = \frac{1}{\lambda_{i,n_1} g_{i,n_i}} \left[-\frac{1}{2a_{i,n_i}^2} e_{i,n_i} H_{i,n_i} W_{i,n_i}^{\mathrm{T}} W_{i,n_i} - \frac{1}{2} z_{i,n_i} - g_{i,n_i-1} z_{i,n_i-1} \right.$$
$$\left. - \sigma_{i,n_i} z_{i,n_i} \right] \tag{7.45}$$

式中, σ_{i,n_i} 为设计参数, 因此

$$\dot{V}_{i,n_i} \leqslant -\sum_{s=1}^{n_i} \sigma_{i,s} e_{i,s}^2 + \sum_{s=1}^{n_i} \frac{l_{i,s}}{\gamma_{i,s}} \widetilde{H}_{i,s} H_{i,s} + \sum_{s=1}^{n_i} \frac{1}{2}(a_{i,s}^2 + \bar{\delta}_{i,s}^2) + 0.556\kappa_i \tag{7.46}$$

利用杨氏不等式可得

$$\frac{l_{i,j}}{\gamma_{i,j}} \widetilde{H}_{i,j}^{\mathrm{T}} H_{i,j} \leqslant \frac{l_{i,j}}{2\gamma_{i,j}} \| H_{i,j}^* \|^2 - \frac{l_{i,j}}{2\gamma_{i,j}} \widetilde{H}_{i,j}^2 \tag{7.47}$$

因此式 (7.46) 变成

$$\dot{V}_{i,n_i} \leqslant -\sum_{j=1}^{n_i} \sigma_{i,j} e_{i,j}^2 - \frac{1}{2} \sum_{j=1}^{n_i} \frac{l_{i,j}}{\gamma_{i,j}} \widetilde{H}_{i,j}^2 + \rho \tag{7.48}$$

式中, $\rho = \sum_{j=1}^{n_i}(a_{i,j}^2 + \bar{\delta}_{i,j}^2)/2 + 0.556\kappa_i + \sum_{j=1}^{n_i}(l_{i,j}\| H_{i,j}^* \|^2)/2\gamma_{i,j}$. 最后选取以下 Lyapunov 函数

$$V = \sum_{i=1}^{m} V_{i,n_i} = \sum_{i=1}^{m} \sum_{j=1}^{n_i} \left[\frac{1}{2} e_{i,j}^2 + \frac{1}{2\gamma_{i,j}} \widetilde{H}_{i,j}^2 \right] \tag{7.49}$$

根据式 (7.48), V 的导数为

$$\dot{V} \leqslant -\sum_{i=1}^{m} \sum_{j=1}^{n_i} \sigma_{i,j} e_{i,j}^2 - \frac{1}{2} \sum_{i=1}^{m} \sum_{j=1}^{n_i} \frac{l_{i,j}}{\gamma_{i,j}} \widetilde{H}_{i,j}^2 + \rho \tag{7.50}$$

式中, $\rho = \sum_{i=1}^{m} \sum_{j=1}^{n_i}(a_{i,j}^2 + \bar{\delta}_{i,j}^2)/2 + \sum_{i=1}^{m} 0.556\kappa_i + \sum_{i=1}^{m} \sum_{j=1}^{n_i}(l_{i,j}\| H_{i,j}^* \|^2)/(2\gamma_{i,j})$ 为常数.

7.3 稳定性分析

定理 7.1 对于包含受不对称状态约束区域 $\Omega_{i,j}$ 约束的初始系统 (7.1)、转换后的系统 (7.6)、命令滤波器 (7.9)、虚拟控制器 (7.19) 和虚拟控制器 (7.28)、事

件触发控制机制 (7.39)、实际事件触发控制器 (7.38) 和自适应律 (7.29) 的闭环系统, 如果假设 7.1∼ 假设 7.3 满足, 递归每一步形成的未知非线性函数可以用神经网络近似, 则我们将确保:

(1) 系统的所有状态都不违反非对称约束, 同时不需要可行性条件;

(2) 通过选择合适的参数, 保证了闭环系统所有信号的有界性;

(3) 跟踪误差信号 $\varepsilon_{i,j} = y_i - y_{d_i}$ 收敛于紧集 $\Omega_{\varepsilon_i} := \{\varepsilon_i | |\varepsilon_i| \leqslant (1/\Xi)(\sqrt{2V(0)e^{-ct}} + \sqrt{2V_\zeta(0)\zeta^{-\check{c}t}} + 2\rho/c + 2\check{\rho}/\check{c})\}$.

证明　证明过程可分为四部分.

第一部分: 首先证明补偿系统的稳定性. 选择 Lyapunov 函数 $V_\zeta = \sum\limits_{i=1}^{m} \sum\limits_{j=1}^{n_i} \zeta_{i,j}^2/2$ 并计算其导数, 可以得到

$$\dot{V}_\zeta \leqslant -\sum_{i=1}^{m}\sum_{j=1}^{n_i}\left(\sigma_{i,j}+\frac{1}{2}\right)\zeta_{i,j}^2 + \sum_{i=1}^{m}\sum_{j=1}^{n_i-1}|g_{i,j}||\alpha_{i,j}^* - \alpha_{i,j}||\zeta_{i,j}| \tag{7.51}$$

在上述不等式中 $|\alpha_{i,j}^* - \alpha_{i,j}| \leqslant \bar{\alpha}_{i,j}$, $\bar{\alpha}_{i,j}$ 为常数已经在文献 [102] 中得到证明. 令 $\check{\alpha} = \max\{\bar{\alpha}_{i,j}, i=1,\cdots,m, j=1,\cdots,n_i-1\}$, 根据杨氏不等式可以得到 $\check{\alpha}|g_{i,j}||\zeta_{i,j}| \leqslant \check{\alpha}^2\check{g}^2/2 + \zeta_{i,j}^2/2$, 其中 $\check{g} = \max\{\bar{g}_{i,j}, i=1,\cdots,m, j=1,\cdots,n_i\}$. 因此, $\dot{V}_\zeta \leqslant -\check{c}V_\zeta + \check{\rho}$, 其中 $\check{c} = \min\{2\sigma_{i,j}, i=1,\cdots,m, j=1,\cdots,n_i\}$, $\check{\rho} = n\check{\alpha}^2\check{g}^2/2$.

第二部分: 证明闭环系统内部分信号的有界性. 考虑式 (7.50) 可知:

$$\dot{V} \leqslant -cV + \rho \tag{7.52}$$

式中, $c = \min\{2\sigma_{i,s}, l_{i,s}, i=1,\cdots,m, j=1,\cdots,n_i\}$. 因此, 不等式 $V(t) \leqslant V(0)e^{-ct} + \rho/c$ 和 $V_\zeta \leqslant V_\zeta(0)e^{-\check{c}t} + \check{\rho}/\check{c}$ 成立, 所以 $e_{i,j}^2/2 \leqslant V(0)e^{-ct} + \rho/c$, $\zeta_{i,j}^2/2 \leqslant V_\zeta(0)e^{-\check{c}t} + \check{\rho}/\check{c}$, 即 $e_{i,j}$ 和 $\zeta_{i,j}$ 分别收敛到紧集:

$$\Omega_e := \left\{e_{i,j}\bigg| |e_{i,j}| \leqslant \sqrt{2V(0)e^{-ct}} + 2\rho/c\right\} \tag{7.53}$$

$$\Omega_\zeta := \left\{\zeta_{i,j}\bigg| |\zeta_{i,j}| \leqslant \sqrt{2V_\zeta(0)\zeta^{-\check{c}t}} + 2\check{\rho}/\check{c}\right\} \tag{7.54}$$

同时, $H_{i,j}$ 也是有界的. 根据 $e_{i,j} = z_{i,j} - \zeta_{i,j}$, $z_{i,1} = \vartheta_{i,1} - y_{d_i}^*$, $z_{i,j} = \vartheta_{i,j} - \alpha_{i,j-1}^*$, 可知信号 $z_{i,j}$, $\alpha_{i,j}$, $\alpha_{i,j}^*$, u_i 都是有界的. 此外, 由于 $z_{i,j} = e_{i,j} + \zeta_{i,j}$, 则 $|z_{i,j}| \leqslant |e_{i,j}| + |\zeta_{i,j}|$, 这意味着 $z_{i,j}$ 收敛于紧集.

第三部分: 这一部分证明状态约束未被违反, 并且无需障碍 Lyapunov 函数方法中所需要的可行性条件. 根据 $\vartheta_{i,j}$ 的有界性以及统一障碍函数的性质, 在系

统初始值满足 $x_{i,j}(0) \in \Omega_{i,j}$ 时, $x_{i,j} \in \Omega'_{i,j} \subset \Omega_{i,j}$ 显然成立. 可以注意到本方法满足状态约束要求的前提条件仅仅是变换后的状态有界, 其间虚拟控制器仅需要满足有界性, 而不是障碍 Lyapunov 函数方法中要求虚拟控制器满足一个给定的约束条件, 即障碍 Lyapunov 函数方法中所要求的可行性条件已经被避免.

第四部分: 证明跟踪误差的有界性. 由于 $z_{i,1} = \vartheta_{i,1} - y_{d_i}^*$, 所以跟踪误差的表达式为

$$\varepsilon_i = z_{i,1}/\Xi_i \tag{7.55}$$

$$\Xi_i = \frac{\bar{k}_{a_{i,1}} - k_{a_{i,1}}}{(x_{i,1} - k_{a_{i,1}})(y_{d_i} - k_{a_{i,1}})} + \frac{k_{b_{i,1}} - \underline{k}_{b_{i,1}}}{(k_{b_{i,1}} - x_{i,1})(k_{b_{i,1}} - y_{d_i})} \tag{7.56}$$

显然, Ξ_i 有界, 即存在常数 $\underline{\Xi}_i$, $\bar{\Xi}_i$ 使得 $\underline{\Xi}_i < \Xi_i \leqslant \bar{\Xi}_i$, 这意味着 ε_i 有界并且收敛到以下紧集:

$$\Omega_\varepsilon := \{\varepsilon_i | |\varepsilon_i| \leqslant (1/\underline{\Xi}_i)(\sqrt{2V(0)e^{-ct}} + \sqrt{2V_\zeta(0)\zeta^{-\check{c}t} + 2\rho/c + 2\check{\rho}/\check{c}})\} \tag{7.57}$$

第五部分: 证明所设计的事件触发控制方案避免了芝诺行为. 对于 $t \in [t_s, t_{s+1})$, 对 $\chi_i(t)$ 求导可得

$$\frac{d}{dt}|\chi_i(t)| = \frac{d}{dt}(\chi_i^2(t))^{\frac{1}{2}}\mathrm{sign}(\chi_i)\dot{\chi}_i \leqslant |\dot{\psi}_i| \tag{7.58}$$

式中, $\dot{\psi}_i$ 是关于有界变量 $\alpha_{i,j}$, λ_{i,j_1}, $e_{i,j}$ 的函数, 对于存在常数 ψ_i^*, $|\dot{\psi}_i| \leqslant \psi_i^*$ 成立. 根据 $\chi_i(t_s) = 0$ 以及 $\lim_{t \to t_{s+1}} \chi_i(t) = |\chi_i(t)| \geqslant \bar{\psi}_i|u_i(t)| + \varsigma_i$, 可知存在 $\tilde{t} > 0$ 使得 $t_{s+1} - t_s \geqslant \tilde{t} \geqslant (\bar{\psi}_i|u_i(t)| + \varsigma_i)/\psi_i^*$, 因此芝诺行为被避免.

7.4 仿真例子

例 7.1 考虑两个由弹簧连接的倒立摆. 令 $x_{1,1} = \dot{\theta}_1$ (角位置), $x_{1,2} = \dot{\theta}_1$ (角速度), $x_{2,1} = \theta_2$ (角位置), $x_{2,2} = \dot{\theta}_2$ (角速度). 描述摆运动的方程由以下公式定义:

$$\begin{cases} \dot{x}_{1,1} = x_{1,2} \\ \dot{x}_{1,2} = \left[\dfrac{m_1 gr}{J_1} - \dfrac{kr^2}{4J_1}\right]\sin(x_{1,1}) + \dfrac{kr}{2J_1}(l - b) + \dfrac{u_1}{J_1} + \dfrac{kr^2}{4J_1}\sin(x_{2,1}) \\ \dot{x}_{2,1} = x_{2,2} \\ \dot{x}_{2,2} = \left[\dfrac{m_2 gr}{J_2} - \dfrac{kr^2}{4J_2}\right]\sin(x_{2,1}) + \dfrac{kr}{2J_2}(l - b) + \dfrac{u_2}{J_2} + \dfrac{kr^2}{4J_2}\sin(x_{1,2}) \\ y_i = x_{i,1}, \quad i = 1,2 \end{cases} \tag{7.59}$$

式中, 参数 $m_1 = 2\text{kg}$ 和 $m_2 = 2\text{kg}$ 为摆锤端质量, $J_1 = 1\text{kg}$ 和 $J_2 = 1\text{kg}$ 为惯性矩, $k = 10\text{N/m}$ 为弹簧的弹性系数, $r = 0.1\text{m}$ 是摆锤高度, $l = 0.5\text{m}$ 是弹簧的自然长度, $g = 9.81\text{m/s}^2$ 为重力加速度. 摆锤之间的距离为 $b = 0.4\text{m}$. 本例定义 $b < l$ 以便当两个钟摆都处于直立位置时, 它们彼此排斥. 定义 $f_{1,1} = 0$, $f_{1,2} = [m_1 gr/J_1 - kr^2/4J_1]\sin(x_{1,1}) + kr(l - b)/2J_1 + kr^2\sin(x_{2,1})/4J_1$, $f_{2,1} = 0$, $f_{2,2} = [m_2 gr/J_2 - kr^2/4J_2]\sin(x_{2,1}) + kr(l - b)/2J_2 + kr^2\sin(x_{1,2})/4J_2$. 定义跟踪信号为 $y_{d_1} = 2\sin(t)$, $y_{d_2} = 0.5\cos(t) + \sin(t)$. 考虑状态约束 $k_{a_{i,j}}(t) < x_{i,j} < k_{b_{i,j}}(t)$, $i = 1, 2$, $j = 1, 2$, 其中

$$
\begin{cases}
k_{a_{1,1}}(t) = 2.1\sin(t) - 4, & k_{b_{1,1}} = -0.25e^{-\frac{t}{2}} + 2.1\sin(t) + 4 \\
k_{a_{1,2}}(t) = -\cos(t) - 4, & k_{b_{1,2}} = -0.3e^{-\frac{t}{2}} + \cos(t) + 4 \\
k_{a_{2,1}}(t) = \cos(t) - 4, & k_{b_{2,1}} = -0.25e^{-\frac{t}{2}} + \cos(t) + 4 \\
k_{a_{2,2}}(t) = \sin(t) - 4, & k_{b_{2,2}} = -0.5e^{-\frac{t}{3}} + \sin(t) + 4
\end{cases}
$$

因此, 可以设置以下参数: $\bar{k}_{a_{1,1}} = 3.7$, $\underline{k}_{b_{1,1}} = -3.7$, $\bar{k}_{a_{1,2}} = 4.9$, $\underline{k}_{b_{1,2}} = -4.8$, $\bar{k}_{a_{2,1}} = 4.9$, $\underline{k}_{b_{2,1}} = -4.8$, $\bar{k}_{a_{2,2}} = 4.9$, $\underline{k}_{b_{2,2}} = -4.6$.

根据统一障碍函数, 倒立摆系统被转换为以下多输入多输出系统:

$$
\begin{cases}
\dot{\vartheta}_{i,1} = \vartheta_{i,2} + \Phi_{i,1} \\
\dot{\vartheta}_{i,2} = \lambda_{i,2_1} g_{i,2} u_i + \Phi_{i,2}, & i = 1, 2
\end{cases} \tag{7.60}
$$

为了逼近不确定非线性函数, 选择宽度为 $\varrho = 2$ 的高斯函数向量, 并定义中心向量为

$$
\mu_i = [2.5, 2, 1.5, 1, 0.5, 0, -0.5, -1, -1.5, -2, -2.5]^{\mathrm{T}}
$$

通过设计命令滤波器 (7.9)、虚拟控制器 (7.19) 和虚拟控制器 (7.28)、事件触发控制机制 (7.39)、实际事件触发控制器 (7.38) 和自适应律 (7.29), 并选取相关仿真参数如下 $a_{1,1} = a_{1,2} = a_{2,1} = a_{2,2} = \gamma_{1,1} = \gamma_{2,1} = \gamma_{2,2} = l_{1,1} = l_{1,2} = l_{2,1} = l_{2,2} = 1$, $\gamma_{1,2} = 0.1$, $\omega_{1,1} = 0.002$, $\omega_{1,2} = 0.001$, $\omega_{2,1} = 0.005$, $\omega_{2,2} = 0.002$, $\sigma_{1,1} = 36$, $\sigma_{1,2} = 24$, $\sigma_{2,1} = 20$, $\sigma_{2,2} = 18$, $\bar{\psi}_1 = 0.5$, $\bar{\psi}_2 = 0.4$, $\kappa_1 = \kappa_2 = \varsigma_1 = \varsigma_2 = 20$, $\xi_1 = 60$, $\xi_2 = 50$.

初始条件为 $x_{1,1}(0) = 0.4$, $x_{1,2}(0) = 0.2$, $x_{2,1}(0) = 0.8$, $x_{2,2}(0) = 0.1$, $\alpha_{1,1}^*(0) = \alpha_{1,2}^*(0) = \alpha_{2,2}^*(0) = 0.1$, $\alpha_{2,1}^*(0) = 0.2$, $\zeta_{1,1}(0) = \zeta_{1,2}(0) = \zeta_{2,1}(0) = \zeta_{2,2}(0) = 0$, $G_{1,1}(0) = 0.1$, $G_{1,2}(0) = 0.15$, $G_{2,1}(0) = 0.2$, $G_{2,2}(0) = 0.15$.

图 7.2~图 7.7 表示仿真结果. 在约束 $k_{s_{i,j}}$, $s = a, b$, $i = 1, 2$, $j = 1, 2$ 下, 系统输出 y_i 和跟踪信号 y_{d_i} 的轨迹如图 7.2 所示. 结果表明本章提出的方法能够取得良好的跟踪效果. 图 7.3 表示状态 $x_{i,2}$, $i = 1, 2$ 和约束 $k_{s_{2,j}}$, $s = a, b$, $j = 1, 2$ 的轨迹. 通过图 7.2 和图 7.3 可以看出状态约束始终未被违反. 图 7.4 表

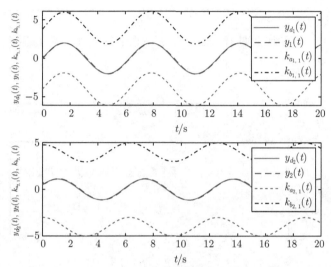

图 7.2 例 7.1 中在 $k_{a_{i,1}}(t)$ 和 $k_{b_{i,1}}(t)$, $i = 1, 2$ 的约束下 $y_i(t)$ 和 $y_{d_i}(t)$ 的轨迹

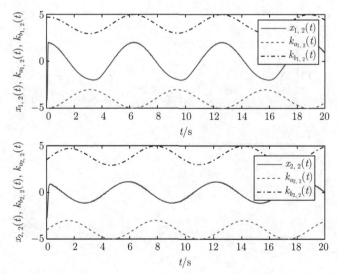

图 7.3 例 7.1 中在 $k_{a_{i,1}}(t)$ 和 $k_{b_{i,1}}(t)$, $i = 1, 2$ 的约束下 $x_{i,2}(t)$ 的轨迹

示事件触发控制器 u_i, $i = 1,2$ 的轨迹, 图 7.5 表示触发的时间间隔. 自适应律 $H_{i,j}$, $i = 1,2$, $j = 1,2$ 的轨迹如图 7.6 所示. 图 7.7 表示虚拟控制器 $\alpha_{1,1}$ 和 $\alpha_{2,1}$ 的轨迹. 图 7.7 显示虚拟控制器 $\alpha_{1,1}$ 在整个时间间隔内有超出约束范围的部分, 因此, 在仿真过程中不需要满足可行性条件.

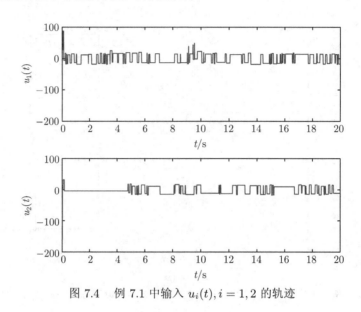

图 7.4　例 7.1 中输入 $u_i(t)$, $i = 1,2$ 的轨迹

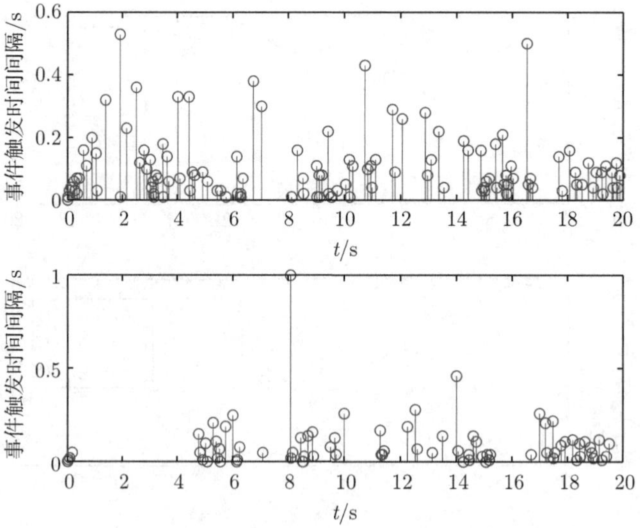

图 7.5　例 7.1 中子系统的事件触发时间间隔

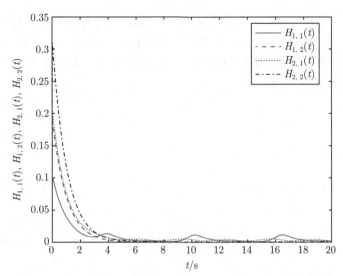

图 7.6　例 7.1 中自适应率 $H_{i,j}(t), i=1,2, j=1,2$ 的轨迹

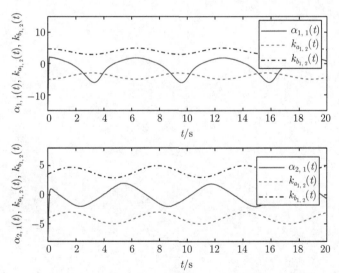

图 7.7　例 7.1 中在 $k_{a_{i,2}}(t)$ 和 $k_{b_{i,2}}(t), i=1,2$ 的约束下 $\alpha_{i,1}(t)$ 的轨迹

7.5　结　　论

　　本章研究了一类具有全状态约束的非线性多输入多输出系统自适应事件触发跟踪控制问题. 通过引入统一障碍函数解决了全状态约束问题, 避免了传统障碍 Lyapunov 方法中对虚拟控制器施加的可行性条件. 在反步设计过程中借助于神

经网络实现了对未知非线性函数的逼近, 利用命令滤波器避免了 "复杂性爆炸" 问题, 利用事件触发机制节省了通信资源. 所设计的控制方案使得输出能够以较小的误差跟踪给定的信号, 闭环内所有信号都有界, 并且所有状态约束不被违反. 最后, 仿真结果验证了上述结论.

第 8 章 具有不可测状态的非线性多输入多输出系统自适应事件触发跟踪控制

8.1 问 题 描 述

考虑以下非严格反馈非线性系统:

$$\begin{cases} \dot{x}_{i,1} = x_{i,2} + f_{i,1}(\underline{x}_{i,n_i}) \\ \quad\cdots\cdots \\ \dot{x}_{i,n_i-1} = x_{i,n_i} + f_{i,n_i-1}(\underline{x}_{i,n_i}) \\ \dot{x}_{i,n_i} = u_i + f_{i,n_i}(X, \underline{u}_{i-1}) \\ y_i = x_{i,1}, \quad i = 1, 2, \cdots, m \end{cases} \tag{8.1}$$

其中, $\underline{x}_{i,n_i} = [x_{i,1}, x_{i,2}, \cdots, x_{i,n_i}]^{\mathrm{T}} \in \mathbb{R}^{n_i}$, $i = 1, \cdots, m$ 是系统的状态向量, 并且 $X = [\underline{x}_{1,n_1}^{\mathrm{T}}, \underline{x}_{2,n_2}^{\mathrm{T}}, \cdots, \underline{x}_{m,n_m}^{\mathrm{T}}]^{\mathrm{T}} \in \mathbb{R}^{m \times n}$. u_i, $i = 1, \cdots, m$ 和 y_i, $i = 1, \cdots, m$ 分别代表系统的输入和输出, 并且 $\underline{u}_{i-1} = [u_1, u_2, \cdots, u_{i-1}]^{\mathrm{T}}$. $f_{i,j}(\cdot)$, $i = 1, \cdots, m$, $j = 1, \cdots, n_i$ 代表未知的光滑非线性函数. 为了方便描述, 系统 (8.1) 可以写成以下形式:

$$\begin{cases} \underline{\dot{x}}_{i,n_i} = A_{i,0} \underline{x}_{i,n_i} + \sum_{j=1}^{n_i} B_{i,j} f_{i,j}(\cdot) + b_i u_i \\ y_i = C_i \underline{x}_{i,n_i}, \quad i = 1, 2, \cdots, m \end{cases} \tag{8.2}$$

其中, $A_{i,0} = \begin{pmatrix} 0 & & \\ \vdots & & I \\ 0 & \cdots & 0 \end{pmatrix}$, $B_{i,j}^{\mathrm{T}} = [\underbrace{0, \cdots, 1}_{j}, \cdots, 0]_{1 \times n_i}$, $b_i^{\mathrm{T}} = [0, \cdots, 1]_{1 \times n_i}$, $C_i = [1, \cdots, 0]_{1 \times n_i}$.

本章的目标是设计控制器, 使得所有闭环信号都有界, 系统的输出 y_i 可以跟踪给定的信号 y_{d_i}, 使得跟踪误差收敛到包含原点在内的一个小的邻域内.

假设 8.1 系统中的状态除了 $x_{i,1}$, $i = 1, \cdots, m$ 外, 其余状态都是不可测量的.

假设 8.2　跟踪信号 y_{d_i} 和它的 j, $j = 1, \cdots, n_i$ 阶的导数 $y_{d_i}^{(j)}$ 是连续和有界的.

引理 8.1　不等式 $0 \leqslant |x| - x \tanh(x/\kappa) \leqslant 0.2785\kappa$ 成立, 其中 $\kappa > 0$ 是给定的常数, 且 $x \in \mathbb{R}$.

引理 8.2 [125]　假设 $W(\cdot)$ 是神经网络的基函数向量. 定义接受领域中心和输入变量分别为 $\bar{\mu}_{i,n} = [\mu_{i,1}, \cdots, \mu_{i,n}]^{\mathrm{T}}$ 和 $\bar{z}_n = [z_1, \cdots, z_n]^{\mathrm{T}}$. 然后, 选择 $\bar{\mu}_{i,n}$ 和 $\bar{z}_n$ 的前 k 个元素构成一个新的中心 $\bar{\mu}_{i,k} = [\mu_{i,1}, \cdots, \mu_{i,k}]^{\mathrm{T}}$ 和输入变量 $\bar{z}_k = [z_1, \cdots, z_k]^{\mathrm{T}}$. 对于同样的宽度, 可以得到 $W^{\mathrm{T}}(\bar{z}_n)W(\bar{z}_n) \leqslant W^{\mathrm{T}}(\bar{z}_k)W(\bar{z}_k)$.

8.2　控制设计和分析

8.2.1　神经网络状态观测器

为了估计系统 (8.1) 的未测量状态, 构造状态观测器如下:

$$
\begin{cases}
\dot{\hat{\underline{x}}}_{i,n_i} = A_i \hat{\underline{x}}_{i,n_i} + k_i x_{i,1} + \sum_{j=1}^{n_i} B_{i,j} \hat{f}_{i,j}(\hat{\underline{x}}_{i,n_i}|\theta_{i,j}) + b_i u_i \\
y_i = C_i \hat{\underline{x}}_{i,n_i}, \quad i = 1, 2, \cdots, m
\end{cases}
\tag{8.3}
$$

式中, $\hat{\underline{x}}_{i,n_i} = [\hat{x}_{i,1}, \cdots, \hat{x}_{i,n_i}]$, $\hat{x}_{i,1}, \cdots, \hat{x}_{i,n_i}$ 分别为状态 $x_{i,1}, \cdots, x_{i,n_i}$ 的估计; $k_i = [k_{i,1}, \cdots, k_{i,n_i}]^{\mathrm{T}}$, $A_i = A_{i,0} - k_i C_i = \begin{pmatrix} -k_{i,1} & & \\ \vdots & & I \\ -k_{i,n_i} & \cdots & 0 \end{pmatrix}$, 选取合适的 k_i 使得 A_i 为赫尔维茨 (Hurwitz) 矩阵. 因此, 对于给定的正定矩阵 Q_i, 存在一个正定矩阵 P_i 使得

$$
A_i^{\mathrm{T}} P_i + P_i A_i = -2Q_i
\tag{8.4}
$$

注 8.1　为了完成稳定性分析, 要求 Q_i 为正定矩阵并满足 $\lambda_{\min}(Q_i) - \dfrac{n_i - 1}{2} - \dfrac{3}{2} > 0$.

$\tilde{x}_{i,j} = x_{i,j} - \hat{x}_{i,j}$ 表示状态估计误差, 其微分方程为

$$
\dot{\tilde{\underline{x}}}_{i,n_i} = A_i \tilde{\underline{x}}_{i,n_i} + \sum_{j=1}^{n_i} B_{i,j} \left(f_{i,j}(\underline{x}_{i,n_i}) - \hat{f}_{i,j}(\hat{\underline{x}}_{i,n_i}) \right)
\tag{8.5}
$$

式中, $\dot{\tilde{\underline{x}}}_{i,n_i} = [\dot{\tilde{x}}_{i,1}, \cdots, \dot{\tilde{x}}_{i,n_i}]^{\mathrm{T}}$. 根据神经网络估计方法. $f_{i,j}(\underline{x}_{i,n_i})$, $\hat{f}_{i,j}(\hat{\underline{x}}_{i,n_i})$ 分别可以被估计为 $f_{i,j}(\underline{x}_{i,n_i}|\theta_{i,j}) = \theta_{i,j}^{\mathrm{T}} \varphi_{i,j}(\underline{x}_{i,n_i})$, $\hat{f}_{i,j}(\hat{\underline{x}}_{i,n_i}|\theta_{i,j}) = \theta_{i,j}^{\mathrm{T}} \varphi_{i,j}(\hat{\underline{x}}_{i,n_i})$.

定义神经网络理想权向量为

$$\theta_{i,j}^* = \arg \min_{\theta_{i,j} \in \Omega_{i,j}} \left[\sup_{\substack{\underline{x}_{i,n_i} \in U_{i,n_i} \\ \hat{\underline{x}}_{i,n_i} \in \hat{U}_{i,n_i}}} \left| f_{i,j}(\underline{x}_{i,n_i}) - \hat{f}_{i,j}(\hat{\underline{x}}_{i,n_i}|\theta_{i,j}) \right| \right] \tag{8.6}$$

式中, $\Omega_{i,j}$, U_{i,n_i}, $\hat{U}_{i,n_i}$ 为紧集. 假设 $\tau_{i,j}$ 和 $\varepsilon_{i,j}$ 为估计误差和最小估计误差, 其表达式为

$$\begin{cases} \tau_{i,j} = f_{i,j}(x_{i,n_i}|\theta_{i,j}) - \hat{f}_{i,j}(\hat{\underline{x}}_{i,n_i}|\theta_{i,j}) \\ \varepsilon_{i,j} = f_{ij}(x_{i,n_i}|\theta_{i,j}) - \hat{f}_{i,j}(\hat{\underline{x}}_{i,n_i}|\theta_{i,j}^*) \end{cases} \tag{8.7}$$

式中, $\hat{f}_{i,j}(\hat{\underline{x}}_{i,n_i}|\theta_{i,j}^*) = \theta_{i,j}^{*\mathrm{T}} \varphi_{i,j}(\hat{\underline{x}}_{i,n_i})$ 为 $\hat{f}_{i,j}(x_{i,n_i})$ 的最优估计. 假设 $\tau_{i,j}$, $\varepsilon_{i,j}$ 是有界的并且满足 $|\tau_{i,j}| \leqslant \bar{\tau}_{i,j}$, $|\varepsilon_{i,j}| \leqslant \bar{\varepsilon}_{i,j}$, $\bar{\tau}_{i,j}$ 和 $\bar{\varepsilon}_{i,j}$ 是正的常数. 令 $\omega_{i,j} = \tau_{i,j} + \varepsilon_{i,j}$, $\bar{\omega}_{ij} = \bar{\tau}_{ij} + \bar{\varepsilon}_{ij}$, 因此 $\omega_{i,j}$ 是有界的并且满足 $|\omega_{i,j}| \leqslant \bar{\omega}_{ij}$. 令 $\tilde{\theta} = \theta^* - \theta$, 根据式 (8.7) 的表达式, 我们可以得到以下等式:

$$\omega_{i,j} = -\tilde{\theta}^{\mathrm{T}} \varphi_{i,j}(\hat{\underline{x}}_{i,n_i}) \tag{8.8}$$

考虑系统 (8.1)、状态观测器 (8.3) 以及未知非线性函数的估计, 可以得到以下等式:

$$\begin{aligned} \dot{\hat{x}}_{i,j} &= \hat{x}_{i,j+1} + \theta_{i,j}\varphi(\hat{\underline{x}}_{i,n_i}) + k_{i,j}\tilde{x}_{i,1}, \quad j = 2, \cdots, n_i - 1 \\ \dot{\hat{x}}_{i,n_i} &= u_i + \theta_{i,n_i}\varphi(\hat{\underline{x}}_{i,n_i}) + k_{i,n_i}\tilde{x}_{i,1}, \quad i = 1, \cdots, m - 1 \\ \dot{\hat{x}}_{m,j} &= \hat{x}_{m,j+1} + \theta_{m,j}\varphi(\hat{\underline{x}}_{i,n_i}) + k_{m,j}\tilde{x}_{m,1}, \quad j = 2, \cdots, n_m - 1 \\ \dot{\hat{x}}_{m,n_m} &= u_m + \theta_{m,n_m}\varphi(\hat{\underline{x}}_{i,n_i}) + k_{m,n_m}\tilde{x}_{m,1} \end{aligned} \tag{8.9}$$

8.2.2 控制设计

对于给定的跟踪信号 y_{di}, 建立以下坐标变换

$$\begin{cases} z_{i,1} = y_i - y_{d_i} \\ z_{i,j} = \hat{x}_{i,j} - \alpha_{i,j-1} \end{cases} \tag{8.10}$$

式中, $\alpha_{i,j-1}$, $j = 1, \cdots, n_i$ 代表虚拟控制器. 接下来进行反步控制方案设计.

第 $i,1$ 步 根据式 (8.10) 求得 $\dot{z}_{i,1}$ 为

$$\dot{z}_{i,1} = \dot{y}_i - \dot{y}_{d_i}$$

$$
\begin{aligned}
&= x_{i,2} + \theta_{i,1}\varphi(\underline{x}_{i,n_i}) - \dot{y}_{d_i}\\
&= \hat{x}_{i,2} + \tilde{x}_{i,2} + \varepsilon_{i,1} + \theta_{i,1}^{*\mathrm{T}}\varphi(\underline{\hat{x}}_{i,n_i}) - \dot{y}_{d_i}\\
&= \hat{x}_{i,2} + \theta_{i,1}^{\mathrm{T}}\varphi(\underline{\hat{x}}_{i,n_i}) - \dot{y}_{d_i} + \tilde{x}_{i,2} + \tilde{\theta}_{i,1}^{\mathrm{T}}\varphi(\underline{\hat{x}}_{i,n_i}) + \varepsilon_{i,1}
\end{aligned} \tag{8.11}
$$

选取以下 Lyapunov 函数

$$
V_{i,1} = \frac{1}{2}\tilde{x}_i^{\mathrm{T}} P_i \tilde{x}_i + \frac{1}{2}z_{i,1}^2 + \frac{1}{2\gamma_{i,1}}\widetilde{G}_{i,1}^2 \tag{8.12}
$$

式中, $\tilde{x}_i = [\tilde{x}_{i,1}, \cdots, \tilde{x}_{i,n_i}]^{\mathrm{T}}$. 根据式 (8.11), 求得 $V_{i,1}$ 的导数为

$$
\begin{aligned}
\dot{V}_{i,1} &= \frac{1}{2}\dot{\tilde{x}}_i^{\mathrm{T}} P_i \tilde{x}_i + \frac{1}{2}\tilde{x}_i^{\mathrm{T}} P_i \dot{\tilde{x}}_i + z_{i,1}\dot{z}_{i,1} + \frac{1}{\gamma_{i,1}}\widetilde{G}_{i,1}\dot{\widetilde{G}}_{i,1}\\
&= \frac{1}{2}\tilde{x}_i^{\mathrm{T}}[A_i^{\mathrm{T}} P_i + P_i A_i]\tilde{x}_i + \tilde{x}_i^{\mathrm{T}} P_i \tau_i + z_{i,1}\dot{z}_{i,1} + \frac{1}{\gamma_{i,1}}\widetilde{G}_{i,1}\dot{\widetilde{G}}_{i,1}\\
&= -\tilde{x}_i^{\mathrm{T}} Q_i \tilde{x}_i + \tilde{x}_i^{\mathrm{T}} P_i \tau_i + z_{i,1}(\hat{x}_{i,2} + \bar{f}_{i,1})\\
&\quad + z_{i,1}\varepsilon_{i,1} + z_{i,1}\tilde{x}_{i,2} + z_{i,1}\tilde{\theta}_{i,1}^{\mathrm{T}}\varphi_{i,1}(\underline{\hat{x}}_{i,n_i}) + \frac{1}{\gamma_{i,1}}\widetilde{G}_{i,1}\dot{\widetilde{G}}_{i,1}
\end{aligned} \tag{8.13}
$$

式中, $\widetilde{G}_{i,1} = G_{i,1}^* - G_{i,1}$. $\bar{f}_{i,1} = \theta_{i,1}^{\mathrm{T}}\varphi_{i,1}(\underline{\hat{x}}_{i,n_i}) - \dot{y}_{d_i}$ 为未知的非线性函数.

利用神经网络估计 $\bar{f}_{i,1}$, 因此, 对于给定的 $\bar{\varepsilon}_{i,1} > 0$, 可以得到

$$
\bar{f}_{i,1}(Z_{i,1}) = g_{i,1}^{*\mathrm{T}} W_{i,1}(Z_{i,1}) + \delta_{i,1}(Z_{i,1}) \tag{8.14}
$$

式中, $Z_{i,1} = [\underline{\hat{x}}_{i,n_i}^{\mathrm{T}}, y_i, y_{d_i}, \dot{y}_{d_i}, \theta_{i,1}]^{\mathrm{T}}$, $|\delta_{i,1}| \leqslant \bar{\varepsilon}_{i,1}$.

利用引理 8.1 和杨氏不等式可以得到

$$
z_{i,1}\bar{f}_{i,1} \leqslant \frac{1}{2a_{i,1}^2}z_{i,1}^2 G_{i,1}^* W_{i,1}^{\mathrm{T}}(Z_{i,1,1})W_{i,1}(Z_{i,1,1}) + \frac{1}{2}a_{i,1}^2 + \frac{1}{2}z_{i,1}^2 + \frac{1}{2}\bar{\varepsilon}_{i,1}^2 \tag{8.15}
$$

式中, $G_{i,1}^* = \|g_{i,1}^*\|^2$ 和 $Z_{i,1,1} = [\underline{\hat{x}}_{i,1}^{\mathrm{T}}, y_i, y_{d_i}]^{\mathrm{T}}$. 利用杨氏不等式可以得到

$$
\tilde{x}_i^{\mathrm{T}} P_i \tau_i \leqslant \frac{1}{2}\|\tilde{x}_i\|^2 + \frac{1}{2}\|P_i \tau_i\|^2
$$

$$
z_{i,1}\tilde{x}_{i,2} + z_{i,1}\varepsilon_{i,1} \leqslant z_{i,1}^2 + \frac{1}{2}\|\tilde{x}_i\|^2 + \frac{1}{2}\bar{\varepsilon}_{i,1}^2 \tag{8.16}
$$

将式 (8.10)、式 (8.15) 和式 (8.16) 代入式 (8.13) 可得

$$
\dot{V}_{i,1} \leqslant -(\lambda_{\min}(Q_i) - 1)\|\tilde{x}_i\|^2 + z_{i,1}(\hat{x}_{i,2} + 2z_{i,1})
$$

$$+\tilde{\theta}_{i,1}^{\mathrm{T}}z_{i,1}\varphi_{i,1}(\hat{\underline{x}}_{i,n_i}) + \rho_{i,1} - \frac{1}{\gamma_{i,1}}\widetilde{G}_{i,1}\dot{G}_{i,1}$$

$$\leqslant -\left(\lambda_{\min}(Q_i) - \frac{3}{2}\right)\|\tilde{x}_i\|^2 + \tilde{\theta}_{i,1}^{\mathrm{T}}z_{i,1}\varphi_{i,1}(\hat{\underline{x}}_{i,n_i})$$

$$+z_{i,1}z_{i,2} + \frac{1}{\gamma_{i,1}}\widetilde{G}_{i,1}\left(\frac{\gamma_{i,1}}{2a_{i,1}^2}z_{i,1}^2 W_{i,1}^{\mathrm{T}}W_{i,1} - \dot{G}_{i,1}\right)$$

$$+z_{i,1}\left(\frac{3}{2}z_{i,1} + \alpha_{i,1} + \frac{1}{2a_{i,1}^2}z_{i,1}G_{i,1}W_{i,1}^{\mathrm{T}}W_{i,1}\right) + \rho_{i,1} \tag{8.17}$$

式中, $\rho_{i,1} = \frac{1}{2}\|P_i\tau_i\|^2 + \bar{\varepsilon}_{i,1}^2 + \frac{1}{2}a_{i,1}^2$. 虚拟控制器 α_{i1} 和自适应律可分别被设计为

$$\alpha_{i,1} = -l_{i,1}z_{i,1} - \frac{3}{2}z_{i,1} - \frac{1}{2a_{i,1}^2}z_{i,1}G_{i,1}W_{i,1}^{\mathrm{T}}W_{i,1} \tag{8.18}$$

$$\dot{G}_{i,1} = \frac{\gamma_{i,1}}{2a_{i,1}^2}z_{i,1}^2 W_{i,1}^{\mathrm{T}}W_{i,1} - \sigma_{i,1}G_{i,1} \tag{8.19}$$

将式 (8.18)、式 (8.19) 代入式 (8.17) 可得

$$\dot{V}_{i,1} \leqslant -(\lambda_{\min} - 1)\|\tilde{x}_i\|^2 - l_{i,1}z_{i,1}^2 + z_{i,1}z_{i,2}$$

$$+\frac{\sigma_{i,1}\widetilde{G}_{i,1}^{\mathrm{T}}G_{i,1}}{\gamma_{i,1}} + \tilde{\theta}_{i,1}^{\mathrm{T}}z_{i,1}\varphi_{i,1}(\hat{\underline{x}}_{i,n_i}) + \rho_{i,1} \tag{8.20}$$

第 $i,2$ 步 对 $z_{i,2}$ 求导可得

$$\dot{z}_{i,2} = \dot{\hat{x}}_{i,2} - \dot{\alpha}_{i,1}$$
$$= \hat{x}_{i,3} + \theta_{i,2}^{\mathrm{T}}\varphi_{i,2}(\hat{\underline{x}}_{i,n_i}) + k_{i,2}\tilde{x}_{i,1} + \tilde{\theta}_{i,2}\varphi_{i,2}(\hat{\underline{x}}_{i,n_i}) + \omega_{i,2} - \dot{\alpha}_{i,1}$$
$$= \hat{x}_{i,3} + \tilde{\theta}_{i,2}\varphi_{i,2}(\hat{\underline{x}}_{i,n_i}) + \omega_{i,2} - \frac{\partial\alpha_{i,1}}{\partial y_i}\tilde{x}_{i,2} + \frac{\partial\alpha_{i,1}}{\partial\hat{x}_{i,1}}\tilde{\theta}_{i,1}^{\mathrm{T}}\varphi(\hat{\underline{x}}_{i,n_i}) + I_{i,2} \tag{8.21}$$

式中,

$$I_{i,2} = \theta_{i,2}^{\mathrm{T}}\varphi_{i,2}(\hat{\underline{x}}_{i,n_i}) + k_{i,2}\tilde{x}_{i,1} - \frac{\partial\alpha_{i,1}}{\partial y_i}\left(\hat{x}_{i,2} + \theta_{i,2}^{\mathrm{T}}\varphi_{i,2}(\hat{\underline{x}}_{i,n_i}) + \tau_{i,2}\right)$$

$$-\frac{\partial\alpha_{i,1}}{\partial\hat{x}_{i,1}}\left(\hat{x}_{i,2} + \theta_{i,1}^{*\mathrm{T}}\varphi(\hat{\underline{x}}_{i,n_i}) + k_{i,1}\tilde{x}_{i,1}\right) - \frac{\partial\alpha_{i,1}}{\partial y_{d_i}}\dot{y}_{d_i} - \frac{\partial\alpha_{i,1}}{\partial\dot{y}_{d_i}}\ddot{y}_{d_i} - \frac{\partial\alpha_{i,1}}{\partial G_{i,1}}\dot{G}_{i,1}$$

选取以下 Lyapunov 函数

$$V_{i,2} = V_{i,1} + \frac{1}{2}z_{i,2}^2 + \frac{1}{2\gamma_{i,2}}\widetilde{G}_{i,2}^2 \tag{8.22}$$

结合式 (8.10)、式 (8.20)、式 (8.21) 和式 (8.22), 可求得 $\dot{V}_{i,2}$ 为

$$\dot{V}_{i,2} = \dot{V}_{i,1} + z_{i,2}\left(\hat{x}_{i,3} + \tilde{\theta}_{i,2}^{\mathrm{T}}\varphi_{i,2}(\hat{\underline{x}}_{i,n_i}) + \omega_{i,2} + \frac{\partial\alpha_{i,1}}{\partial\hat{x}_{i,1}}\tilde{\theta}_{i,1}^{\mathrm{T}}\varphi(\hat{\underline{x}}_{i,n_i}) + I_{i,2}\right)$$

$$+\frac{1}{\gamma_{i,2}}\widetilde{G}_{i,2}\dot{\tilde{G}}_{i,2}$$

$$\leqslant -\left(\lambda_{\min}(Q_i)-1\right)\|\tilde{x}_i\|^2 - l_{i,1}z_{i,1}^2 + z_{i,1}z_{i,2} + \rho_{i,1} + \frac{\sigma_{i,1}\widetilde{G}_{i,1}G_{i,1}}{\gamma_{i,1}}$$

$$+z_{i,2}\frac{\partial\alpha_{i,1}}{\partial\hat{x}_{i,1}}\tilde{\theta}_{i,1}^{\mathrm{T}}\varphi(\hat{\underline{x}}_{i,n_i}) + z_{i,2}(z_{i,3}+\alpha_{i,2}+\omega_{i,2}+I_{i,2}) - z_{i,2}\frac{\partial\alpha_{i,1}}{\partial y_i}\tilde{x}_{i,2}$$

$$-\frac{1}{\gamma_{i,2}}\widetilde{G}_{i,2}\dot{G}_{i,2} + \tilde{\theta}_{i,1}z_{i,1}\varphi_{i,1}(\hat{\underline{x}}_{i,n_i}) + \tilde{\theta}_{i,2}z_{i,2}\varphi_{i,2}(\hat{\underline{x}}_{i,n_i}) \tag{8.23}$$

利用杨氏不等式可得

$$z_{i,2}\omega_{i,2} - z_{i,2}\frac{\partial\alpha_{i,1}}{\partial y_i}\tilde{x}_{i,2} \leqslant \frac{1}{2}z_{i,2}^2 + \frac{1}{2}\bar{\omega}_{i,2}^2 + \frac{1}{2}z_{i,2}^2\left(\frac{\partial\alpha_{i,1}}{\partial y_i}\right)^2 \tag{8.24}$$

令 $\bar{f}_{i,2} = I_{i,2} + \frac{1}{2}z_{i,2}\left(\frac{\partial\alpha_{i,1}}{\partial y_i}\right)^2$, 并利用神经网络对其近似逼近, 因此对于给定的 $\bar{\varepsilon}_{i,2} > 0$, 可以得到以下估计:

$$\bar{f}_{i,2}(Z_{i,2}) = g_{i,2}^{*\mathrm{T}}W_{i,2}^{\mathrm{T}}(Z_{i,2}) + \delta_{i,2}(Z_{i,2}) \tag{8.25}$$

式中, $Z_{i,2} = [\hat{\underline{x}}_{i,n_i}^{\mathrm{T}},\ \theta_{i,1},\ \theta_{i,2},\ y_i,\ y_{d_i},\ \dot{y}_{d_i},\ \ddot{y}_{d_i},\ G_{i,1},\ G_{i,2}]^{\mathrm{T}}$, $|\delta_{i,2}(Z_{i,2})| \leqslant \bar{\varepsilon}_{i,2}$.

利用引理 8.1 和杨氏不等式可得

$$z_{i,2}\bar{f}_{i,2} \leqslant \frac{1}{2a_{i,2}^2}z_{i,2}^2 G_{i,2}^* W_{i,2}^{\mathrm{T}}(Z_{i,2,2})W_{i,2}(Z_{i,2,2}) + \frac{1}{2}a_{i,2}^2 + \frac{1}{2}z_{i,2}^2, + \frac{1}{2}\bar{\varepsilon}_{i,2}^2 \tag{8.26}$$

式中, $Z_{i,2,2} = [\hat{\underline{x}}_{i,2}^{\mathrm{T}},\ y_i,\ y_{d_i},\ \dot{y}_{d_i},\ \ddot{y}_{d_i},\ G_{i,1},\ G_{i,2}]^{\mathrm{T}}$, $G_{i,2}^* = \|g_{i,2}^*\|^2$.

将式 (8.24) 和式 (8.26) 代入式 (8.23) 可得

$$\dot{V}_{i,2} \leqslant -\left(\lambda_{\min}(Q_i)-\frac{3}{2}\right)\|\tilde{x}_i\|^2 - l_{i,1}z_{i,1}^2 + z_{i,1}z_{i,2}$$

$$+z_{i,2}z_{i,3} + \frac{\sigma_{i,1}\widetilde{G}_{i,1}G_{i,1}}{\gamma_{i,1}} + \tilde{\theta}_{i,1}z_{i,1}\varphi_{i,1}(\hat{\underline{x}}_{i,n_i}) + \tilde{\theta}_{i,2}z_{i,2}\varphi_{i,2}(\hat{\underline{x}}_{i,n_i})$$

$$+z_{i,2}\left(\alpha_{i,2}+z_{i,2}+\frac{1}{2a_{i,2}^2}z_{i,2}G_{i,2}W_{i,2}^{\mathrm{T}}W_{i,2}\right) + \rho_{i,2}$$

$$+ \frac{\widetilde{G}_{i,2}}{\gamma_{i,2}} \left(\frac{1}{2a_{i,2}^2} \gamma_{i,2} z_{i,2}^2 W_{i,2}^{\mathrm{T}} W_{i,2} - \dot{G}_{i,2} \right) + z_{i,2} \frac{\partial \alpha_{i,1}}{\partial \hat{x}_{i,1}} \tilde{\theta}_{i,1}^{\mathrm{T}} \varphi(\underline{\hat{x}}_{i,n_i}) \quad (8.27)$$

式中, $\rho_{i,2} = \rho_{i,1} + \frac{1}{2} \bar{\omega}_{i,2}^2 + \frac{1}{2} a_{i,2}^2 + \frac{1}{2} \bar{\varepsilon}_{i,2}^2$.

设计虚拟控制器 $\alpha_{i,2}$ 和自适应律 $\dot{G}_{i,2}$ 分别为

$$\alpha_{i,2} = -z_{i,1} - z_{i,2} - \frac{1}{2a_{i,2}^2} z_{i,2} G_{i,2} W_{i,2}^{\mathrm{T}} W_{i,2} - l_{i,2} z_{i,2} \quad (8.28)$$

$$\dot{G}_{i,2} = \frac{1}{2a_{i,2}^2} \gamma_{i,2} z_{i,2}^2 W_{i,2}^{\mathrm{T}} W_{i,2} - \sigma_{i,2} G_{i,2} \quad (8.29)$$

将式 (8.28), 式 (8.29) 代入式 (8.27) 可得

$$\dot{V}_{i,2} \leqslant - \left(\lambda_{\min}(Q_i) - \frac{3}{2} \right) \|\tilde{x}_i\|^2 - l_{i,1} z_{i,1}^2 + \rho_{i,2}$$

$$- l_{i,2} z_{i,2}^2 + z_{i,2} z_{i,3} + \frac{\sigma_{i,1} \widetilde{G}_{i,1} G_{i,1}}{\gamma_{i,1}} + \frac{\sigma_{i,2} \widetilde{G}_{i,2} G_{i,2}}{\gamma_{i,2}}$$

$$+ z_{i,1} \tilde{\theta}_{i,1} \varphi_{i,1}(\underline{\hat{x}}_{i,n_i}) + z_{i,2} \tilde{\theta}_{i,2} \varphi_{i,2}(\underline{\hat{x}}_{i,n_i}) + z_{i,2} \frac{\partial \alpha_{i,1}}{\partial \hat{x}_{i,1}} \tilde{\theta}_{i,1}^{\mathrm{T}} \varphi(\underline{\hat{x}}_{i,n_i}) \quad (8.30)$$

第 i, j 步 注意到 $z_{i,j-1,j-1} = [\hat{\underline{x}}_{i,j-1}^{\mathrm{T}}, y_i, y_{d_i}, \dot{y}_{d_i}, \cdots, y_{d_i}^{(j-1)}, G_{i,1}, \cdots,$ $G_{i,j-1}]^{\mathrm{T}}$. 假设虚拟控制器 $\alpha_{i,j-1}(\hat{\underline{x}}_{i,j-1}^{\mathrm{T}}, y_i, y_{d_i}, \dot{y}_{d_i}, \cdots, y_{d_i}^{(j-1)}, G_{i,1}, \cdots, G_{i,j-1})$ 以及相关的自适应律的设计已经完成. 考虑 $\alpha_{i,j-1}$、式 (8.8)、式 (8.18) 和式 (8.28) 可得

$$\begin{aligned} \dot{z}_{i,j} &= \dot{\hat{x}}_{i,j} - \dot{\alpha}_{i,j-1} \\ &= \hat{x}_{i,j+1} + \theta_{i,j}^{\mathrm{T}} \varphi_{i,j}(\underline{\hat{x}}_{i,n_i}) + k_{i,j} \tilde{x}_{i,1} + \tilde{\theta}_{i,j} \varphi_{i,j}(\underline{\hat{x}}_{i,n_i}) + \omega_{i,j} - \dot{\alpha}_{i,1} \\ &= \hat{x}_{i,j+1} + \tilde{\theta}_{i,j} \varphi_{i,j}(\underline{\hat{x}}_{i,n_i}) - \frac{\partial \alpha_{i,j-1}}{\partial y_i} \tilde{x}_{i,j} + \frac{\partial \alpha_{i,j-1}}{\partial \hat{x}_{i,j-1}} \tilde{\theta}_{i,j-1}^{\mathrm{T}} \varphi(\underline{\hat{x}}_{i,n_i}) + I_{i,j} + \omega_{i,j} \end{aligned}$$

式中,

$$I_{i,j} = \theta_{i,j}^{\mathrm{T}} \varphi_{i,j}(\underline{\hat{x}}_{i,n_i}) + k_{i,j} \tilde{x}_{i,1} - \frac{\partial \alpha_{i,1}}{\partial y_i} \left(\hat{x}_{i,2} + \tau_{i,2} + \theta_{i,2}^{\mathrm{T}} \varphi_{i,2}(\underline{\hat{x}}_{i,n_i}) \right)$$

$$- \sum_{s=1}^{j-1} \frac{\partial \alpha_{i,j-1}}{\partial \hat{x}_{i,s}} \left(\hat{x}_{i,s+1} + \theta_{i,s}^{*\mathrm{T}} \varphi(\underline{\hat{x}}_{i,n_i}) + k_{i,s} \tilde{x}_{i,1} \right) - \sum_{s=1}^{j} \frac{\partial \alpha_{i,j-1}}{\partial y_{d_i}^{(s-1)}} y_{d_i}^{(s)}$$

$$-\sum_{s=1}^{j}\frac{\partial\alpha_{i,j-1}}{\partial G_{i,s}}\dot{G}_{i,s}$$

选取以下 Lyapunov 函数

$$V_{i,j}=V_{i,j-1}+\frac{1}{2}z_{i,j}^{2}+\frac{1}{2\gamma_{i,j}}\widetilde{G}_{i,j}^{2} \tag{8.31}$$

对 $V_{i,j}$ 求导可得

$$\dot{V}_{i,j}=\dot{V}_{i,j-1}+z_{i,j}\dot{z}_{i,j}+\frac{1}{\gamma_{i,j}}\widetilde{G}_{i,j}\dot{\widetilde{G}}_{i,j}$$

$$\leqslant-\left(\lambda_{\min}(Q_i)-\frac{j-2}{2}-1\right)\|\tilde{x}_i\|^2+\sum_{s=1}^{j}z_{i,s}\tilde{\theta}_{i,s}\varphi_{i,s}\underline{\hat{x}}_{i,n_i}+z_{i,j-1}z_{i,j}$$

$$+\sum_{s=1}^{j-1}\frac{\sigma_{i,s}\widetilde{G}_{i,s}G_{i,s}}{\gamma_{i,s}}+\rho_{i,j-1}-\sum_{s=1}^{j-1}l_{i,s}z_{i,s}^2+z_{i,j}(z_{i,j+1}+\alpha_{i,j}+\omega_{i,j}+I_{i,j})$$

$$-z_{i,j}\frac{\partial\alpha_{i,j-1}}{\partial y_i}\tilde{x}_{i,j}+\sum_{s=1}^{j}\sum_{s^*=1}^{s}z_{i,s+1}\frac{\partial\alpha_{i,s}}{\partial\hat{x}_{i,s^*}}\tilde{\theta}_{i,s^*}^{\mathrm{T}}\varphi(\underline{\hat{x}}_{i,n_i})-\frac{1}{\gamma_{i,j}}\widetilde{G}_{i,j}\dot{G}_{i,j} \tag{8.32}$$

利用杨氏不等式可得

$$z_{i,j}\omega_{i,j}-z_{i,j}\frac{\partial\alpha_{i,j-1}}{\partial y_i}\tilde{x}_{i,j}\leqslant\frac{1}{2}z_{i,j}^2+\frac{1}{2}\bar{\omega}_{i,j}^2+\frac{1}{2}z_{i,j}^2\left(\frac{\partial\alpha_{i,j-1}}{\partial y_i}\right)^2+\frac{1}{2}\|\tilde{x}_i\|^2 \tag{8.33}$$

令 $\bar{f}_{i,j}=I_{i,j}+\frac{1}{2}z_{i,j}\left(\frac{\partial\alpha_{i,j-1}}{\partial y_i}\right)^2$，利用神经网络对其估计可得

$$\bar{f}_{i,j}(Z_{i,j})=g_{i,j}^{*\mathrm{T}}W_{i,j}^{\mathrm{T}}(Z_{i,j})+\delta_{i,j}(Z_{i,j}) \tag{8.34}$$

利用杨氏不等式和引理 8.2 可得

$$z_{i,j}\bar{f}_{i,j}\leqslant\frac{1}{2a_{i,j}^2}z_{i,j}^2G_{i,j}^*W_{i,j}^{\mathrm{T}}(Z_{i,j,j})W_{i,j}(Z_{i,j,j})+\frac{1}{2}a_{i,j}^2+\frac{1}{2}z_{i,j}^2+\frac{1}{2}\bar{\varepsilon}_{i,j}^2 \tag{8.35}$$

式中，$G_{i,j}^*=\|g_{i,j}^*\|^2$.

将式 (8.33), (8.35) 代入式 (8.32) 可得

$$\dot{V}_{i,j}\leqslant-\left(\lambda_{\min}(Q_i)-\frac{j-1}{2}-1\right)\|\tilde{x}_i\|^2-\sum_{s=1}^{j-1}l_{i,s}z_{i,s}^2+z_{i,j-1}z_{i,j}$$

$$+\sum_{s=1}^{j-1}\frac{\sigma_{i,s}\widetilde{G}_{i,s}G_{i,s}}{\gamma_{i,s}}+z_{i,j}\left(z_{i,j}+\alpha_{i,j}+\frac{1}{2a_{i,j}}z_{i,j}G_{i,j}W_{i,j}^{\mathrm{T}}W_{i,j}\right)$$

$$+\frac{1}{\gamma_{i,j}}\tilde{G}_{i,j}\left(\frac{\gamma_{i,j}}{2a_{i,j}^2}z_{i,j}^2W_{i,j}^{\mathrm{T}}W_{i,j}-\dot{G}_{i,j}\right)+\rho_{i,j}+z_{i,j}z_{i,j+1}$$

$$+\sum_{s=1}^{j}\sum_{s^*=1}^{s}z_{i,s}\frac{\partial\alpha_{i,s}}{\partial\hat{x}_{i,s^*}}\tilde{\theta}_{i,s^*}^{\mathrm{T}}\varphi(\hat{\underline{x}}_{i,n_i})+\sum_{s=1}^{j}z_{i,s}\tilde{\theta}_{i,s}\varphi_{i,s}(\hat{\underline{x}}_{i,n_i})\tag{8.36}$$

式中, $\rho_{i,j}=\rho_{i,j-1}+\frac{1}{2}\bar{\omega}_{i,j}^2+\frac{1}{2}a_{i,j}^2+\frac{1}{2}\bar{\varepsilon}_{i,j}^2$.

设计虚拟控制器 $\alpha_{i,j}$ 和自适应律 $\dot{G}_{i,j}$ 分别为

$$\alpha_{i,j}=-z_{i,j-1}-z_{i,j}-\frac{1}{2a_{i,j}^2}z_{i,j}G_{i,j}W_{i,j}^{\mathrm{T}}W_{i,j}-l_{i,j}z_{i,j}\tag{8.37}$$

$$\dot{G}_{i,j}=\frac{\gamma_{i,j}}{2a_{i,j}^2}z_{i,j}^2W_{i,j}^{\mathrm{T}}W_{i,j}-\sigma_{i,j}W_{i,j}\tag{8.38}$$

结合式 (8.36)~式 (8.38) 可得

$$\dot{V}_{i,j}\leqslant-\left(\lambda_{\min}(Q_i)-\frac{j-1}{2}-1\right)\|\tilde{x}_i\|^2-\sum_{s=1}^{j}l_{i,s}z_{i,s}^2+z_{i,j}z_{i,j+1}+\sum_{s=1}^{j}\frac{\sigma_{i,s}\widetilde{G}_{i,s}G_{i,s}}{\gamma_{i,s}}$$

$$+\sum_{s=1}^{j-1}\sum_{s^*=1}^{s}z_{i,s+1}\frac{\partial\alpha_{i,s}}{\partial\hat{x}_{i,s^*}}\tilde{\theta}_{i,s^*}^{\mathrm{T}}\varphi(\hat{\underline{x}}_{i,n_i})+\sum_{s=1}^{j}z_{i,s}\tilde{\theta}_{i,s}\varphi_{i,s}(\hat{\underline{x}}_{i,n_i})+\rho_{i,j}\tag{8.39}$$

第 i,n_i 步 此步的求导过程和前面步骤类似. 选取 Lyapunov 函数为

$$\dot{V}_{i,n_i}=\dot{V}_{i,n_i-1}+z_{i,n_i}\dot{z}_{i,n_i}+\frac{1}{\gamma_{i,n_i}}\widetilde{G}_{i,n_i}^2$$

$$\leqslant-\left(\lambda_{\min}(Q_i)-\frac{n_i-1}{2}-1\right)\|\tilde{x}_i\|^2+\rho_{i,n_i}+z_{i,n_i-1}z_{i,n_i}$$

$$-\sum_{s=1}^{n_i-1}l_{i,s}z_{i,s}^2+\frac{1}{\gamma_{i,n_i}}\widetilde{G}_{i,n_i}\left(\frac{\gamma_{i,n_i}}{2a_{i,n_i}^2}z_{i,n_i}^2W_{i,n_i}^{\mathrm{T}}W_{i,n_i}-\dot{G}_{i,n_i}\right)$$

$$+\sum_{s=1}^{n_i-1}\frac{\sigma_{i,s}\widetilde{G}_{i,s}G_{i,s}}{\gamma_{i,s}}+z_{i,n_i}\left(u_i+z_{i,n_i}+\frac{1}{2a_{i,n_i}}z_{i,n_i}G_{i,n_i}W_{i,n_i}^{\mathrm{T}}W_{i,n_i}\right)$$

$$+\sum_{s=1}^{n_i-1}\sum_{s^*=1}^{s}z_{i,s+1}\frac{\partial\alpha_{i,s}}{\partial\hat{x}_{i,s^*}}\tilde{\theta}_{i,s^*}^{\mathrm{T}}\varphi(\hat{\underline{x}}_{i,n_i})+\sum_{s=1}^{n_i}z_{i,s}\tilde{\theta}_{i,s}\varphi_{i,s}(\hat{\underline{x}}_{i,n_i})\tag{8.40}$$

设计实际控制器 u_i 为

$$u_i = -z_{i,n_i-1} - z_{i,n_i} - \frac{1}{2a_{i,n_i}^2} z_{i,n_i} G_{i,n_i} W_{i,n_i}^{\mathrm{T}} W_{i,n_i} - l_{i,n_i} z_{i,n_i} \tag{8.41}$$

设计自适应率 $\dot{G}_{i,n_i}$ 为

$$\dot{G}_{i,n_i} = \frac{\gamma_{i,n_i}}{2a_{i,n_i}^2} z_{i,n_i}^2 W_{i,n_i}^{\mathrm{T}} W_{i,n_i} - \sigma_{i,n_i} W_{i,n_i} \tag{8.42}$$

现在考虑自适应率 $\theta_{i,j}$. 选取 Lyapunov 函数为

$$V_i = V_{i,n_i} + \sum_{j=1}^{n_i} \frac{\lambda_{i,j}^*}{2\gamma_{i,j}^*} \tilde{\theta}_{i,j}^{\mathrm{T}} \tilde{\theta}_{i,j} \tag{8.43}$$

式中, $\lambda_{i,j}^*$, $\gamma_{i,j}^*$, $j=1, \cdots, n_i$ 为正数.

对 V_i 求导可得

$$\dot{V}_i = \dot{V}_{i,n_i} - \sum_{j=1}^{n_i} \frac{\lambda_{i,j}^*}{2\gamma_{i,j}^*} \tilde{\theta}_{i,j}^{\mathrm{T}} \dot{\theta}_{i,j}$$

$$\leqslant -\left(\lambda_{\min}(Q_i) - \frac{n_i-1}{2} - 1 \right) \|\tilde{x}_i\|^2 - \sum_{s=1}^{n_i-1} l_{i,s} z_{i,s}^2 + z_{i,n_i-1} z_{i,n_i}$$

$$- \sum_{j=1}^{n_i} \frac{\lambda_{i,j}^*}{2\gamma_{i,j}^*} \tilde{\theta}_{i,j}^{\mathrm{T}} \dot{\theta}_{i,j} + z_{i,n_i} \left(u_i + z_{i,n_i} + \frac{1}{2a_{i,n_i}} z_{i,n_i} G_{i,n_i} W_{i,n_i}^{\mathrm{T}} W_{i,n_i} \right)$$

$$+ \frac{1}{\gamma_{i,n_i}} \tilde{G}_{i,n_i} \left(\frac{\gamma_{i,n_i}}{2a_{i,n_i}^2} z_{i,n_i}^2 W_{i,n_i}^{\mathrm{T}} W_{i,n_i} - \dot{G}_{i,n_i} \right) + \sum_{s=1}^{n_i-1} \frac{\sigma_{i,s} \tilde{G}_{i,s} G_{i,s}}{\gamma_{i,s}}$$

$$+ \sum_{s=1}^{n_i} z_{i,s} \tilde{\theta}_{i,s} \varphi_{i,s}(\hat{\underline{x}}_{i,n_i}) + \sum_{s=1}^{n_i-1} \sum_{s^*=1}^{s} z_{i,s+1} \frac{\partial \alpha_{i,s}}{\partial \hat{x}_{i,s^*}} \tilde{\theta}_{i,s^*}^{\mathrm{T}} \varphi(\hat{\underline{x}}_{i,n_i}) + \rho_{i,n_i} \tag{8.44}$$

假设 $\tilde{\theta}_{i,n_i} \varphi_{i,n_i} \sum_{s^*=n_i}^{n_i-1}(\cdot) = \tilde{\theta}_{i,1} \varphi_{i,1} \sum_{s^*=1}^{0}(\cdot) = 0$, 因此

$$\sum_{s=1}^{n_i-1} \sum_{s^*=1}^{s} z_{i,s+1} \frac{\partial \alpha_{i,s}}{\partial \hat{x}_{i,s^*}} \tilde{\theta}_{i,s^*}^{\mathrm{T}} \varphi_{i,s}(\hat{\underline{x}}_{i,n_i}) + \sum_{s=1}^{n_i} z_{i,s} \tilde{\theta}_{i,s} \varphi_{i,s}(\hat{\underline{x}}_{i,n_i})$$

$$= \sum_{s=1}^{n_i} \tilde{\theta}_{i,s} \varphi_{i,s}(\hat{x}_{i,n_i}) \left(\sum_{s^*=s}^{n_i-1} z_{i,s^*+1} \frac{\partial \alpha_{i,s^*}}{\partial \hat{x}_{i,s}} + z_{i,s} \right) \tag{8.45}$$

设计自适应率 $\dot{\theta}_{i,j}$ 为

$$\dot{\theta}_{i,j} = -\sigma_{i,j}^* \theta_{i,j} + \frac{\gamma_{i,j}^*}{\lambda_{i,j}^*} \varphi_{i,j}(\underline{\hat{x}}_{i,n_i}) \left(\sum_{s^*=j}^{n_i-1} z_{i,s^*+1} \frac{\partial \alpha_{i,s^*}}{\partial \hat{x}_{i,j}} + z_{i,j} \right) \tag{8.46}$$

式中, $\sigma_{i,j}^* > 0$, $j = 1, \cdots, n_i$ 为设计参数.

设计事件触发控制机制为

$$\eta_i(t) = -(1 + \bar{\eta}_i) \left(\alpha_{i,n_i} \tanh \frac{z_{i,n_i} \alpha_{i,n_i}}{\kappa_i} + \xi_i \tanh \frac{z_{i,n_i} \xi_i}{\kappa_i} \right) \tag{8.47}$$

$$u_i(t) = \eta_i(t_q), \quad t \in [t_q, t_{q+1}) \tag{8.48}$$

$$t_{q+1} = \inf\{t \in \mathbb{R} | |\chi_i(t)| \geqslant \bar{\eta}_i |u_i(t)| + \varsigma_i\} \tag{8.49}$$

式中, t_q, $q \in z^+$ 表示控制信号的迭代时间. $\kappa_i > 0$, $\varsigma_i > 0$, $0 < \bar{\eta}_i < 1$, $\xi_i > \frac{\varsigma_i}{1 - \bar{\eta}_i}$ 为设计参数, $\chi_i(t) = \eta_i(t) - u_i(t)$ 表示控制信号的采样误差. 根据式 (8.48) 和式 (8.49) 可知 $-(\bar{\eta}_i |u_i(t)| + \varsigma_i) \leqslant \chi_i(t) \leqslant \bar{\eta}_i |u_i(t)| + \varsigma_i$ 在 $t = t_q$ 时成立. 因此存在时变参数 $0 \leqslant \beta_i(t) \leqslant 1$ 使得 $\chi_i(t) = \beta_i(-(\bar{\eta}_i |u_i(t)| + \varsigma_i)) + (1 - \beta_i)(\bar{\eta}_i |u_i(t)| + \varsigma_i)$. 根据 $\chi_i(t) = \eta_i(t) - u_i(t)$ 可得

$$u_i(t) = \frac{\eta_i(t)}{1 + \beta_{i,1}(t)\bar{\eta}_i} - \frac{\beta_{i,2}(t)\varsigma_i}{1 + \beta_{i,1}(t)\bar{\eta}_i} \tag{8.50}$$

式中, $\beta_{i,1}(t) = \pm(1 - 2\beta_i(t))$, $\beta_{i,2}(t) = (1 - 2\beta_i(t))$ 为时变参数且满足 $-1 \leqslant \beta_{i,1} \leqslant 1$, $-1 \leqslant \beta_{i,2} \leqslant 1$. 结合双曲正切函数的性质以及 $\kappa_i > 0$, $0 < \bar{\eta}_i < 1$ 可知 $z_{i,n_i} \eta_i(t) \leqslant 0$ 成立. 注意到 ξ_i 是被选取用来保证 $\xi_i > \frac{\varsigma_i}{1 - \bar{\eta}_i}$, 其中 $\varsigma_i > 0$, $0 < \bar{\eta}_i < 1$, 因此可以得到 $-|z_{i,n_i}\xi_i| + \frac{\varsigma_i|z_{i,n_i}|}{1 - \bar{\eta}_i} \leqslant 0$. 利用 $z_{i,n_i}\eta_i(t) \leqslant 0$, $-1 \leqslant \beta_{i,1} \leqslant 1$, $-1 \leqslant \beta_{i,2} \leqslant 1$ 可得

$$\frac{z_{i,n_i}\eta_i(t)}{1 + \beta_{i,1}(t)\bar{\eta}_i} \leqslant \frac{z_{i,n_i}\eta_i(t)}{1 + \bar{\eta}_i} \tag{8.51}$$

$$\left| \frac{\beta_{i,2}(t)\varsigma_i}{1 + \beta_{i,1}(t)\bar{\eta}_i} \right| \leqslant \frac{\varsigma_i}{1 - \bar{\eta}_i} \tag{8.52}$$

再根据 $-|z_{i,n_i}\alpha_{i,n_i}| - z_{i,n_i}\alpha_{i,n_i} \leqslant 0$, $-|z_{i,n_i}\xi_i| + \frac{\varsigma_i|z_{i,n_i}|}{1 - \bar{\eta}_i} \leqslant 0$ 以及引理 8.2, 可以得到

$$z_{i,n_i}u_i = z_{i,n_i}\left(\frac{\eta_i(t)}{1 + \beta_{i,1}(t)\bar{\eta}_i} - \frac{\beta_{i,2}(t)\varsigma_i}{1 + \beta_{i,1}(t)\bar{\eta}_i} \right)$$

$$\leqslant \frac{z_{i,n_i}\eta_i(t)}{1+\bar{\eta}_i} + \frac{\varsigma_i|z_{i,n_i}|}{1-\bar{\eta}_i}$$

$$\leqslant -z_{i,n_i}\alpha_{i,n_i} + z_{i,n_i}\alpha_{i,n_i} - |z_{i,n_i}\alpha_{i,n_i}| + |z_{i,n_i}\alpha_{i,n_i}|$$

$$\qquad - z_{i,n_i}\alpha_{i,n_i}\tanh\left(\frac{z_{i,n_i}\alpha_{i,n_i}}{\kappa_i}\right)$$

$$\qquad - |z_{i,n_i}\xi_i| + |z_{i,n_i}\xi_i| - z_{i,n_i}\xi_i\tanh\left(\frac{z_{i,n_i}\xi_i}{\kappa_i}\right) + \frac{\varsigma_i|z_{i,n_i}|}{1-\bar{\eta}_i}$$

$$\leqslant z_{i,n_i}\alpha_{i,n_i} + 0.556\kappa_i \tag{8.53}$$

因此, 式 (8.44) 变成

$$\begin{aligned}
\dot{V}_i \leqslant & - \left(\lambda_{\min}(Q_i) - \frac{n_i-1}{2} - 1\right)\|\tilde{x}_i\|^2 - \sum_{s=1}^{n_i-1} l_{i,s}z_{i,s}^2 + z_{i,n_i-1}z_{i,n_i} \\
& + z_{i,n_i}\left(\alpha_{i,n_i} + z_{i,n_i} + \frac{1}{2a_{i,n_i}}z_{i,n_i}G_{i,n_i}W_{i,n_i}^{\mathrm{T}}W_{i,n_i}\right) + \rho_{i,n_i}^* \\
& + \frac{1}{\gamma_{i,n_i}}\widetilde{G}_{i,n_i}\left(\frac{\gamma_{i,n_i}}{2a_{i,n_i}^2}z_{i,n_i}^2 W_{i,n_i}^{\mathrm{T}}W_{i,n_i} - \dot{G}_{i,n_i}\right) - \sum_{j=1}^{n_i}\frac{\lambda_{ij}^*}{2\gamma_{i,j}^*}\tilde{\theta}_{i,j}^{\mathrm{T}}\dot{\theta}_{i,j} \\
& + \sum_{s=1}^{n_i}\tilde{\theta}_{i,s}\varphi_{i,s}(\hat{x}_{i,n_i})\left(\sum_{s=s^*}^{n_i-1} z_{i,s^*}\frac{\partial\alpha_{i,s^*}}{\partial\hat{x}_{i,s}} + z_{i,s}\right) + \sum_{s=1}^{n_i-1}\frac{\sigma_{i,s}\widetilde{G}_{i,s}G_{i,s}}{\gamma_{i,s}} \tag{8.54}
\end{aligned}$$

式中, $\rho_{i,n_i}^* = \rho_{i,n_i} + 0.557\kappa_i$.

在事件触发控制机制给定后, 定义

$$\alpha_{i,n_i} = -z_{i,n_i-1} - z_{i,n_i} - \frac{1}{2a_{i,n_i}^2}z_{i,n_i}G_{i,n_i}W_{i,n_i}^{\mathrm{T}}W_{i,n_i} - l_{i,n_i}z_{i,n_i} \tag{8.55}$$

将式 (8.42)、式 (8.46)、式 (8.55) 代入式 (8.54) 可得

$$\begin{aligned}
\dot{V}_i \leqslant & - \left(\lambda_{\min}(Q_i) - \frac{n_i-1}{2} - 1\right)\|\tilde{x}_i\|^2 - \sum_{s=1}^{n_i} l_{i,s}z_{i,s}^2 \\
& + \sum_{s=1}^{n_i}\frac{\sigma_{i,s}\widetilde{G}_{i,s}G_{i,s}}{\gamma_{i,s}} + \sum_{j=1}^{n_i}\frac{\lambda_{i,j}^*\sigma_{i,j}^*}{\gamma_{i,j}^*}\tilde{\theta}_{i,j}^{\mathrm{T}}\theta_{i,j} + \rho_{i,n_i}^* \tag{8.56}
\end{aligned}$$

8.2.3　稳定性分析

定理 8.1　在满足假设 8.1 的条件时, 考虑系统 (8.2) 和观测器 (8.3), 组合函数 $\bar{f}_{i,j}$ 可以用神经网络估计, 虚拟控制器 (8.18) 和 (8.37), 实际的事件驱动自

适应控制器 (8.55), 自适应率 (8.38) 和 (8.46) 保证跟踪误差信号 $z_{i,j}$ 收敛于紧集 $\Omega_z = \left\{ z_{i,j} \| z_{i,j} | \leqslant \sqrt{2V(0)e^{-ct} + \rho/c} \right\}$ 的边界, 通过选择适当的参数保证闭环系统的所有信号有界.

证明 选取以下 Lyapunuv 函数:

$$
\begin{aligned}
V &= \sum_{i=1}^{m} V_i \\
&= \sum_{i=1}^{m} \left\{ \frac{1}{2} \tilde{x}_i^{\mathrm{T}} P_i \tilde{x}_i + \frac{1}{2} \sum_{s=1}^{n_i} z_{i,s}^2 + \frac{1}{2} \sum_{s=1}^{n_i} \frac{1}{\gamma_{i,s}} \tilde{G}_{i,j}^2 + \frac{1}{2} \sum_{j=1}^{n_i} \frac{\lambda_{i,j}^*}{\gamma_{i,j}^*} \tilde{\theta}_{i,j}^{\mathrm{T}} \tilde{\theta}_{i,j} \right\}
\end{aligned} \tag{8.57}
$$

对 V 求导可以得到

$$
\begin{aligned}
\dot{V} &= \sum_{i=1}^{m} \dot{V}_i \\
&\leqslant \sum_{i=1}^{m} -\left(\lambda_{\min}(Q_i) - \frac{n_i - 1}{2} - 1 \right) \|\tilde{x}_i\|^2 - \sum_{i=1}^{m} \sum_{s=1}^{n_i} l_{i,s} z_{i,s}^2 \\
&\quad + \sum_{i=1}^{m} \sum_{s=1}^{n_i} \frac{\sigma_{i,s} \tilde{G}_{i,s}^{\mathrm{T}} G_{i,s}}{\gamma_{i,s}} + \sum_{i=1}^{m} \sum_{j=1}^{n_i} \frac{\sigma_{ij}^* \lambda_{i,j}^*}{\gamma_{i,j}^*} \tilde{\theta}_{i,j}^{\mathrm{T}} \theta_{i,j} + \sum_{i=1}^{m} \rho_{i,n_i}^*
\end{aligned} \tag{8.58}
$$

利用杨氏不等式可得

$$
\begin{aligned}
\sum_{i=1}^{m} \sum_{s=1}^{n_i} \frac{\sigma_{i,s} \tilde{G}_{i,s}^{\mathrm{T}} \tilde{G}_{i,s}}{\gamma_{i,s}} &= \sum_{i=1}^{m} \sum_{s=1}^{n_i} \frac{\sigma_{i,s} \tilde{G}_{i,s}^{\mathrm{T}} G_{i,s}^*}{\gamma_{i,s}} - \sum_{i=1}^{m} \sum_{s=1}^{n_i} \frac{\sigma_{i,s} \tilde{G}_{i,s}^{\mathrm{T}} \tilde{G}_{i,s}}{\gamma_{i,s}} \\
&\leqslant \frac{1}{2} \sum_{i=1}^{m} \sum_{s=1}^{n_i} \frac{\sigma_{i,s}}{\gamma_{i,s}} \|G_{i,s}^*\|^2 - \frac{1}{2} \sum_{i=1}^{m} \sum_{s=1}^{n_i} \frac{\sigma_{i,s} \tilde{G}_{i,s}^{\mathrm{T}}}{\gamma_{i,s}}
\end{aligned} \tag{8.59}
$$

$$
\begin{aligned}
\sum_{i=1}^{m} \sum_{j=1}^{n_i} \frac{\sigma_{i,j}^* \lambda_{i,j}^*}{\gamma_{i,j}^*} \tilde{\theta}_{i,j}^{\mathrm{T}} \tilde{\theta}_{i,j} &\leqslant \frac{1}{2} \sum_{i=1}^{m} \sum_{j=1}^{n_i} \frac{\sigma_{i,j}^* \lambda_{i,j}^*}{\gamma_{i,j}^*} \|\theta_{i,j}^*\|^2 \\
&\quad - \frac{1}{2} \sum_{i=1}^{m} \sum_{j=1}^{n_i} \frac{\sigma_{i,j}^* \lambda_{i,j}^*}{\gamma_{i,j}^*} \tilde{\theta}_{i,j}^{\mathrm{T}} \tilde{\theta}_{i,j}
\end{aligned} \tag{8.60}
$$

因此, $\dot{V}$ 满足

$$
\dot{V} \leqslant \sum_{i=1}^{m} -\left(\lambda_{\min}(Q_i) - \frac{n_i - 1}{2} - 1 \right) \|\tilde{x}_i\|^2 - \sum_{i=1}^{m} \sum_{s=1}^{n_i} l_{i,s} z_{i,s}^2
$$

$$-\frac{1}{2}\sum_{i=1}^{m}\sum_{s=1}^{n_i}\frac{\sigma_{i,s}\widetilde{G}_{i,s}^{\mathrm{T}}}{\gamma_{i,s}} - \frac{1}{2}\sum_{i=1}^{m}\sum_{j=1}^{n_i}\frac{\sigma_{i,j}^*\lambda_{i,j}^*}{\gamma_{i,j}^*}\tilde{\theta}_{i,j}^{\mathrm{T}}\tilde{\theta}_{i,j} + \rho \tag{8.61}$$

式中, $\rho = \sum\limits_{i=1}^{m}\rho_{i,n_i}^* + \frac{1}{2}\sum\limits_{i=1}^{m}\sum\limits_{s=1}^{n_i}\frac{\sigma_{i,s}}{\gamma_{i,s}}\|G_{i,s}^*\|^2 + \frac{1}{2}\sum\limits_{i=1}^{m}\sum\limits_{j=1}^{n_i}\frac{\sigma_{i,j}^*\lambda_{i,j}^*}{\gamma_{i,j}^*}\|\theta_{i,j}^*\|^2$. 选取以下参数:

$$c = \min\left\{\frac{2\sum\limits_{i=1}^{m}\left(\lambda_{\min}\left(Q_i\right) - \frac{n_i-1}{2} - 1\right)}{\sum\limits_{i=1}^{m}\lambda_{\max}(P_i)}, 2\sum_{i=1}^{m}\sum_{s=1}^{n_i}l_{i,s}, \sum_{i=1}^{m}\sum_{s=1}^{n_i}\sigma_{i,s}, \sum_{i=1}^{m}\sum_{j=1}^{n_i}\sigma_{i,j}^*\right\}$$

可得

$$\dot{V} \leqslant -cV + \rho \tag{8.62}$$

因此, $V(t) \leqslant V(0)e^{-ct} + (\rho/c)$ 成立, 这意味着系统内的信号均有界, 此外可以知道跟踪误差满足

$$\frac{1}{2}z_{i,j}^2 \leqslant V(0)e^{-ct} + \frac{\rho}{c} \tag{8.63}$$

因此, 跟踪误差保持在紧集

$$\Omega_z = \left\{z_{i,j}\,\middle|\,|z_{i,j}| \leqslant \sqrt{2V(0)e^{-ct} + \frac{2\rho}{c}}\right\} \tag{8.64}$$

上. 随着时间变量趋于无穷, 误差趋于 $\sqrt{2\rho/c}$. 这意味着通过减小 $a_{i,j}$, $i = 1, \cdots, m$, $j = 1, \cdots, n_i$, 增加 $l_{i,j}$, $i = 1, \cdots, m$, $j = 1, \cdots, n_i$ 可以减小跟踪误差. 另外, 和第 2 章的证明类似, 所设计的事件触发控制器能够避免芝诺行为.

8.3 仿真例子

例 8.1 本节设计了一个数值仿真例子来验证上述控制策略的可行性. 考虑以下多输入多输出系统:

$$\begin{cases} \dot{x}_{1,1} = x_{1,2} + f_{1,1}(\underline{x}_{1,2}) \\ \dot{x}_{1,2} = u_1 + f_{1,2}(X) \\ \dot{x}_{2,1} = x_{2,2} + f_{2,1}(\underline{x}_{2,2}) \\ \dot{x}_{2,2} = u_2 + f_{2,2}(X, \underline{u}_1) \end{cases} \tag{8.65}$$

其中, $\underline{x}_{1,2} = [x_{1,1},\ x_{1,2}]^{\mathrm{T}}$, $\underline{x}_{2,2} = [x_{2,1},\ x_{2,2}]^{\mathrm{T}}$, $X = [\underline{x}_{1,2}^{\mathrm{T}},\ \underline{x}_{2,2}^{\mathrm{T}}]^{\mathrm{T}}$, $\underline{u}_1 = u_1$. 选取跟踪信号为 $y_{d_1} = \sin(2t)$, $y_{d_2} = \sin(t)$. 非线性函数为 $f_{1,1}(\underline{x}_{1,2}) = x_{1,2}\cos(x_{1,1}^2) + \sin(x_{1,1}x_{2,1}) + \cos(t)$, $f_{1,2}(X) = x_{1,2}^2 x_{1,1}^2 x_{2,2} + \sin(x_{1,1}x_{1,2}x_{2,1}) + \sin(t)$, $f_{2,1}(\underline{x}_{2,2}) = \sin(x_{2,1})\cos(x_{2,2}) + \cos(t)$, $f_{2,2}(X,\ \underline{u}_1) = \cos(u_1) + x_{1,1}x_{1,2}x_{2,1}x_{2,2} + \sin(t)$.

构造状态观测器为

$$\begin{cases} \dot{\hat{x}}_{i,2} = A_i\hat{\underline{x}}_{i,2} + k_i x_{i,1} + [\hat{f}_{i,1}(\hat{\underline{x}}_{i,2}),\ \hat{f}_{i,2}(\hat{\underline{x}}_{i,2})]^{\mathrm{T}} + b_i u_i \\ y_i = C_i\hat{\underline{x}}_{i,2} \end{cases} \tag{8.66}$$

其中, $\underline{x}_{i,2} = [x_{i,1},\ x_{i,2}]^{\mathrm{T}}$, $\hat{\underline{x}}_{i,2} = [\hat{x}_{i,1},\ \hat{x}_{i,2}]^{\mathrm{T}}$, $i = 1,\ 2$. 选取观测器的相关参数矩阵为 $A_1 = \begin{pmatrix} -200 & 1 \\ -200 & 0 \end{pmatrix}$, $A_2 = \begin{pmatrix} -200 & 1 \\ -120 & 0 \end{pmatrix}$, $k_1 = [200,\ 200]^{\mathrm{T}}$, $k_2 = [200,\ 120]^{\mathrm{T}}$, $b_i = [0,\ 1]^{\mathrm{T}}$, $C_i = [1,\ 0]$. 容易验证 A_1 和 A_2 为 Hurwitz 矩阵.

设计虚拟控制器 (8.37) 和 (8.55)、自适应率 (8.38) 和 (8.46), 并选取设计参数为 $a_{1,1} = a_{1,2} = 10$, $l_{1,1} = 90$, $l_{1,2} = 1$, $\gamma_{1,1} = \gamma_{1,2} = 0.1$, $\sigma_{1,1} = \sigma_{1,2} = 1$, $\sigma_{1,1}^* = \sigma_{1,2}^* = 1$, $\gamma_{1,1}^* = \gamma_{1,2}^* = 10$, $\lambda_{1,1} = \lambda_{1,2} = 10$, $a_{2,1} = a_{2,2} = 10$, $l_{2,1} = 80$, $l_{2,2} = 1$, $\gamma_{2,1} = \gamma_{2,2} = 0.1$, $\sigma_{2,1} = \sigma_{2,2} = 1$, $\sigma_{2,1}^* = \sigma_{2,2}^* = 1$, $\gamma_{2,1}^* = \gamma_{2,2}^* = 10$, $\lambda_{2,1} = \lambda_{2,2} = 10$, $\bar{\eta}_1 = 0.5$, $\bar{\eta}_2 = 0.4$, $\kappa_1 = 20$, $\kappa_2 = 20$, $\xi_1 = 60$, $\xi_2 = 50$, $\varsigma_1 = 20$, $\varsigma_2 = 20$.

系统信号的初始值为

$$\theta_{1,1}(0) = [0.1,\ 0.24,\ -0.15,\ 0,\ 0,\ 0.2,\ 0.2,\ 0.11,\ 0.1,\ 0.2,\ 0.1]$$

$$\theta_{1,2}(0) = [0.2,\ 0.1,\ 0.22,\ 0,\ 0,\ -0.1,\ 0,\ 0.1,\ 0.22,\ 0.14,\ 0.2]$$

$$\theta_{2,1}(0) = [0.15,\ -0.12,\ 0.12,\ 0,\ 0,\ 0.1,\ 0,\ 0.1,\ 0.2,\ -0.1,\ -0.2]$$

$$\theta_{2,2}(0) = [0.15,\ 0.21,\ 0.21,\ 0,\ -0.2,\ 0.1,\ 0,\ 0.1,\ -0.2,\ 0.1,\ 0.2]$$

$$G_{1,1}(0) = 0.1,\ G_{1,2}(0) = 0.2,\ G_{2,1}(0) = 0.11,\ G_{2,2}(0) = 0.15$$

$$x_{1,1}(0) = 0.1,\ x_{1,2}(0) = 0.2,\ x_{2,1}(0) = 0.1,\ x_{2,2}(0) = 0.12$$

$$\hat{x}_{1,1}(0) = 0.1,\ \hat{x}_{1,2}(0) = 0.15,\ \hat{x}_{2,1}(0) = 0.2,\ \hat{x}_{2,2}(0) = 0.1$$

仿真用神经网络逼近所有不确定非线性函数. 因此, 高斯型函数的宽度为 $\varrho = 2$. 选取中心向量为

$$\mu_i = [2.5,\ 2,\ 1.5,\ 1,\ 0.5,\ 0,\ -0.5,\ -1,\ -1.5,\ -2,\ -2.5]^{\mathrm{T}}$$

仿真结果如图 8.1~图 8.8 所示. 图 8.1 和图 8.2 中表示输出 y_i 和参考信号 y_{d_i} 的轨迹, 跟踪误差 $z_{1,1}$ 和 $z_{2,1}$ 如图 8.3 所示. 显然, 输出 y_i 在一个小的误差邻

域内跟踪给定轨迹信号 y_{d_i}. 图 8.4 和图 8.5 表示所有状态以及状态的观测值的轨迹. 图 8.6 表示事件触发控制器. 图 8.7 表示触发的时间间隔. 图 8.7 表明了所设计的事件触发控制器可以大大减少通信资源. 自适应参数 $\|\theta_{i,j}\|$, $\|G_{i,j}\|$, $i = 1$, 2, $j = 1$, 2 如图 8.8 所示.

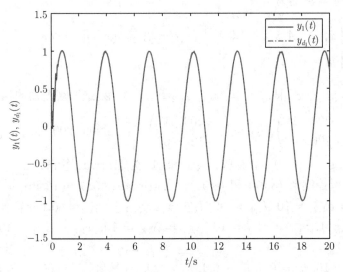

图 8.1　例 8.1 中输出 $y_1(t)$ 和参考信号 $y_{d_1}(t)$ 的轨迹

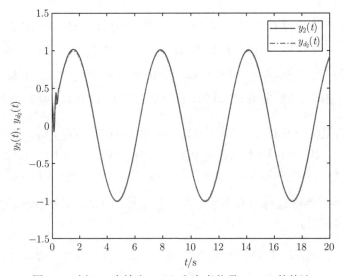

图 8.2　例 8.1 中输出 $y_2(t)$ 和参考信号 $y_{d_2}(t)$ 的轨迹

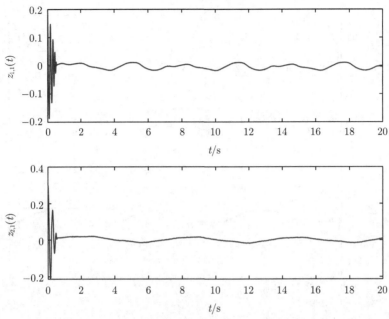

图 8.3　例 8.1 中跟踪误差 $z_{i,1}(t)$, $i = 1$, 2 的轨迹

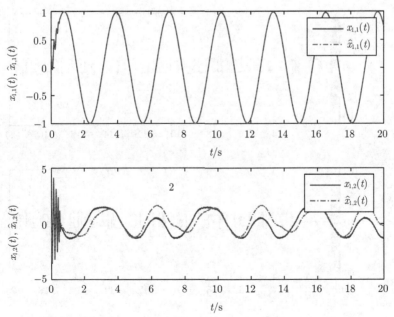

图 8.4　例 8.1 中 $x_{1,j}(t)$, $j = 1$, 2, $\hat{x}_{1,j}(t)$, $j = 1$, 2 的轨迹

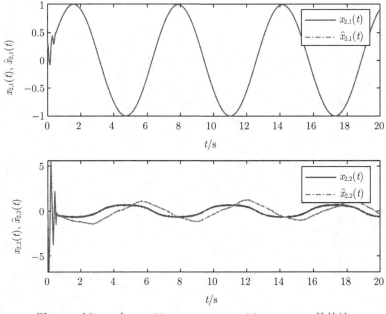

图 8.5　例 8.1 中 $x_{2,j}(t)$, $j = 1$, 2, $\hat{x}_{2,j}(t)$, $j = 1$, 2 的轨迹

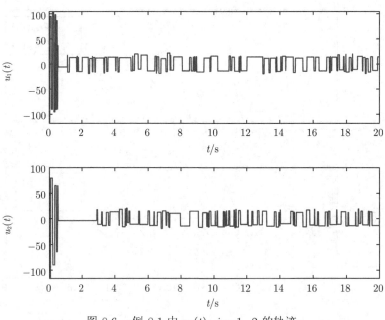

图 8.6　例 8.1 中 $u_i(t)$, $i = 1$, 2 的轨迹

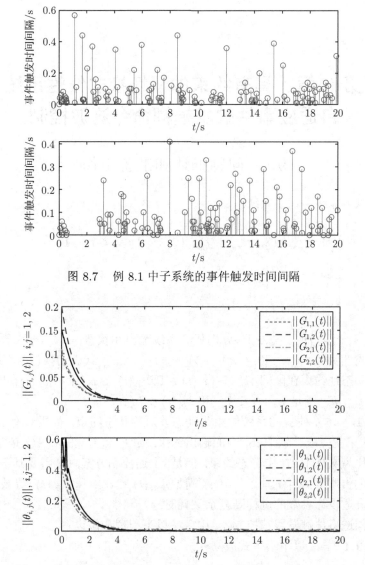

图 8.7　例 8.1 中子系统的事件触发时间间隔

图 8.8　例 8.1 中自适应参数 $\|G_{i,j}(t)\|$, $i,j=1, 2$ 和 $\|\theta_{i,j}(t)\|$, $i,j=1, 2$ 的轨迹

8.4　结　　论

本章设计了一种神经观测器来估计一类非严格反馈非线性多输入多输出系统的未知状态. 设计了一种自适应神经事件触发控制器, 神经网络用于逼近所有未知非线性, 传输过程的计算负担大大减少, 跟踪误差收敛到最小范围, 保证了自适应参数和控制器的有界性, 仿真结果验证了该方法的有效性.

第 9 章 具有约束的慢切换非线性系统自适应事件触发模糊命令滤波控制

9.1 问题描述和准备工作

考虑以下非线性切换系统:

$$
\begin{cases}
\dot{x}_i = g_i^{\sigma(t)}(\bar{x}_i)x_{i+1} + f_i^{\sigma(t)}(\bar{x}_i), \quad 1 \leqslant i \leqslant n-1 \\
\dot{x}_n = g_n^{\sigma(t)}(\bar{x}_n)u + f_n^{\sigma(t)}(\bar{x}_n) \\
y = x_1
\end{cases}
\tag{9.1}
$$

式中, $y \in \mathbb{R}$, $\bar{x}_i = [x_1, \cdots, x_i]^{\mathrm{T}}$ 分别代表系统输出和状态; $g_i^{\sigma(t)}(\bar{x}_i)$, $f_i^{\sigma(t)}(\bar{x}_i)$ 为平滑的非线性函数. $\sigma(t) : [0, +\infty) \to \mathcal{W} = \{1, \cdots, H\}$ 代表切换信号. 系统 (9.1) 的状态被动态地约束在区间 $\Omega_i := \{x_i(t) \in \mathbb{R} | k_{a_i}(t) < x_i(t) < k_{b_i}(t)\}$ 里面, 其中存在常数 $\bar{k}_{a_i}$, $\underline{k}_{b_i}$ 满足 $k_{a_i}(t) < \bar{k}_{a_i}$ 和 $k_{b_i}(t) > \underline{k}_{b_i}$.

注 9.1 本章研究的系统约束是动态非对称状态约束. 如果只有 x_1 受到约束, 状态约束就变成文献 [126] 中的输出约束. 如果 $k_{a_i}(t)$ 和 $k_{b_i}(t)$ 是常数, 则相应的约束化为文献 [127] 中静态约束. 但是, 上述控制方案总是需要具备可行性条件, 即虚拟控制器 $\alpha_{i-1}(i = 2, \cdots, n)$ 满足 $k_{a_i}(t) < \alpha_{i-1} < k_{b_i}(t)$, 寻找符合可行性条件的合适设计参数的过程既复杂又耗时.

为了构造事件触发跟踪控制器, 引入了以下引理和假设.

引理 9.1 [128]   以下不等式成立

$$
0 \leqslant |\phi| - \phi \tanh\left(\frac{\phi}{\vartheta}\right) \leqslant 0.2785\vartheta
\tag{9.2}
$$

式中, $\vartheta > 0$ 和 $\phi \in \mathbb{R}$.

假设 9.1 $g_i^p(\bar{x}_i)$ 的符号已知, 且存在两个常数 $b_{i,m}^p$, $b_{i,M}^p$ 使得 $0 < b_{i,m}^p \leqslant |g_i^p(\bar{x}_i)| \leqslant b_{i,M}^p$. 我们假设 $(g_i^p(\bar{x}_i)) = 1$.

假设 9.2   参考信号 y_d 满足 $\Omega_d := \{y_d(t) \in \mathbb{R} | k_{d_a}(t) < y_d(t) < k_{d_b}(t)\}$. 式中, $k_{d_a}(t) \geqslant k_{a_1}(t)$ 和 $k_{d_b}(t) \leqslant k_{b_1}(t)$ 成立.

假设 9.3 对于 $t > 0$, y_d 及其直到 n 阶导数是有界和连续的.

定义 9.1 [129] 对于 $\forall (p, q) \in \mathcal{W} \times \mathcal{W}$, 令 $N_{\sigma p_q}(T, t)$ 表示在 $[t, T]$ 上从第 q 个子系统到第 p 个子系统上的切换次数, $T_{p_q}(T, t)$ 表示在 $[t, T]$ 上从第 q 个子系统切换到第 p 个子系统时, 第 p 个子系统的总运行时间. 存在可容许的边缘依赖平均驻留时间 τ_{ap_q} 和 $N_{0p_q} > 0$ (N_{0p_q} 被称为可容许的边缘依赖抖振边界) 使得

$$N_{\sigma p_q}(T, t) \leqslant N_{0p_q} + \frac{T_{p_q}(T, t)}{\tau_{ap_q}}, \quad \forall T \geqslant t \geqslant 0 \tag{9.3}$$

根据式 (9.3) 可得

$$\sum_{q=1, q \neq p}^{H} N_{\sigma p_q}(T, t) \leqslant \sum_{q=1, q \neq p}^{H} N_{0p_q} + \sum_{q=1, q \neq p}^{H} \frac{T_{p_q}(T, t)}{\tau_{ap_q}}$$

显然, $N_{\sigma p} = \sum_{q=1, q \neq p}^{H} N_{\sigma p_q}$ 和 $T_p(T, t) = \sum_{q=1, q \neq p}^{H} T_{p_q}(T, t)$. 此外, 假设 $N_{0p} = \sum_{q=1, q \neq p}^{H} N_{0p_q}$, 设置 $\tau_{ap} = \tau_{ap_q}$, 然后我们可以得到与模式依赖平均驻留时间形式相同的不等式. 从上面提到的, 可以看到可容许的边缘依赖平均驻留时间切换比模式依赖平均驻留时间切换更通用. 同时, 本章使用的切换信号具有 "慢切换" 的特性, 所设计的算法可以保证避免无限快切换现象.

为了处理全状态约束并避免可行性条件, 引入文献 [130] 中设计的统一障碍函数:

$$\chi_i = \frac{x_i - \bar{k}_{a_i}}{x_i - k_{a_i}(t)} + \frac{x_i - \underline{k}_{b_i}}{k_{b_i}(t) - x_i}, \quad i = 1, \cdots, n \tag{9.4}$$

将式 (9.4) 写成如下形式

$$\chi_i = \chi_{i1} x_i + \chi_{i2} \tag{9.5}$$

式中, $\chi_{i1} = (\bar{k}_{a_i} - k_{a_i} + k_{b_i} - \underline{k}_{b_i})/[(x_i - k_{a_i})(k_{b_i} - x_i)]$ 并且 $\chi_{i2} = (k_{a_i} \underline{k}_{b_i} - \bar{k}_{a_i} k_{b_i})/[(x_i - k_{a_i})(k_{b_i} - x_i)]$, $i = 1, \cdots, n$. 因此根据式 (9.5) 可知

$$x_i = \frac{\chi_i}{\chi_{i1}} - \chi_{i3} \tag{9.6}$$

式中, $\chi_{i3} = \chi_{i2}/\chi_{i1} = (k_{a_i} \underline{k}_{b_i} - \bar{k}_{a_i} k_{b_i})/(\bar{k}_{a_i} - k_{a_i} + k_{b_i} - \underline{k}_{b_i})$, $i = 1, \cdots, n$. 对式 (9.5) 求导可得

$$\dot{\chi}_i = \eta_{1i} \dot{x}_i + \eta_{2i} \tag{9.7}$$

式中, $\eta_{1i} = (\bar{k}_{a_i} - k_{a_i})/(x_i - k_{a_i})^2 + (k_{b_i} - \underline{k}_{b_i})/(k_{b_i} - x_i)^2$, $\eta_{2i} = (x_i - \bar{k}_{a_i})\dot{k}_{a_i}/(x_i - k_{a_i})^2 - (x_i - \underline{k}_{b_i})\dot{k}_{b_i}/(k_{b_i} - x_i)^2$, $i = 1, \cdots, n$.

因此系统 (9.1) 被转换成如下形式:

$$\begin{cases} \dot{\chi}_i = g_i^{\sigma(t)}\chi_{i+1} + \Phi_i^{\sigma(t)}, & 1 \leqslant i \leqslant n-1 \\ \dot{\chi}_n = \eta_{1n}g_n^{\sigma(t)}u + \Phi_n^{\sigma(t)} \end{cases} \tag{9.8}$$

式中, $\Phi_i^{\sigma(t)} = \eta_{1i}[f_i^{\sigma(t)} + g_i^{\sigma(t)}\chi_{i+1}/\chi_{i+1,1} - g_i^{\sigma(t)}\chi_{i+1,3}] + \chi_{i2} - g_i^{\sigma(t)}\chi_{i+1}, i = 1, \cdots, n-1$, $\Phi_n^{\sigma(t)} = \eta_{1n}f_n^{\sigma(t)} + \eta_{2n}$.

9.2　自适应事件触发控制器设计和稳定性分析

为了开始反步设计, 首先定义以下坐标变换:

$$\begin{cases} \varsigma_1 = \chi_1 - y_d^* \\ \varsigma_i = \chi_i - \alpha_{i-1,f}, & 2 \leqslant i \leqslant n \end{cases} \tag{9.9}$$

式中, ς_i 表示误差信号, $y_d^* = (y_d - \bar{k}_{a_i})/(y_d - k_{a_i} + y_d) + (y_d - \underline{k}_{b_i})/(k_{b_i} - y_d)$, $\alpha_{i-1,f}$ 代表一阶滤波的输出, 一阶滤波定义如下:

$$\varepsilon_i\dot{\alpha}_{i,f}(t) + \alpha_{i,f}(t) = \alpha_i(t), \quad 1 \leqslant i \leqslant n-1 \tag{9.10}$$

式中, α_i 为一阶滤波的输入, ε_i 是正数, $\alpha_{i,f}(0) = \alpha_i(0)$.

定义如下补偿信号:

$$\begin{cases} \dot{\zeta}_1 = -c_1 g_1^p \zeta_1 + g_1^p(\alpha_{1,f} - \alpha_1) + g_1^p \zeta_2 \\ \dot{\zeta}_i = -c_i g_i^p \zeta_i + g_i^p(\alpha_{i,f} - \alpha_i) + g_i^p \zeta_{i+1} - g_{i-1}^p \zeta_{i-1}, & 2 \leqslant i \leqslant n-1 \\ \dot{\zeta}_n = -c_n g_n^p \zeta_n - g_{n-1}^p \zeta_{n-1} \end{cases} \tag{9.11}$$

式中, $c_i, i = 1, \cdots, n$ 为设计参数. 定义以下跟踪补偿信号:

$$e_i = \varsigma_i - \zeta_i, \quad 1 \leqslant i \leqslant n \tag{9.12}$$

第 1 步　e_1 的导数为

$$\dot{e}_1 = \dot{\varsigma}_1 - \dot{\zeta}_1 = \Phi_1^p + g_1^p(e_2 + \zeta_2 + \alpha_{1,f}) - \dot{y}_d^* - \dot{\zeta}_1 \tag{9.13}$$

式中,

$$\dot{y}_d^* = [(\bar{k}_{a_i} - k_{a_i})/(y_d - k_{a_i})^2 + (k_{b_i} - \underline{k}_{b_i})/(k_{b_i} - y_d)^2]\dot{y}_d$$
$$+ [(y_d - \bar{k}_{a_i})\dot{k}_{a_i}/(y_d - k_{a_i})^2 - (y_d - \underline{k}_{b_i})\dot{k}_{b_i}/(k_{b_i} - y_d)^2]$$

选取以下 Lyapunov 函数

$$V_1^p = \frac{1}{2}e_1^2 + \frac{b_{1,m}^p}{2l_1}\tilde{\theta}_1^2 \tag{9.14}$$

式中, $\tilde{\theta}_1 = \theta_1 - \hat{\theta}_1$, $\hat{\theta}_1$ 为 θ_1 的估计, l_1 为正的设计参数. 根据式 (9.14) 求得 V_1^p 的导数为

$$\dot{V}_1^p = e_1(\Phi_1^p + g_1^p e_2 + g_1^p \zeta_2 + g_1^p \alpha_{1,f} - \dot{y}_d^* - \dot{\zeta}_1) - \frac{b_{1,m}^p}{l_1}\tilde{\theta}_1\dot{\hat{\theta}}_1 \tag{9.15}$$

令 $\bar{f}_1^p(Z_1) = \Phi_1^p - \dot{y}_d^*$, 利用模糊技术对其估计可得

$$\bar{f}_1^p(Z_1) = \psi_1^{pT}S_1(Z_1) + \delta_1^p(Z_1), \quad |\delta_1^p(Z_1)| \leqslant \tau_1^p \tag{9.16}$$

式中, $Z_1 = [\bar{x}_2, y_d, \dot{y}_d]^T$.

利用杨氏不等式可得

$$e_1\bar{f}_1^p(Z_1) \leqslant \frac{b_{1,m}^p e_1^2\theta_1}{2a_1^2} + \frac{1}{2}a_1^2 + \frac{1}{2}e_1^2 + \frac{1}{2}\tau_1^{p2} \tag{9.17}$$

式中, $\theta_1 = \max_{p\in\mathcal{W}}\left\{\dfrac{\|\psi_1^p\|^2}{b_{1,\min}}\right\}$, $b_{1,\min} = \min_{p\in\mathcal{W}}\{b_{1,m}^p\}$, $a_1 > 0$ 为常数.

将式 (9.17) 代入式 (9.15) 可得

$$\dot{V}_1^p \leqslant g_1^p e_1 e_2 + c_1 g_1^p e_1\zeta_1 + e_1 g_1^p \alpha_1 + \frac{b_{1,m}^p e_1^2\theta_1}{2a_1^2}$$
$$+ \frac{1}{2}2a_1^2 + \frac{1}{2}e_1^2 + \frac{1}{2}\tau_1^{p2} - \frac{b_{1,m}^p}{l_1}\tilde{\theta}_1\dot{\hat{\theta}}_1 \tag{9.18}$$

设计虚拟控制器 α_1 和自适应参数 $\hat{\theta}_1$ 为

$$\alpha_1 = -c_1\varsigma_1 - \frac{e_1\hat{\theta}_1}{2a_1^2} \tag{9.19}$$

$$\dot{\hat{\theta}}_1 = \frac{l_1 e_1^2}{2a_1^2} - l_1\hat{\theta}_1 \tag{9.20}$$

将式 (9.19)、式 (9.20) 代入式 (9.18) 可得

$$\dot{V}_1^p \leqslant g_1^p e_1 e_2 - c_1 b_{1,m}^p e_1^2 + \frac{1}{2} e_1^2 + \frac{1}{2} a_1^2 + \frac{1}{2} \tau_1^{p2} + b_{1,m}^p \tilde{\theta}_1 \hat{\theta}_1 \qquad (9.21)$$

利用杨氏不等式可得

$$b_{1,m}^p \tilde{\theta}_1 \hat{\theta}_1 \leqslant -\frac{1}{2} b_{1,m}^p \tilde{\theta}_1^2 + \frac{1}{2} b_{1,\max} \theta_1^2 \qquad (9.22)$$

式中, $b_{1,\max} = \max\limits_{p \in \mathcal{W}} \{b_{1,M}^p\}$.

利用式 (9.22) 可得

$$\dot{V}_1^p \leqslant g_1^p e_1 e_2 - \left(c_1 b_{1,m}^p - \frac{1}{2}\right) e_1^2 - \frac{1}{2} b_{1,m}^p \tilde{\theta}_1^2 + \tilde{\Upsilon}_1^p \qquad (9.23)$$

式中, $\tilde{\Upsilon}_1^p = \frac{1}{2} a_1^2 + \frac{1}{2} \tau_1^{p2} + \frac{1}{2} b_{1,\max} \theta_1^2$.

第 j ($2 \leqslant j \leqslant n-1$) 步   根据式 (9.9) 和式 (9.12), 有

$$\dot{e}_j = \Phi_j^p + g_j^p (e_{j+1} + \zeta_{j+1} + \alpha_{j,f}) - \dot{\alpha}_{j-1,f} - \dot{\zeta}_j \qquad (9.24)$$

选取以下 Lyapunov 函数

$$V_j^p = V_{j-1}^p + \frac{1}{2} e_j^2 + \frac{b_{j,m}^p}{2l_j} \tilde{\theta}_j^2 \qquad (9.25)$$

式中, $\tilde{\theta}_j = \theta_j - \hat{\theta}_j$, l_j 为正的设计参数. V_j^p 的导数为

$$\dot{V}_j^p = \dot{V}_{j-1}^p + e_j (\bar{f}_j^p(Z_j) + g_j^p (e_{j+1} + \zeta_{j+1} + \alpha_{j,f})$$
$$- \dot{\zeta}_j) - \frac{b_{j,m}^p}{l_j} \tilde{\theta}_j \dot{\hat{\theta}}_j - g_{j-1}^p \varsigma_{j-1} e_j \qquad (9.26)$$

式中, $\bar{f}_j^p(Z_j) = \Phi_j^p - \dot{\alpha}_{j-1,f} + g_{j-1}^p \varsigma_{j-1}$, $Z_j = [\bar{x}_{j+1}, \hat{\theta}_1, \cdots, \hat{\theta}_{j-1}, y_d, \cdots, y_d^{(j)}]^{\mathrm{T}}$. 利用杨氏不等式可得

$$e_j \bar{f}_j^p(Z_j) \leqslant \frac{b_{j,m}^p e_j^2 \theta_j}{2a_j^2} + \frac{1}{2} a_j^2 + \frac{1}{2} e_j^2 + \frac{1}{2} \tau_j^{p2} \qquad (9.27)$$

式中, $\theta_j = \max\limits_{p \in \mathcal{W}} \left\{ \dfrac{\|\psi_j^p\|^2}{b_{j,\min}} \right\}$, $b_{j,\min} = \min\limits_{p \in \mathcal{W}} \{b_{j,m}^p\}$, a_j 为设计参数. 将式 (9.27) 代入式 (9.26) 可得

$$\dot{V}_j^p \leqslant -\sum_{s=1}^{j-1} \left(c_s b_{s,m}^p - \frac{1}{2}\right) e_s^2 - \frac{1}{2} \sum_{s=1}^{j-1} b_{s,m}^p \tilde{\theta}_s^2$$

$$+ \sum_{s=1}^{j-1} \frac{1}{2}(a_s^2 + \tau_s^{p2} + b_{s,\max}\theta_s^2) + \frac{b_{j,m}^p e_1^2 \theta_j}{2a_j^2}$$

$$+ g_j^p e_j e_{j+1} + c_j g_j^p e_j \varsigma_j + e_j g_j^p \alpha_j$$

$$+ \frac{1}{2}a_j^2 + \frac{1}{2}e_j^2 + \frac{1}{2}\tau_j^{p2} - \frac{b_{j,m}^p}{l_j}\tilde{\theta}_j \dot{\hat{\theta}}_j \qquad (9.28)$$

构造虚拟控制器 α_j 为

$$\alpha_j = -c_j \varsigma_j - \frac{e_j \hat{\theta}_j}{2a_j^2} \qquad (9.29)$$

构造自适应律为

$$\dot{\hat{\theta}}_j = \frac{l_j e_j^2}{2a_j^2} - l_j \hat{\theta}_j \qquad (9.30)$$

根据式 (9.28)∼ 式 (9.30) 可得

$$\dot{V}_j^p \leqslant - \sum_{s=1}^{j} \left(c_s b_{s,m}^p - \frac{1}{2} \right) e_s^2 - \frac{1}{2} \sum_{s=1}^{j} b_{s,m}^p \tilde{\theta}_s^2 + g_j^p e_j e_{j+1} + \tilde{\Upsilon}_j^p \qquad (9.31)$$

式中, $\tilde{\Upsilon}_j^p = \sum\limits_{s=1}^{j} \frac{1}{2}(a_s^2 + \tau_s^{p2} + b_{s,\max}\theta_s^2)$, $b_{s,\max} = \max\limits_{p \in \mathcal{W}}\{b_{s,M}^p\}$.

第 n 步 一般来说, 触发间隔内的切换导致的异步切换将影响系统性能. 我们将分析在触发间隔 $[t_r, t_{r+1})$ 内的第 p 个子系统. 令 $\mathsf{T}_0^r = t_r$, $\mathsf{T}_{k+1}^r = t_{r+1}$, 在时间区间 $[t_r, t_{r+1})$ 上, $\mathsf{T}_1^r, \mathsf{T}_2^r, \cdots, \mathsf{T}_k^r$ 为切换次数. 设计切换事件触发机制为

$$u^p(t) = -(1 + \eta(t)) \left(\alpha_n \tanh\left(\frac{e_n g_n^p \eta_{1n} \alpha_n}{\rho^p} \right) + \hbar_1 \tanh\left(\frac{e_n g_n^p \eta_{1n} \hbar_1}{\rho^p} \right) \right)$$

$$- \left(\frac{1 + \eta(t)}{1 - \eta(t)} \right) J_w \tanh\left(\frac{e_n g_n^p \eta_{1n} J_w}{\rho^p} \right) \qquad (9.32)$$

$$u(t) = u^{\sigma(t_r)}(t_r), \quad t_r \leqslant t < t_{r+1} \qquad (9.33)$$

$$t_{r+1} = \inf\{t \in \mathbb{R} \mid |\beta^{\sigma(t)}(t)| \geqslant \eta(t)|u^{\sigma(t_r)}(t_r)| + J_w + d\} \qquad (9.34)$$

$$\dot{\eta}(t) = -\iota \eta^2(t) \qquad (9.35)$$

$$J_w = \begin{cases} \sum\limits_{s=1}^{i} |u^{\sigma(\mathsf{T}_s^{r-})}(\mathsf{T}_s^r) - u^{\sigma(\mathsf{T}_s^r)}(\mathsf{T}_s^r)|, & t \in [\mathsf{T}_i^r, \mathsf{T}_{i+1}^r) \\ \quad i = 1, 2, \cdots, k \\ 0, & t \in [\mathsf{T}_0^r, \mathsf{T}_1^r) \end{cases}$$

式中, $k > 0$, $\beta^{\sigma(t)}(t) = u^{\sigma(t_r)}(t_r) - u^{\sigma(t)}(t)$. $d > 0$, $\rho^p > 0$, $\iota \geqslant 0$ 和 $\hbar_1 > \dfrac{d}{1 - \eta(0)}$ 为设计参数. 对于任意给定的初值 $0 < \eta(0) \leqslant 0.5$, 我们有 $\eta(t) \in (0, 0.5]$, $t > 0$.

注 9.2　切换事件触发机制的触发误差取决于切换信号, 这是处理异步切换的关键. 然而, 由于触发误差在切换瞬间是不连续的, 切换可能导致额外的触发器, 从而导致芝诺行为. 为避免上述问题, 我们创新地设计了一种集成切换时刻跳变信息的累积阈值函数.

注 9.3　式 (9.34) 中切换事件触发机制的主要特点之一是, 在不考虑开关的情况下, 阈值参数 $\eta(t)$ 可以动态调整, 而不需要固定. 如果选择 $\eta(0) = 0$, $d \neq 0$, $\iota = 0$, 则切换事件触发机制可以写成 $t_{r+1} = \inf\{t \in \mathbb{R}||\beta^{\sigma(t)}(t)| \geqslant d\}$, 这是经典的采样控制. 此外, 设 $\eta(0) \neq 0$, $d \neq 0$, $\iota = 0$, 将式 (9.34) 中所开发的动态事件触发控制器简化为静态事件触发控制器. 因此, 切换事件触发机制比静态事件触发策略或经典的采样数据控制更灵活, 它实际上涵盖了这两种机制.

第一部分: 同步间隔.

(1) 假设 $\sigma(t) = p$, $t \in [\top_0^r, \top_1^r)$. 在这个时间区间上, $J_w = 0$. 基于式 (9.32)～式 (9.35), 可以得到 $u^p(t) = (1 + \xi_1(t)\eta(t))u^p(t_r) + \xi_2(t)d$, $\forall t \in [t_r, t_{r+1})$, 式中 $\xi_1(t) \in [-1, 1]$, $\xi_2(t) \in [-1, 1]$. 因此, 可以将实际控制器表示成

$$u^p(t_r) = \frac{u^p(t)}{1 + \xi_1\eta} - \frac{\xi_2 d}{1 + \xi_1\eta} \tag{9.36}$$

选取以下 Lyapunov 函数

$$V_n^p = V_{n-1}^p + \frac{1}{2}e_n^2 + \frac{b_{n,m}^p}{2l_n}\tilde{\theta}_n^2 \tag{9.37}$$

式中, $\tilde{\theta}_n = \theta_n - \hat{\theta}_n$, l_n 为正的设计参数. 对 V_n^p 求导可得

$$\dot{V}_n^p = \dot{V}_{n-1}^p + e_n(\eta_{1n}g_n^p u + \bar{f}_n^p(Z_n) - \dot{\varsigma}_n)$$
$$- \frac{b_{n,m}^p}{l_n}\tilde{\theta}_n\dot{\hat{\theta}}_n - g_{n-1}^p\varsigma_{n-1}e_n \tag{9.38}$$

式中, $\bar{f}_n^p(Z_n) = \Phi_n^p - \dot{\alpha}_{n-1,f} + g_{n-1}^p\varsigma_{n-1}$. 利用杨氏不等式可得

$$\bar{f}_n^p(Z_n) = \psi_n^{p\mathrm{T}}S_n(Z_n) + \delta_n^p(Z_n), \quad |\delta_n^p(Z_n)| \leqslant \tau_n^p \tag{9.39}$$

式中, $Z_n = [\bar{x}_n, \hat{\theta}_1, \cdots, \hat{\theta}_{n-1}, y_d^{(1)}, \cdots, y_d^{(n)}]^{\mathrm{T}}$.

根据杨氏不等式可得

$$e_n\bar{f}_n^p(Z_n) \leqslant \frac{b_{n,m}^p e_n^2 \theta_n}{2a_n^2} + \frac{1}{2}a_n^2 + \frac{1}{2}e_n^2 + \frac{1}{2}\tau_n^{p2} \tag{9.40}$$

式中, $\theta_n = \max\limits_{p\in\mathcal{W}}\left\{\dfrac{\|\psi_n^p\|^2}{b_{n,\min}}\right\}$, $b_{n,\min} = \min\limits_{p\in\mathcal{W}}\{b_{n,m}^p\}$, $a_n > 0$ 为常数.

根据 $\dfrac{e_n\eta_{1n}g_n^p u^p(t)}{1+\xi_1\eta} \leqslant \dfrac{e_n\eta_{1n}g_n^p u^p(t)}{1+\eta}$, $g_n^p|\dfrac{\xi_2 d}{1+\xi_1\eta}| \leqslant g_n^p\dfrac{d}{1-\eta}$, $\hbar_1 > \dfrac{d}{1-\eta(0)}$

以及引理 9.1, 将式 (9.40) 代入式 (9.38) 可得

$$\dot{V}_n^p \leqslant -\sum_{s=1}^{n-1}\left(c_s b_{s,m}^p - \frac{1}{2}\right)e_s^2 - \frac{1}{2}\sum_{s=1}^{n-1}b_{s,m}^p\tilde{\theta}_s^2$$
$$+\sum_{s=1}^{n-1}\frac{1}{2}(a_s^2 + \tau_s^{p2} + b_{s,\max}\theta_s^2) + \eta_{1n}g_n^p e_n\alpha_n$$
$$-c_n g_n^p e_n\varsigma_n + \frac{1}{2}a_n^2 + 0.557\rho^p + \frac{b_{n,m}^p e_1^2\theta_n}{2a_n^2}$$
$$+\frac{1}{2}\tau_n^{p2} + \frac{1}{2}e_n^2 - \frac{b_{n,m}^p}{l_n}\tilde{\theta}_n\dot{\hat{\theta}}_n \tag{9.41}$$

设计以下虚拟控制器和自适应参数

$$\alpha_n = -\frac{1}{\eta_{1n}}\left(c_n\varsigma_n + \frac{e_n\hat{\theta}_n}{2a_n^2}\right) \tag{9.42}$$

$$\dot{\hat{\theta}}_n = \frac{l_n e_n^2}{2a_n^2} - l_n\hat{\theta}_n \tag{9.43}$$

根据式 (9.41)~式 (9.43) 可得

$$\dot{V}_n^p \leqslant -\sum_{s=1}^{n}\left(c_s b_{s,m}^p - \frac{1}{2}\right)e_s^2 - \frac{1}{2}\sum_{s=1}^{n}b_{s,m}^p\tilde{\theta}_s^2 + \tilde{\Upsilon}_n^p \tag{9.44}$$

式中, $\tilde{\Upsilon}_n^p = \sum_{s=1}^{n}\frac{1}{2}(a_s^2 + \tau_s^{p2} + b_{s,\max}\theta_s^2 + 0.557\rho^p)$, $b_{s,\max} = \max\limits_{p\in\mathcal{W}}\{b_{s,M}^p\}$.

(2) 假设 $\sigma(t) = \sigma(t_r) = p$, $t \in [\top_i^r, \top_{i+1}^r)$, $i = 1, 2, \cdots, k$ $(k > 0)$. 切换事件触发通信机制式 (9.34) 能够确保

$$|u^p(t_r) - u^p(t)| \leqslant \eta(t)|u^p(t_r)| + J_w + d \tag{9.45}$$

然后利用与 (1) 中相同的求导方式可得

$$e_n\eta_{1n}g_n^p u(t) = e_n\eta_{1n}g_n^p u^p(t_r) \leqslant \frac{e_n\eta_{1n}g_n^p u^p(t)}{1+\eta} + \left|e_n\eta_{1n}g_n^p\frac{d+J_w}{1-\eta}\right| \tag{9.46}$$

采取与 (1) 中相似的处理方法可得

$$\dot{V}_n^p \leqslant -\sum_{s=1}^{n}\left(c_s b_{s,m}^p - \frac{1}{2}\right)e_s^2 - \frac{1}{2}\sum_{s=1}^{n} b_{s,m}^p \tilde{\theta}_s^2 + \tilde{\Upsilon}_n^p$$

$$+\left|\frac{e_n \eta_{1n} g_n^p J_w}{1-\eta}\right| - \frac{e_n \eta_{1n} g_n^p J_w}{1-\eta}\tanh\left(\frac{e_n g_n^p \eta_{1n} J_w}{\rho^p}\right)$$

$$\leqslant -\sum_{s=1}^{n}\left(c_s b_{s,m}^p - \frac{1}{2}\right)e_s^2 - \frac{1}{2}\sum_{s=1}^{n} b_{s,m}^p \tilde{\theta}_s^2 + \tilde{\Upsilon}_n^p + 0.557\rho^p \tag{9.47}$$

第二部分: 异步间隔. 只有当 $\sigma(t) = p \neq \sigma(t_r)$, $t \in [\top_i^r, \top_{i+1}^r)$, $i = 1, 2, \cdots$, $k\ (k > 0)$ 时, 此区间为非空. 切换事件触发机制 (9.34) 能够确保

$$|u^{\sigma(t_r)}(t_r) - u^p(t)| \leqslant \eta(t)|u^{\sigma(t_r)}(t_r)| + J_w + d \tag{9.48}$$

然后, 采取与第一部分情况 (2) 中相同的求导方式可得

$$e_n \eta_{1n} g_n^p u(t) = e_n \eta_{1n} g_n^p u^{\sigma(t_r)}(t_r) \leqslant \frac{e_n \eta_{1n} g_n^p u^p(t)}{1+\eta} + e_n \eta_{1n} g_n^p \frac{d + J_w}{1-\eta} \tag{9.49}$$

不等式 (9.49) 的右边仅仅与第 p 个子系统相关. 换句话说, 设计的切换事件触发机制消除了异步切换的影响. 与第一部分情况 (2) 中的处理过程相似, 我们得到

$$\dot{V}_n^p \leqslant -\sum_{s=1}^{n}\left(c_s b_{s,m}^p - \frac{1}{2}\right)e_s^2 - \frac{1}{2}\sum_{s=1}^{n} b_{s,m}^p \tilde{\theta}_s^2 + \tilde{\Upsilon}_n^p + 0.557\rho^p \tag{9.50}$$

第 $n+1$ 步　为第 p 个子系统构造如下 Lyapunov 函数:

$$V_{n+1}^p = \sum_{j=1}^{n} \frac{1}{2}\zeta_j^{\ 2} \tag{9.51}$$

因此我们能够得到

$$\dot{V}_{n+1}^p = -\sum_{j=1}^{n} c_j g_j^p \zeta_j^2 + \sum_{j=1}^{n-1} g_j^p \zeta_j(\alpha_{j,f} - \alpha_j) \tag{9.52}$$

根据文献 [102] 中的引理 9.1 可知 $|\alpha_{j,f} - \alpha_j| \leqslant \Xi_j$. 因此我们有

$$\dot{V}_{n+1}^p \leqslant -\sum_{j=1}^{n}\left(c_j b_{j,m}^p - \frac{1}{2}\right)\zeta_j^2 + \sum_{j=1}^{n} \frac{1}{2}(b_{j,M}^p \Xi_j)^2 \tag{9.53}$$

注 9.4 值得注意的是, 所设计的基于命令过滤器的反步方法具有许多优点. 首先, 与传统的逆向设计方法[72,131,132], 由于在设计步骤中使用了滤波器 (9.10), 虚拟控制器不需要重复微分, 避免了虚拟控制器重复求导引起的 "复杂性爆炸" 问题. 其次, 不同于动态面控制[133,134], 在设计过程中考虑了误差补偿机制, 以减小滤波误差.

接下来, 定义以下正数:

$$\lambda_p = \min\{2c_j b_{j,m}^p - 1, l_j, j = 1, 2, \cdots, n, p \in \mathcal{W}\} \tag{9.54}$$

$$\mu_{p,q} = \max\left\{\frac{b_{j,m}^p}{b_{j,m}^q}, 1, j = 1, 2, \cdots, n, p, q \in \mathcal{W}\right\} \tag{9.55}$$

$$\Lambda = \max\left\{\tilde{\Upsilon}_n^p + 0.557\rho^p, \sum_{j=1}^n \frac{1}{2}(b_{j,M}^p \Xi_j^p)^2, p \in \mathcal{W}\right\} \tag{9.56}$$

通过选取 Lyapunov 函数 $V^p = V_n^p$, 我们有

$$\dot{V}^p \leqslant -\lambda_p V^p + \Lambda \tag{9.57}$$

并且 $\forall(\sigma(t_i) = p, \sigma(t_i^-) = q) \in \mathcal{W} \times \mathcal{W}, p \neq q$,

$$V^p \leqslant \mu_{p,q} V^q \tag{9.58}$$

定理 9.1 对于在假设 9.1~假设 9.3 下的切换非线性系统 (9.1), 构造了实际控制器 (9.33), 自适应律 (9.20), (9.30) 和 (9.43), 对于带有可容许的边缘依赖平均驻留时间 $\tau_{ap_q} \geqslant \tau_{ap_q}^* = \frac{ln\mu_{p,q}}{\lambda_p}$ 的 $\sigma(t)$, 可以得到以下结论:

(1) 所有闭环信号均有界;

(2) 跟踪误差最终收敛到原点附近;

(3) 所有状态都不会超越其规定的区间, 同时, 可行性条件被取消;

(4) 切换事件触发通信机制 (9.34) 不会引发芝诺行为.

证明 存在 $\gamma_1, \gamma_2 \in k_\infty$ 使得 $\gamma_1(\|Y\|) \leqslant V^p(Y) \leqslant \gamma_2(\|Y\|)$, 对于 $T > 0$, 令 $t_0 = 0$, 在 $[0, T]$ 上, $t_1, t_2, \cdots, t_k, t_{k+1}, \cdots, t_{N_\sigma(T,0)}$ 为切换次数, 式中,

$$\sum_{q=1,q\neq p}^H N_{\sigma p_q}(T, 0) = N_{\sigma p}(T, 0), \quad p, q \in \mathcal{W}$$

此外, $Q(t) = e^{\lambda_{\sigma(t)}t} V^{\sigma(t)}(Y(t))$ 是分段可微的. 对于每个区间 $[t_i, t_{i+1}]$, 根据式 (9.57) 可知

$$\dot{Q}(t) \leqslant \lambda_{\sigma(t)} e^{\lambda_{\sigma(t)}t} V_{\sigma(t)}(Y(t)) + e^{\lambda_{\sigma(t)}t}\Lambda - \lambda_{\sigma(t)} e^{\lambda_{\sigma(t)}t} V_{\sigma(t)}(Y(t))$$

$$= e^{\lambda_{\sigma(t)} t} \Lambda \tag{9.59}$$

这意味着

$$\int_{t_i}^{t_{i+1}} \dot{Q}(t) dt = Q(t_{i+1}^-) - Q(t_i) \leqslant \int_{t_i}^{t_{i+1}} e^{\lambda_{\sigma(t)} t} \Lambda dt \tag{9.60}$$

根据式 (9.58) 可知

$$Q(t_{i+1}) \leqslant H_{1,i-1} Q(t_{i-1}) + H_{1,i-1} \int_{t_{i-1}}^{t_i} e^{\lambda_{\sigma(t_{i-1})} t} \Lambda dt$$

$$+ \mu_{\sigma(t_{i+1}),\sigma(t_i)} e^{(\lambda_{\sigma(t_{i+1})} - \lambda_{\sigma(t_i)}) t_{i+1}} \int_{t_i}^{t_{i+1}} e^{\lambda_{\sigma(t)} t} \Lambda dt$$

$$\leqslant \cdots$$

$$\leqslant \prod_{l=0}^{i} \mu_{\sigma(t_{l+1}),\sigma(t_l)} e^{\sum\limits_{l=0}^{i} (\lambda_{\sigma(t_{l+1})} - \lambda_{\sigma(t_l)}) t_{l+1}} Q(t_0)$$

$$+ \sum_{s=0}^{i} \left\{ H_{1,s} \int_{t_s}^{t_{s+1}} e^{\lambda_{\sigma(t_s)} t} \Lambda dt \right\} \tag{9.61}$$

式中, $H_{1,i-1} = \mu_{\sigma(t_i),\sigma(t_i^-)} \mu_{\sigma(t_{i+1}),\sigma(t_i)} \exp\{(\lambda_{\sigma(t_i)} - \lambda_{\sigma(t_{i-1})}) t_i + (\lambda_{\sigma(t_{i+1})} - \lambda_{\sigma(t_i)}) t_{i+1}\}$, $H_{1,s} = \prod\limits_{l=s}^{i} \mu_{\sigma(t_{l+1}),\sigma(t_l)} \exp\{(\lambda_{\sigma(t_{l+1})} - \lambda_{\sigma(t_l)}) t_{l+1}\}$.

因此以下不等式成立

$$Q(T^-) \leqslant \int_{t_{N_\sigma(T,0)}}^{T} \Lambda e^{\lambda_{\sigma(t_{N_\sigma(T,0)})} t} dt + H_2 Q(0)$$

$$+ \sum_{s=0}^{N_\sigma(T,0)-1} \left\{ H_{2,s} \int_{t_s}^{t_{s+1}} e^{\lambda_{\sigma(t_s)} t} \Lambda dt \right\} \tag{9.62}$$

式中,

$$H_2 = \prod_{l=0}^{N_\sigma(T,0)-1} \mu_{\sigma(t_{l+1}),\sigma(t_l)} \exp \left\{ \sum_{l=0}^{N_\sigma(T,0)-1} (\lambda_{\sigma(t_{l+1})} - \lambda_{\sigma(t_l)}) t_{l+1} \right\}$$

$$H_{2,s} = \prod_{l=s}^{N_\sigma(T,0)-1} \mu_{\sigma(t_{l+1}),\sigma(t_l)} \exp \left\{ \sum_{l=s}^{N_\sigma(T,0)-1} (\lambda_{\sigma(t_{l+1})} - \lambda_{\sigma(t_l)}) t_{l+1} \right\}$$

此外我们有

$$
\begin{aligned}
V^{\sigma(T^-)}(Y(T)) \leqslant{}& H_3 V^{\sigma(0)}(Y(0)) + \sum_{s=0}^{N_\sigma(T,0)-1} \left\{ H_{3,s} \int_{t_s}^{t_{s+1}} e^{\lambda_{\sigma(t_s)}t} \Lambda dt \right\} \\
& + e^{-\lambda_{\sigma(t_{N_\sigma(T,0)})}T} \int_{t_{N_\sigma(T,0)}}^{T} \Lambda e^{\lambda_{\sigma(t_{N_\sigma(T,0)})}t} dt \\
\leqslant{}& \bar{H}_3 V^{\sigma(0)}(Y(0)) + \sum_{s=0}^{N_\sigma(T,0)-1} \left\{ \bar{H}_{3,s} e^{-\epsilon_{\min}t_{s+1}} \int_{t_s}^{t_{s+1}} e^{\epsilon_{\min}t} \Lambda dt \right\} \\
& + e^{-\epsilon_{\min}T} \int_{t_{N_\sigma(T,0)}}^{T} \Lambda e^{\epsilon_{\min}t} dt \\
\leqslant{}& \tilde{H}_3 V^{\sigma(0)}(Y(0)) + \sum_{s=0}^{N_\sigma(T,0)-1} \left\{ \tilde{H}_{3,s} e^{-\epsilon_{\min}t_{s+1}} \int_{t_s}^{t_{s+1}} e^{\epsilon_{\min}t} \Lambda dt \right\} \\
& + e^{-\epsilon_{\min}T} \int_{t_{N_\sigma(T,0)}}^{\mathrm{T}} \Lambda e^{\epsilon_{\min}t} dt
\end{aligned}
\tag{9.63}
$$

式中,

$$
H_3 = \prod_{i=0}^{N_\sigma(T,0)-1} \mu_{\sigma(t_{i+1}),\sigma(t_i)} \exp\left\{ \sum_{i=0}^{N_\sigma(T,0)-1} (\lambda_{\sigma(t_{i+1})} - \lambda_{\sigma(t_i)})t_{i+1} - \lambda_{\sigma(t_{N_\sigma(T,0)})}T \right.
$$
$$
\left. + \lambda_{\sigma(t_0)}t_0 \right\}
$$

$$
H_{3,s} = \prod_{l=s}^{N_\sigma(T,0)-1} \mu_{\sigma(t_{l+1}),\sigma(t_l)} \exp\left\{ \sum_{l=s}^{N_\sigma(T,0)-1} (\lambda_{\sigma(t_{l+1})} - \lambda_{\sigma(t_l)})t_{l+1} - \lambda_{\sigma(t_{N_\sigma})}T \right\}
$$

$$
\bar{H}_3 = \prod_{p=1}^{H} \prod_{q=1,q\neq p}^{H} \mu_{p,q}^{N_{\sigma pq}} \exp\left\{ -\sum_{p=1}^{H} \sum_{q=1,q\neq p}^{H} \left[\lambda_p \sum_{s\in\phi(p,q)} (t_{s+1}-t_s) \right] \right.
$$
$$
\left. - \lambda_{\sigma(t_{N_\sigma(T,0)})}(T - t_{N_\sigma(T,0)}) \right\}
$$

$$
\bar{H}_{3,s} = \prod_{l=s}^{N_\sigma(T,0)-1} \mu_{\sigma(t_{l+1}),\sigma(t_l)} \exp\left\{ \sum_{l=s}^{N_\sigma(T,0)-1} (\lambda_{\sigma(t_{l+1})} - \lambda_{\sigma(t_l)})t_{l+1} - \lambda_{\sigma(t_{N_\sigma})}T \right.
$$
$$
\left. + \lambda_{\sigma(t_s)}t_{s+1} \right\}
$$

$$\tilde{H}_3 = \exp\left\{\sum_{p=1}^{H}\sum_{q=1,q\neq p}^{H}\frac{T_{p,q}}{\tau_{ap_q}}\ln\mu_{p,q} - \sum_{p=1}^{H}\sum_{q=1,q\neq p}^{H}\lambda_p T_{p,q}\right\}$$

$$\cdot \exp\left\{\sum_{p=1}^{H}\sum_{q=1,q\neq p}^{H}N_{0p_q}\ln\mu_{p,q}\right\}$$

$$\tilde{H}_{3,s} = \prod_{q=1,q\neq p}^{H}\prod_{p=1}^{H}\mu_p^{N_{\sigma p_q}(T,t_{s+1})}\exp\left\{-\sum_{p=1}^{H}\sum_{q=1,q\neq p}^{H}\lambda_p T_{p,q}(T,t_{s+1})\right\}$$

并且 $\phi(p,q)$ 满足 $\sigma(t_s)=p$, $\sigma(t_s^-)=q$, $t_s \in \{t_0,t_1,\cdots,t_k,t_{k+1},\cdots,t_{N_\sigma-1}\}$, 且 $\epsilon_{\min}=\min\{\epsilon_{p,q}, p,q\in\mathcal{W}\}$, $\epsilon_{p,q}\in(0,\lambda_p-\ln\mu_{p,q}/\tau_{ap_q})$.

根据 $\tau_{ap_q}\geqslant(\ln\mu_{p,q}/\lambda_p-\epsilon_{p,q})$ 和式 (9.3) 可得

$$N_{\sigma p_q}(T,t)\leqslant N_{0p_q}+\frac{(\lambda_p-\epsilon_{p,q})T_{p_q}(T,t)}{\ln\mu_{p,q}},\quad \forall T\geqslant t\geqslant 0 \tag{9.64}$$

因此我们有

$$\mu_{p,q}^{N_{\sigma p_q}(T,t_{s+1})}\leqslant\mu_{p,q}^{N_{0p_q}}e^{(\lambda_p-\epsilon_{p,q})T_{p_q}(T,t_{s+1})} \tag{9.65}$$

最后, 我们得到

$$V^{\sigma(T^-)}(Y(T))\leqslant H_4 V^{\sigma(0)}(Y(0))+\sum_{s=0}^{N_\sigma(T,0)-1}\left\{\prod_{p=1}^{H}\prod_{q=1,q\neq p}^{H}\mu_{p,q}^{N_{0p_q}}\exp\left\{\sum_{p=1}^{H}\sum_{q=1,q\neq p}^{H}(\lambda_p\right.\right.$$

$$-\epsilon_{p,q})T_{p_q}(T,t_{s+1})-\sum_{p=1}^{H}\sum_{q=1,q\neq p}^{H}\lambda_p T_{p_q}(T,t_{s+1})\Bigg\}e^{-\epsilon_{\min}t_{s+1}}$$

$$\left.\cdot\int_{t_s}^{t_{s+1}}e^{\epsilon_{\min}t}\Lambda dt\right\}+e^{-\epsilon_{\min}T}\int_{t_{N_\sigma(T,0)}}^{T}\Lambda e^{\epsilon_{\min}t}dt$$

$$\leqslant H_4 V^{\sigma(0)}(Y(0))+\sum_{s=0}^{N_\sigma(T,0)-1}\left\{\prod_{p=1}^{H}\prod_{q=1,q\neq p}^{H}\mu_{p,q}^{N_{0p_q}}\right.$$

$$\left.\cdot\exp\{-\epsilon_{\min}(T-t_{s+1})\}e^{-\epsilon_{\min}t_{s+1}}\int_{t_s}^{t_{s+1}}e^{\epsilon_{\min}t}\Lambda dt\right\}$$

$$+e^{-\epsilon_{\min}T}\int_{t_{N_\sigma(T,0)}}^{T}\Lambda e^{\epsilon_{\min}t}dt$$

$$\leqslant e^{\sum_{p=1}^{H}\sum_{q=1,q\neq p}^{H}N_{0p_q}\ln\mu_{p,q}}e^{\max_{p,q\in\mathcal{W}}((\ln\mu_{p,q}/\tau_{ap_q})-\lambda_p)T}$$

$$\cdot V^{\sigma(0)}(Y(0)) + \prod_{p=1}^{H} \prod_{q=1,q\neq p}^{H} \mu_{p,q}^{N_{0pq}} \frac{\Lambda}{\epsilon_{\min}} \tag{9.66}$$

式中, $H_4 = \exp\left\{ \sum_{p=1}^{H} \sum_{q=1,q\neq p}^{H} N_{0pq} \ln \mu_{p,q} \right\} \exp\left\{ \sum_{p=1}^{H} \sum_{q=1,q\neq p}^{H} \left(\frac{T_{p_q}}{\tau_{ap_q}} - \lambda_{p,q} \right) T_{p_q} \right\}.$

根据上述结果, 可以得到

$$\dot{V}_{n+1}^{\sigma(T^-)}(Y(T)) \leqslant e^{\sum\limits_{p=1}^{H} \sum\limits_{q=1,q\neq p}^{H} N_{0pq} \ln \mu_{p,q}} e^{\max\limits_{p,q\in\mathcal{W}}((\ln\mu_{p,q}/\tau_{ap_q})-\lambda_p)T}$$

$$\cdot V_{n+1}^{\sigma(0)}(Y(0)) + \prod_{p=1}^{H} \prod_{q=1,q\neq p}^{H} \mu_{p,q}^{N_{0pq}} \frac{\Lambda}{\epsilon_{\min}} \tag{9.67}$$

因此, 控制系统的闭环信号均有界. 此外, 我们需要证明 $x_1 - y_d$ 有界. 根据 ς_1 的定义, 有 $x_1 - y_d = \varsigma_1/\delta$, 式中, $\delta = (\bar{k}_{a_1} - \underline{k}_{a_1})/[(x_1 - \underline{k}_{a_1})(y_d - \underline{k}_{a_1})] + (k_{b_i} - \underline{k}_{b_1})/[(k_{b_1} - x_1)(k_{b_1} - y_d)]$. 显然, δ 有界. 注意到 $\varsigma_1 = e_1 + \zeta_1$, 式中 e_1, ζ_1 有界, 因此 $x_1 - y_d$ 有界.

接下来, 证明在不需要可行性条件的情况下, 全状态约束不会被违反. 注意到 $y_d^* \in L_\infty$ 和 $\varsigma_1 = \chi_1 - y_d^*$, 因此可以确保 $\chi_1 \in L_\infty$, 这意味着在条件 $x_1(0) \in \Omega_1$ 成立时, $x_1 \in \Omega_1$ 成立. 根据 $\varsigma_2 = \chi_2 - \alpha_{1,f}(t)$ 以及所有信号均有界, 因此当 $x_2(0) \in \Omega_2$ 时, $x_2 \in \Omega_2$. 与上述分析类似, 所有状态约束未被违反, 且可行性条件被避免.

最后, 证明所提出的切换事件触发通信机制能够避免芝诺行为. 根据两个连续触发瞬间的切换次数, 在三种情况下进行了证明.

情形 1: 无切换时的触发区间 ($\sigma(t) = p$ 对于所有 $t \in [t_r, t_{r+1})$). 利用 $\beta^p(t) = u^p(t_r) - u^p(t), \forall t \in [t_r, t_{r+1})$ 可得

$$\frac{d}{dt}|\beta^p| = \frac{d}{dt}(\beta^p \cdot \beta^p)^{\frac{1}{2}} = \text{sign}(\beta^p)\dot{\beta}^p \leqslant |\dot{u}^p|$$

根据式 (9.32), 我们知道 u^p 可微且 $\dot{u}^p$ 有界. 存在常数 $\varrho \geqslant 0$ 满足 $|\dot{u}^p| \leqslant \varrho$. 根据 $\beta^p(t_r) = 0$ 和 $\lim\limits_{t \to t_{r+1}} \beta^p(t) = (\eta(t)|u^p(t_r)| + d)$ 可知 $t^* = t_{r+1} - t_r$ 满足 $t^* \geqslant (\eta(t)|u^p(t_r)| + d)/\varrho > 0$.

情况 2: 单次切换时的触发间隔. 假设在 $\mathsf{T}_1^r \in (t_r, t_{r+1})$ 时发生切换. 定义 $\mathsf{T}_1^r := t_r + \gamma_s$, 式中 $\gamma_s > 0$ 满足 $\lim\limits_{s \to \infty} \gamma_s = 0$. 此外, 存在正数 $\gamma^\star$ 满足 $\gamma_s \geqslant \gamma^\star$, 因此可以得到 $t_{r+1} - t_r \geqslant \gamma^\star$. 接下来, 我们将在两个方面分析 $\lim\limits_{s \to \infty} \gamma_s = 0$.

一方面, 任何两个触发瞬间之间的距离严格为正. 由于 σ 是一个分段右连续的函数, $\sigma(t_r) = \lim\limits_{\gamma_s \to 0} = \sigma(t_r + \gamma_s) = \sigma(\top_1^r)$ 成立. 这和情况 1 相同, 能够确保 $t_{r+1} - t_r \geqslant (\eta(t)|u^p(t_r)| + d)/\varrho$.

另一方面, 任何有限时间段都包含有限次数的触发. 考虑区间 $[t_r, t_{r+2})$. 如果下一次触发在 t_{r+1} 之后 $t_{r+2} < \top_1^{r+1}$ 时发生, 我们有 $t_{r+2} - t_r > t_{r+2} - t_{r+1} > (\eta(t)|u^{\sigma(t_{r+1})}(t_{r+1})| + d)/\varrho$. 如果下一次触发在 t_{r+1} 之后 $t_{r+2} \geqslant \top_1^{r+1}$ 时发生, 则 $t_{r+2} - t_r > \top_1^{r+1} - \top_1^r$. 此时, 一个正数 τ^* 满足 $\top_1^{r+1} - \top_1^r \geqslant \tau^*$, 我们得到 $t_{r+2} - t_r \geqslant \min\{(\eta(t)|u^{\sigma(t_r)}(t_r)| + d)/\varrho, \tau^*\}$, 这意味着 $\sum_{r=1}^{\infty}(t_{r+1} - t_r) = \frac{1}{2}\sum_{r=1}^{\infty}(t_{r+2} - t_r) + \frac{1}{2}(t_2 - t_1) = \infty$. 换言之, 任何有限时间段都不能无限多次触发.

情况 3: 多次切换时的触发间隔. 在这种情况下, 在第 r 个触发间隔存在 N_r 个切换, 我们有 $t_{r+1} - t_r \geqslant N_r \tau^*$.

基于以上讨论, 芝诺行为能够被成功避免. 证明已完成.

注 9.5　在文献 [47] 中, 考虑满足慢开关假设的切换信号. 本章使用的可容许的边缘依赖平均驻留时间切换信号和假设中的切换信号都是典型的慢速切换信号. 因此, 对于连续的两次切换点 $\top_1^r$, $\top_1^{r+1}$, 存在一个正数 τ^*, 满足 $\top_1^{r+1} - \top_1^r \geqslant \tau^*$.

注 9.6　基于以上三种情况的讨论, 设计的切换事件触发机制可以保证任意两个触发瞬间之间的距离严格为正, 或者任意有限时间段具有有限个触发器. 从事件触发条件的形式化定义出发, 我们得出了芝诺行为是可以避免的结论.

9.3　仿真例子

例 9.1　考虑以下系统

$$\begin{cases} \dot{x}_1 = g_1^{\sigma(t)}(\bar{x}_1)x_2 + f_1^{\sigma(t)}(\bar{x}_1) \\ \dot{x}_2 = g_2^{\sigma(t)}(\bar{x}_2)u + f_2^{\sigma(t)}(\bar{x}_2) \\ y = x_1 \end{cases} \tag{9.68}$$

式中, $\sigma(t) : [0, \infty) \to \mathcal{W} = \{1, 2, 3\}$, $g_1^1 = 1$, $g_2^1 = 1 + 0.8\cos(x_1 x_2)$, $g_1^2 = 1 + 0.7\cos(x_1 x_2)$, $g_2^2 = 1 + 0.2\sin(x_1 x_2)$, $g_1^3 = 1 + 0.3\sin(x_1 x_2)$, $g_2^3 = 1 + 0.4\cos(x_1 x_2)$, $f_1^1 = 0.1\cos x_1^2$, $f_2^1 = 0.1\sin x_1^2$, $f_1^2 = 0.1x_1$, $f_2^2 = 0.1x_2$, $f_1^3 = 0.1x_1^2$, $f_2^3 = 0.1\cos x_2^2$. 约束函数为 $k_{a_1}(t) = 2.1\sin(t) - 4$, $k_{b_1}(t) = -0.25e^{\frac{t}{2}} + 2.1\sin(t) + 4$, $k_{a_2}(t) = \sin(t) - 4$, $k_{b_2}(t) = -0.5e^{\frac{t}{3}} + \sin(t) + 4$. 跟踪信号为 $y_d = 0.7\sin t$.

选取初始值为 $x_1(0) = 0.1$, $x_2(0) = 1$, $\hat{\theta}_1(0) = 2$, $\hat{\theta}_2(0) = 1$, $\eta(0) = 0.5$, $\alpha_{1,f}(0) = 0.1$, $\zeta_1(0) = 0$, $\zeta_2(0) = 0$. 此外, 选取设计参数为 $a_1 = 1$, $c_1 = 180$, $l_1 = 3$, $a_2 = 2$, $c_2 = 3$, $l_2 = 0.5$, $\rho^1 = 20$, $\rho^2 = 10$, $\rho^3 = 12$, $\hbar_1 = 90$, $d = 35$, $\iota = 1.2$, $\varepsilon_1 = 0.001$. 容易计算得到 $\mu_{1,2} = 3.3333$, $\mu_{1,3} = 1.4286$, $\lambda_1 = 0.2$, $\tau_{a1_2} \geqslant 6.0198$, $\tau_{a1_3} \geqslant 1.7835$, $\mu_{2,1} = 4.0000$, $\mu_{2,3} = 1.3333$, $\lambda_2 = 0.5$, $\tau_{a2_1} \geqslant 2.7726$, $\tau_{a2_3} \geqslant 0.5753$, $\mu_{3,1} = 3.0000$, $\mu_{3,2} = 2.3333$, $\lambda_3 = 0.5$, $\tau_{a3_1} \geqslant 2.1972$, $\tau_{a3_2} \geqslant 1.6946$.

仿真结果通过图 9.1~图 9.6 给出. 图 9.1 和图 9.2 显示了给定可容许的边缘

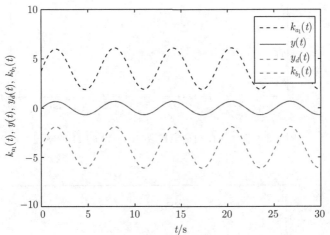

图 9.1 例 9.1 中输出 $y(t)$ 和跟踪信号 $y_d(t)$ 的轨迹

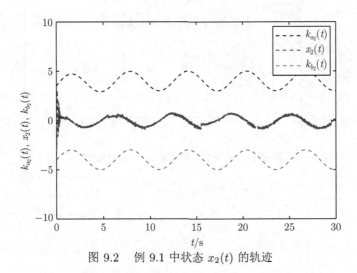

图 9.2 例 9.1 中状态 $x_2(t)$ 的轨迹

依赖平均驻留时间切换规则下的状态轨迹, 表明了该状态不违反相应约束. 图 9.3 表示自适应参数 $\hat{\theta}_1$, $\hat{\theta}_2$ 的轨迹. 图 9.4 表示控制输入 u 的轨迹. 图 9.5 表示动态触发时间间隔 $t_{r+1} - t_r$ 的轨迹. 最后, 切换信号的响应如图 9.6 所示.

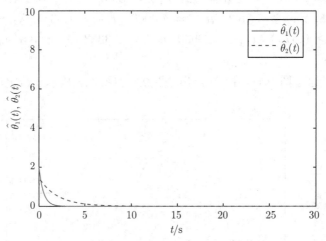

图 9.3　例 9.1 中自适应参数 $\hat{\theta}_1(t)$ 和 $\hat{\theta}_2(t)$ 的轨迹

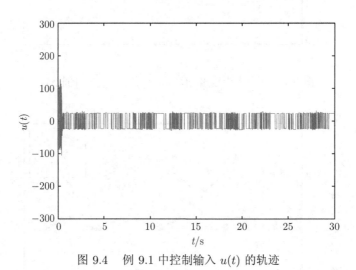

图 9.4　例 9.1 中控制输入 $u(t)$ 的轨迹

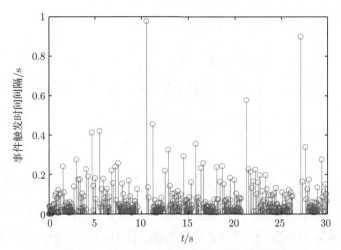

图 9.5　例 9.1 中事件触发的时间间隔轨迹

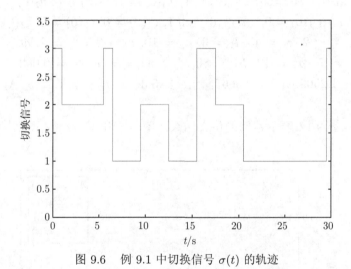

图 9.6　例 9.1 中切换信号 $\sigma(t)$ 的轨迹

例 9.2　为了证明控制算法的实用性, 考虑了船舶操纵系统[137]:

$$T^{\sigma(t)}\dot{h} + h + \alpha^{\sigma(t)}h^3 = K^{\sigma(t)}\delta + w^{\sigma(t)} \tag{9.69}$$

式中, $T^{\sigma(t)}$ 代表时间, $\alpha^{\sigma(t)}$ 表示 Norrbin 系数, $K^{\sigma(t)}$ 是方向舵增益, δ 表示舵角, $w^{\sigma(t)}$ 表示干扰, $h = \dot{\varphi}$ 和 φ 分别是横摆率和航向角. 简化的实际系统如下:

$$T_E^{\sigma(t)}\dot{\delta} + \delta = K_E^{\sigma(t)}\delta_E^{\sigma(t)} \tag{9.70}$$

式中, $T_E^{\sigma(t)}$ 表示转舵时间, $K_E^{\sigma(t)}$ 表示舵控制增益, $\delta_E^{\sigma(t)}$ 为船舵命令.

令 $x_1 = \varphi$, $x_2 = h$, $x_3 = \delta$, 然后系统变成

$$
\begin{cases}
\dot{x}_1 = x_2 \\
\dot{x}_2 = f^{\sigma(t)} + b^{\sigma(t)}x_3 + w^{\sigma(t)} \\
\dot{x}_3 = -\dfrac{1}{T_E^{\sigma(t)}}x_3 + \dfrac{K_E^{\sigma(t)}}{T_E^{\sigma(t)}}u
\end{cases}
\tag{9.71}
$$

式中, $f^{\sigma(t)} = -\dfrac{1}{T^{\sigma(t)}}x_2 - \dfrac{\tau^{\sigma(t)}}{T^{\sigma(t)}}x_2^3$, $b^{\sigma(t)} = \dfrac{K^{\sigma(t)}}{T^{\sigma(t)}}$. 令 $K^1 = 32\text{s}^{-1}$, $T^1 = 30\text{s}$, $\tau^1 = 40$, $T_E^1 = 4$, $K_E^1 = 2$, $K^2 = 90\text{s}^{-1}$, $T^2 = 63.69\text{s}$, $\tau^2 = 70$, $T_E^2 = 2.5$, $K_E^2 = 1$, $w^{\sigma(t)} = 0$. 紧集 Ω_1, Ω_2 和例 9.1 中的相同, 且 $\Omega_3 := \{x_3(t) \in \mathbb{R}\,|\,\sin(t) - 4 < x_3(t) < -0.5e^{\frac{t}{3}} + \sin(t) + 4\}$. 跟踪信号为 $y_d = 1.2\sin t$.

选取初值为 $x_1(0) = 0.1$, $x_2(0) = 1$, $x_3(0) = 1$, $\hat{\theta}_1(0) = 4$, $\hat{\theta}_2(0) = 3$, $\hat{\theta}_3(0) = 1$, $\eta(0) = 0.5$, $\alpha_{1,f}(0) = 0.1$, $\alpha_{2,f}(0) = 0.1$, $\zeta_1(0) = 0$, $\zeta_2(0) = 0$, $\zeta_3(0) = 0$. 设计参数选取为 $a_1 = 2$, $c_1 = 45$, $l_1 = 3$, $a_2 = 10$, $c_2 = 0.5$, $l_2 = 2$, $a_3 = 5$, $c_3 = 1$, $l_3 = 3$, $\rho^1 = 15$, $\rho^2 = 12$, $\hbar_1 = 80$, $d = 35$, $\iota = 1$, $\varepsilon_1 = 0.002$, $\varepsilon_2 = 0.001$. 取得 $\mu_{1,2} = 1.2500$, $\lambda_1 = 0.0667$, $\tau_{a1_2} \geqslant 3.3472$, $\mu_{2,1} = 1.3248$, $\lambda_2 = 0.4131$, $\tau_{a2_1} \geqslant 0.6808$.

图 9.7~图 9.12 表示本例的仿真结果. 图 9.7 和图 9.8 表示状态的轨迹, 表

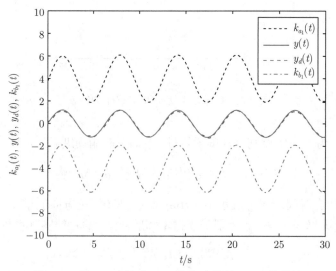

图 9.7 例 9.2 中输出 $y(t)$ 和跟踪信号 $y_d(t)$ 的轨迹

明实现了预期的跟踪性能, 并且状态不违反相应的约束. 图 9.9 表示自适应参数 $\hat{\theta}_1$, $\hat{\theta}_2$, $\hat{\theta}_3$ 的轨迹. 图 9.10 表示 u 的轨迹. 图 9.11 描述了触发时间间隔的轨迹. 图 9.12 表示切换信号的轨迹. 基于仿真结果, 所提出的控制算法可以成功地应用于船舶操纵系统.

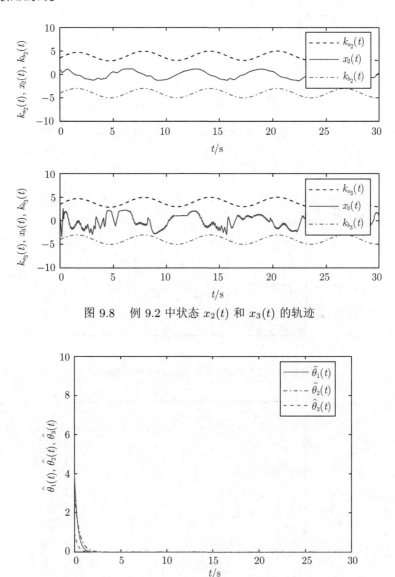

图 9.8　例 9.2 中状态 $x_2(t)$ 和 $x_3(t)$ 的轨迹

图 9.9　例 9.2 中自适应参数 $\hat{\theta}_1(t)$, $\hat{\theta}_2(t)$ 和 $\hat{\theta}_3(t)$ 的轨迹

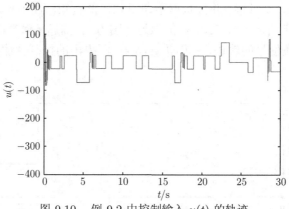

图 9.10   例 9.2 中控制输入 $u(t)$ 的轨迹

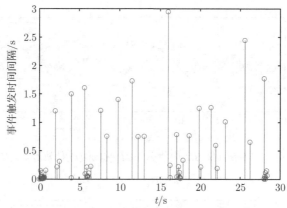

图 9.11   例 9.2 中事件触发的时间间隔轨迹

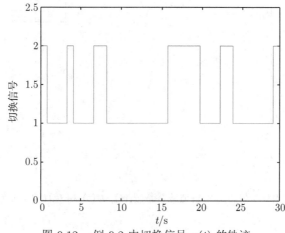

图 9.12   例 9.2 中切换信号 $\sigma(t)$ 的轨迹

9.4　结　　论

　　本章针对具有状态约束的可容许的边缘依赖平均驻留时间切换规则的非线性切换系统, 提出了一种新的事件触发模糊跟踪控制器. 首先, 通过构造统一障碍函数来解决状态约束问题, 消除了可行性条件的要求. 其次, 利用命令过滤器处理"复杂性爆炸"问题, 利用模糊逻辑系统处理未知非线性函数, 并提出切换事件触发机制以节省通信资源. 最后, 通过两个仿真实例验证了理论结果.

第 10 章　具有性能约束的非线性随机切换系统事件触发智能控制

10.1　问题描述和准备工作

10.1.1　基础知识

定义 10.1 [59]　考虑随机系统 $dx = f(x(t))dt + g(x(t))dw$. 对 C^2 函数 $V(x)$ 定义微分算子:

$$\mathcal{L}V = \frac{\partial V}{\partial t} + \frac{\partial V}{\partial x}f + \frac{1}{2}\mathrm{Tr}\left\{g^{\mathrm{T}}\frac{\partial^2 V}{\partial x^2}g\right\} \tag{10.1}$$

式中, $\mathrm{Tr}(A)$ 为 A 的迹.

10.1.2　问题描述

考虑切换 Itô 随机非线性系统

$$\begin{cases} dx_i = (l_{i,\sigma(t)}(\bar{x}_i)x_{i+1} + f_{i,\sigma(t)}(\bar{x}_i))dt + g_{i,\sigma(t)}^{\mathrm{T}}(\bar{x}_i)dw, & i = 1,2,\cdots,n-1 \\ dx_n = (l_{n,\sigma(t)}(\bar{x}_n)u + f_{n,\sigma(t)}(\bar{x}_n))dt + g_{n,\sigma(t)}^{\mathrm{T}}(\bar{x}_n)dw \\ y = x_1 \end{cases} \tag{10.2}$$

式中, $\bar{x}_i = [x_1,\cdots,x_i]^{\mathrm{T}} \in \mathbb{R}^i$, $i = 1,2,\cdots,n$, $y \in \mathbb{R}$ 分别是系统的状态和输出. $\sigma(t) : [0,\infty) \to M = \{1,2,\cdots,d\}$ 为切换信号. $l_{i,p}(\bar{x}_i)$ 为已知的控制增益函数, $f_{i,p}(\bar{x}_i)$ 和 $g_{i,p}(\bar{x}_i)$ $(1 \leqslant i \leqslant n, p \in M)$ 为未知的光滑非线性函数, 满足局部 Lipschitz 条件. $w \in \mathbb{R}^r$ 表示标准布朗运动.

注 10.1　上述切换随机非线性系统可应用于存在随机扰动的 RLC 电路. 例如, RLC 电路如图 10.1 所示, 式中 L 为电感, R 为电阻, C_1, C_2 为两个相互切换的电容.

定义跟踪误差为 $e_1 = y - y_d$, 其中, y_d 为跟踪信号. 本章跟踪误差需要满足

$$-\xi_1(t) < e_1 < \xi_1(t), \quad t \geqslant T > 0 \tag{10.3}$$

式中, T 是时间参数, $\xi_1(t)$ 称为设定时间性能函数, 定义为

$$\xi_1(t) = (\xi_0 - \xi_\infty)e^{-\kappa_1(t-T)} + \xi_\infty \tag{10.4}$$

式中, $\xi_0 > \xi_\infty > 0$, $\kappa_1 \geqslant 0$ 为设计参数.

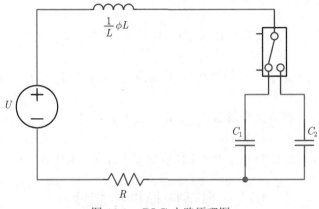

图 10.1 RLC 电路原理图

本章的控制目标为:

(1) 控制系统的所有闭环信号均为依概率有界;

(2) 跟踪误差 e_1 在可设置的时间 T 内进入规定的边界内;

(3) 所设计的事件触发机制能够避免芝诺行为.

为了实现控制目标, 提出以下映射:

$$\chi_1 = \tanh(e_1) \tag{10.5}$$

同时, 采用以下性能函数 $\xi_2(t)$,

$$-\xi_2(t) < \chi_1 < \xi_2(t), \quad t \geqslant 0 \tag{10.6}$$

式中,

$$\xi_2(t) = Ne^{-\kappa_2 t}\frac{s(t) - s_1}{s_0} + \tanh(\xi_1)$$

$$s(t) = \begin{cases} \left(s_0 - \dfrac{t}{T}\right)e^{1 - \frac{t}{T-t}} + s_1, & 0 \leqslant t < T \\ s_1, & t \geqslant T \end{cases}$$

$N \geqslant 1$, $\kappa_2 \geqslant 0$, $s_0 \geqslant 0$ $s_1 \geqslant 0$ 为设计参数.

注 10.2 根据 $N \geqslant 1$ 的位置以及 ξ_2, 可以看出, 当 $t = 0$ 时, 可以得到 $\xi_2(0) \geqslant 1$. 然后从 $-1 < \chi_1(0) < 1$, 得到 $-\xi_2(0) \leqslant \chi_1(0) \leqslant \xi_2(0)$, 该方法去掉了施加在跟踪误差 e_1 上的 "初始条件".

假设 10.1　(1) 存在 $\tau_d^* > 0$, 使得任意两次切换被 $\tau_d^* > 0$ 分隔开;

(2) 存在 $\tau_{ap} > \tau_d^*$ 和 $N_{0p} \geqslant 1$ 使得

$$N_{\sigma p}(T,t) \leqslant N_{0p} + \frac{T_p(T,t)}{\tau_{ap}}, \quad \forall T \geqslant t \geqslant 0 \tag{10.7}$$

式中, $N_{\sigma p}(T,t)$ 为第 p 个子系统在 $[t,T]$ 上运行的次数, $T_p(T,t)$ 为第 p 个子系统在 $[t,T]$ 上的总运行时间.

假设 10.2　存在两个常数 $b_{i,m}^p$, $b_{i,M}^p$ 使得 $0 < b_{i,m}^p \leqslant |l_{i,p}(\bar{x}_i)| \leqslant b_{i,M}^p$. 不失一般性, 假设 $\text{sign}(l_{i,p}(\bar{x}_i)) > 0$.

假设 10.3　跟踪信号 $y_d(t)$ 及其导数 $y_d^{(i)}(t)$, $i = 1,2,\cdots,n$ 已知且有界.

10.2　自适应模糊控制设计

定义以下坐标变换:

$$\begin{cases} z_1 = \tan\left(\dfrac{\pi\chi_1}{2\xi_2}\right) \\ z_i = x_i - \alpha_{i-1}, \quad i = 2,3,\cdots,n \end{cases} \tag{10.8}$$

式中, α_{i-1} 表示虚拟控制信号. 为了简化反步设计过程, 给定虚拟控制信号 α_i 以及自适应律 $\hat{W}_i$ 为以下形式:

$$\alpha_1 = -\frac{\rho_2}{\rho_1}\left(c_1 z_1 + \frac{z_1^3 \hat{W}_1}{\pi a_1^2} S_1^{\mathrm{T}}(Z_1) S_1(Z_1)\right) \tag{10.9}$$

$$\alpha_i = -c_i z_i - \frac{z_i^3 \hat{W}_i}{2a_i^2} S_i^{\mathrm{T}}(Z_i) S_i(Z_i), \quad i = 2,3,\cdots,n \tag{10.10}$$

$$\dot{\hat{W}}_i = \frac{l_i z_i^6}{2a_i^2} S_i^{\mathrm{T}}(Z_i) S_i(Z_i) - l_i \hat{W}_i, \quad i = 1,2,\cdots,n \tag{10.11}$$

式中, $\rho_1 = 1 - \tanh^2(e_1)$, $\rho_2 = \xi_2 \cos^2\left(\dfrac{\pi\chi_1}{2\xi_2}\right)$, a_i, c_i, l_i 表示正的设计参数. $Z_1 = [x_1, \xi_2, \dot{\xi}_2, y_d, \dot{y}_d]^{\mathrm{T}}$, $Z_i = [\bar{x}_i, \hat{W}_1, \hat{W}_2, \cdots, \hat{W}_{i-1}, \xi_2, \dot{\xi}_2, \cdots, \xi_2^{(i)}, y_d, y_d^{(i)}]^{\mathrm{T}}(i \geqslant 2)$. 定义 $W_i = \max\limits_{p \in M}\left\{\dfrac{\|\psi_{i,p}\|^2}{b_{i,\min}}\right\}$ 且 $b_{i,\min} = \min\limits_{p \in M}\{b_{i,m}^p\}$, $\tilde{W}_i = W_i - \hat{W}_i$, $\hat{W}_i$ 为 W_i 的估计.

第 1 步　根据式 (10.2) 和式 (10.8), 可得

$$dz_1 = \frac{\pi}{2\rho_2}\left(\rho_1 l_{1,p}(\bar{x}_1)(z_2 + \alpha_1) + \rho_1(f_{1,p}(\bar{x}_1) - \dot{y}_d) - \frac{\chi_1 \dot{\xi}_2}{\xi_2}\right)dt$$

$$+ \frac{\pi \rho_1}{2\rho_2} g_{1,p}(\bar{x}_1) dw \tag{10.12}$$

定义第 p 个切换子系统的 Lyapunov 函数为

$$V_{1,p} = \frac{1}{4} z_1^4 + \frac{b_{1,m}^p}{2l_1} \tilde{W}_1^2 \tag{10.13}$$

因此, 可知 $\mathcal{L}V_{1,p}$ 为

$$\mathcal{L}V_{1,p} = \frac{\pi z_1^3}{2\rho_2} \left(\rho_1 l_{1,p}(\bar{x}_1)(z_2 + \alpha_1) + \rho_1(f_{1,p}(\bar{x}_1) - \dot{y}_d) - \frac{\chi_1 \dot{\xi}_2}{\xi_2} \right)$$
$$- \frac{b_{1,m}^p}{l_1} \tilde{W}_1 \dot{\tilde{W}}_1 + \frac{3\pi^2 \rho_1^2}{8\rho_2^2} z_1^2 g_{1,p}^{\mathrm{T}}(\bar{x}_1) g_{1,p}(\bar{x}_1) \tag{10.14}$$

根据杨氏不等式, 可得

$$\frac{\pi \rho_1}{2\rho_2} z_1^3 l_{1,p}(\bar{x}_1) z_2 \leqslant \frac{3}{4} \left(\frac{\pi}{2} \right)^{4/3} l_{1,p}(\bar{x}_1) z_1^4 \rho_1^{4/3} \rho_2^{3/4} + \frac{1}{4} l_{1,p}(\bar{x}_1) z_2^4 \tag{10.15}$$

$$\frac{3\pi^2 \rho_1^2}{8\rho_2^2} z_1^2 g_{1,p}^{\mathrm{T}}(\bar{x}_1) g_{1,p}(\bar{x}_1) \leqslant \frac{3\pi^4 \rho_1^4}{16\rho_2^4} a_1^{-2} z_1^4 \|g_{1,p}(\bar{x}_1)\|^4 + \frac{3}{16} a_1^2 \tag{10.16}$$

因此, 式 (10.14) 可被写成

$$\mathcal{L}V_{1,p} \leqslant \frac{\pi \rho_1}{2\rho_2} z_1^3 l_{1,p}(\bar{x}_1) \alpha_1 + \frac{1}{4} l_{1,p} z_2^4 + z_1^3 \bar{f}_{1,p}(Z_1)$$
$$- \frac{3}{4} z_1^4 - \frac{b_{1,m}^p}{l_1} \tilde{W}_1 \dot{\tilde{W}}_1 + \frac{3}{16} a_1^2 \tag{10.17}$$

式中,

$$\bar{f}_{1,p}(Z_1) = \rho_1 f_{1,p}(\bar{x}_1) + \frac{3\pi^4 \rho_1^4}{16\rho_2^4} a_1^{-2} z_1^4 \|g_{1,p}(\bar{x}_1)\|^4$$
$$- \rho_1 \dot{y}_d + \frac{3}{4} z_1 + \frac{3}{4} l_{1,p}(\bar{x}_1) z_1^4 \rho_1^{4/3} \rho_2^{4/3} - \frac{\chi_1 \dot{\xi}_2}{\xi_2}$$

利用模糊系统 $\psi_{1,p}^{\mathrm{T}} S_1(Z_1)$ 估计 $\bar{f}_{1,p}(Z_1)$, 可得

$$\bar{f}_{1,p}(Z_1) = \psi_{1,p}^{\mathrm{T}} S_1(Z_1) + \delta_1^p(Z_1) \tag{10.18}$$

式中, $|\delta_1^p(Z_1)| \leqslant \tau_1$ 且 $\tau_1 > 0$. 根据杨氏不等式, 可得

$$z_1^3 \bar{f}_{1,p}(Z_1) \leqslant \frac{b_{1,m}^p z_1^6 W_1}{2a_1^2} S_1^{\mathrm{T}}(Z_1) S_1(Z_1) + \frac{1}{2} a_1^2 + \frac{3}{4} z_1^4 + \frac{1}{4} \tau_1^4 \tag{10.19}$$

将式 (10.9)、式 (10.11) 和式 (10.19) 代入式 (10.17), 可得

$$\mathcal{L}V_{1,p} \leqslant -\frac{\pi}{2}c_1 b_{1,m}^p z_1^4 + b_{1,m}^p \tilde{W}_1 \hat{W}_1 + \frac{1}{4}l_{1,p}(\bar{x}_1)z_2^4 + \tilde{\Upsilon}_1 \tag{10.20}$$

式中, $\tilde{\Upsilon}_1 = \frac{11}{16}a_1^2 + \frac{1}{4}\tau_1^4$.

第 i $(2 \leqslant i \leqslant n-1)$ 步　根据式 (10.2) 和式 (10.8) 可得

$$dz_i = (l_{i,p}(\bar{x}_1)(z_{i+1} + \alpha_i) + f_{i,p}(\bar{x}_i) - \mathcal{L}\alpha_{i-1})dt$$

$$+ \left(g_{i,p}(\bar{x}_i) - \sum_{j=1}^{i-1}\frac{\partial\alpha_{i-1}}{\partial x_j}g_{j,p}(\bar{x}_j)\right)dw \tag{10.21}$$

式中,

$$\mathcal{L}\alpha_{i-1} = \sum_{j=1}^{i-1}\frac{\partial\alpha_{i-1}}{\partial x_j}(l_{j,p}(\bar{x}_j)x_{j+1} + f_{j,p}(\bar{x}_j)) + \sum_{j=0}^{i-1}\frac{\partial\alpha_{i-1}}{\partial y_d^{(j)}}y_d^{(j+1)} + \sum_{j=1}^{i-1}\frac{\partial\alpha_{i-1}}{\partial\hat{W}_j}\dot{\hat{W}}_j$$

$$+ \frac{1}{2}\sum_{j,s=1}^{i-1}\frac{\partial^2\alpha_{i-1}}{\partial x_j \partial x_s}g_{j,p}^{\mathrm{T}}(\bar{x}_j)g_{s,p}(\bar{x}_s)$$

定义以下 Lyapunov 函数:

$$V_{i,p} = V_{i-1,p} + \frac{1}{4}z_i^4 + \frac{b_{i,m}^p}{2l_i}\tilde{W}_i^2 \tag{10.22}$$

因此, 可以得到

$$\mathcal{L}V_{i,p} = \mathcal{L}V_{i-1,p} + z_i^3(l_{i,p}(\bar{x}_i)(z_{i+1} + \alpha_i) + f_{i,p}(\bar{x}_i) - \mathcal{L}\alpha_{i-1})$$

$$- \frac{b_{i,m}^p}{l_i}\tilde{W}_i\dot{\hat{W}}_i + \frac{3}{2}z_i^2\phi_{i,p}^{\mathrm{T}}(\bar{x}_i)\phi_{i,p}(\bar{x}_i) \tag{10.23}$$

式中, $\phi_{i,p}(\bar{x}_i) = g_{i,p}(\bar{x}_i) - \sum_{j=1}^{i-1}\frac{\partial\alpha_{i-1}}{\partial x_j}g_{j,p}(\bar{x}_j)$. 根据杨氏不等式可得

$$z_i^3 l_{i,p}(\bar{x}_i)z_{i+1} \leqslant \frac{3}{4}l_{i,p}(\bar{x}_i)z_i^4 + \frac{1}{4}l_{i,p}(\bar{x}_i)z_{i+1}^4 \tag{10.24}$$

$$\frac{3}{2}z_i^2\phi_{i,p}^{\mathrm{T}}\phi_{i,p} \leqslant \frac{3}{4}a_i^{-2}z_i^4\|\phi_{i,p}\|^4 + \frac{3}{4}a_i^2 \tag{10.25}$$

利用式 (10.24) 和式 (10.25), 式 (10.23) 可被写成

$$\mathcal{L}V_{i,p} \leqslant \mathcal{L}V_{i-1,p} + z_i^3 l_{i,p}(\bar{x}_i)\alpha_i + \frac{1}{4}l_{i,p}(\bar{x}_i)z_{i+1}^4$$

$$+ z_i^3 \bar{f}_{i,p}(Z_i) - \frac{3}{4}z_i^4 - \frac{b_{i,m}^p}{l_i}\tilde{W}_i\dot{\hat{W}}_i + \frac{3}{4}a_i^2 - \frac{1}{4}l_{i-1,p}(\bar{x}_{i-1})z_i^4 \tag{10.26}$$

式中, $\bar{f}_{i,p}(Z_i) = f_{i,p}(\bar{x}_i) + \frac{3}{4}a_i^{-2}z_i\|\phi_{i,p}\|^4 - \mathcal{L}\alpha_{i-1} + \frac{3}{4}z_i + \frac{3}{4}l_{i,p}(\bar{x}_i)z_i + \frac{1}{4}l_{i-1,p}(\bar{x}_{i-1})z_i$.
与式 (10.18) 相同, 可以得到

$$\bar{f}_{i,p}(Z_i) = \psi_{i,p}^{\mathrm{T}}S_i(Z_i) + \delta_i^p(Z_i) \tag{10.27}$$

式中, $|\delta_i^p(Z_i)| \leqslant \tau_i$, $\tau_i > 0$. 此外, 可以得到以下不等式

$$z_i^3 \bar{f}_{i,p}(Z_i) \leqslant \frac{b_{i,m}^p z_i^6 W_i}{2a_i^2}S_i^{\mathrm{T}}(Z_n)S_i(Z_n) + \frac{1}{2}a_i^2 + \frac{3}{4}z_i^4 + \frac{1}{4}\tau_i^4 \tag{10.28}$$

将式 (10.10)、式 (10.11) 和式 (10.28) 代入式 (10.26), 可得

$$\mathcal{L}V_{i,p} \leqslant -\frac{\pi}{2}c_1 b_{1,m}^p z_1^4 - \sum_{j=2}^{i}(c_j b_{j,m}^p z_j^4) + \sum_{j=1}^{i}b_{j,m}^p\tilde{W}_j\hat{W}_j$$

$$+ \frac{1}{4}l_{i,p}(\bar{x}_i)z_{i+1}^4 + \sum_{j=1}^{i}\tilde{\Upsilon}_j \tag{10.29}$$

式中, $\tilde{\Upsilon}_j = \sum\limits_{j=1}^{i}\left(\frac{5}{4}a_j^2 + \frac{1}{4}\tau_j^4\right)$.

第 n 步　首先令 $\mathsf{T}_0^k = t_k$, $\mathsf{T}_{r+1}^k = t_{k+1}$, $\mathsf{T}_1^k, \mathsf{T}_2^k, \cdots, \mathsf{T}_r^k$ 为在 $[t_k, t_{k+1})$ 上的切换次数. 定义以下事件触发机制:

$$u^p(t) = -(1+\lambda)\left(\alpha_n\tanh\left(\frac{z_n^3 l_{n,p}(\bar{x}_n)\alpha_n}{\rho^p}\right) + \hbar_1\tanh\left(\frac{z_n^3 l_{n,p}(\bar{x}_n)\hbar_1}{\rho^p}\right)\right)$$

$$-\left(\frac{1+\lambda}{1-\lambda}\right)T_w\tanh\left(\frac{z_n^3 l_{n,p}(\bar{x}_n)T_w}{\rho^p}\right) \tag{10.30}$$

$$u(t) = u^{\sigma(t_k)}(t_k), \quad t_k \leqslant t < t_{k+1} \tag{10.31}$$

$$t_{k+1} = \inf\{t \in \mathbb{R}||\beta^{\sigma(t)}(t)| \geqslant \lambda|u^{\sigma(t_k)}(t_k)| + \epsilon + T_w\} \tag{10.32}$$

$$T_w = \begin{cases} |u^{\sigma(t_k)}(\mathsf{T}_1^k) - u^{\sigma(\mathsf{T}_1^k)}(\mathsf{T}_1^k)|, & t \in [\mathsf{T}_1^k, \mathsf{T}_2^k) \\ 0, & \text{其他} \end{cases} \tag{10.33}$$

式中, $\beta^{\sigma(t)}(t) = u^{\sigma(t_k)}(t_k) - u^{\sigma(t)}(t)$, $\hbar_1 > \dfrac{\epsilon}{1-\lambda}$. $\epsilon > 0$, $\rho^p > 0$ 以及 $0 < \lambda < 0.5$ 为设计参数.

注 10.3　　对于所研究的非线性随机切换系统, 巧妙地设计了基于切换信号的事件触发机制, 既减轻了通信负担, 又消除了异步切换对系统性能的影响.

注 10.4　　可以看出, 所设计的事件触发机制在切换时刻的触发误差是不连续的, 而切换可能会引起额外的连续触发, 从而导致芝诺行为. 变量 T_w 的引入有效地避免了上述问题.

根据式 (10.2) 和式 (10.8) 可知

$$dz_n = (l_{n,p}(\bar{x}_1)u + f_{i,p}(\bar{x}_n) - \mathcal{L}\alpha_{n-1})dt$$
$$+ \left(l_{n,p}(\bar{x}_n) - \sum_{j=1}^{n-1}\frac{\partial\alpha_{n-1}}{\partial x_j}l_{j,p}(\bar{x}_j)\right)dw \tag{10.34}$$

式中,

$$\mathcal{L}\alpha_{n-1} = \sum_{j=1}^{n-1}\frac{\partial\alpha_{i-1}}{\partial x_j}(l_{j,p}(\bar{x}_j)x_{j+1} + f_{j,p}(\bar{x}_j)) + \sum_{j=0}^{n-1}\frac{\partial\alpha_{i-1}}{\partial y_d^{(j)}}y_d^{(j+1)} + \sum_{j=1}^{n-1}\frac{\partial\alpha_{i-1}}{\partial\hat{W}_j}\dot{\hat{W}}_j$$
$$+ \frac{1}{2}\sum_{j,s=1}^{n-1}\frac{\partial^2\alpha_{i-1}}{\partial x_j\partial x_s}g_{j,p}^{\mathrm{T}}(\bar{x}_j)g_{s,p}(\bar{x}_s)$$

定义以下 Lyapunov 函数:

$$V_{n,p} = V_{n-1,p} + \frac{1}{4}z_n^4 + \frac{b_{n,m}^p}{2l_n}\tilde{W}_n^2 \tag{10.35}$$

根据式 (10.34) 和式 (10.35), 可得

$$\mathcal{L}V_{n,p} = \mathcal{L}V_{n-1,p} + z_n^3(l_{n,p}u + f_{n,p}(\bar{x}_n) - \mathcal{L}\alpha_{n-1})$$
$$- \frac{b_{n,m}^p}{l_n}\tilde{W}_n\dot{\hat{W}}_n + \frac{3}{2}z_n^2\phi_{n,p}^{\mathrm{T}}(\bar{x}_n)\phi_{n,p}(\bar{x}_n) \tag{10.36}$$

式中, $\phi_{n,p}(\bar{x}_n) = g_{n,p}(\bar{x}_n) - \sum_{j=1}^{n-1}\frac{\partial\alpha_{n-1}}{\partial x_j}g_{j,p}(\bar{x}_j)$. 根据杨氏不等式, 可得

$$\frac{3}{2}z_n^2\phi_{n,p}^{\mathrm{T}}\phi_{n,p} \leqslant \frac{3}{4}a_n^{-2}z_n^4\|\phi_{n,p}\|^4 + \frac{3}{4}a_n^2 \tag{10.37}$$

将式 (10.37) 代入式 (10.36), 可得

$$\mathcal{L}V_{n,p} \leqslant \mathcal{L}V_{n-1,p} + z_n^3l_{n,p}(\bar{x}_n)u + z_n^3\bar{f}_{n,p}(Z_n) - \frac{3}{4}z_n^4$$

$$- \frac{b_{n,m}^p}{l_n} \tilde{W}_n \dot{\tilde{W}}_n + \frac{3}{4} a_n^2 - \frac{1}{4} l_{n-1,p}(\bar{x}_{n-1}) z_n^4 \tag{10.38}$$

式中, $\bar{f}_{n,p}(Z_n) = f_{n,p}(\bar{x}_n) + \frac{3}{4} a_n^{-2} z_n \|\phi_{n,p}\|^4 - \mathcal{L}\alpha_{n-1} + \frac{3}{4} z_n + \frac{1}{4} l_{n-1,p}(\bar{x}_{n-1}) z_n$. 与式 (10.18) 相同, 可得

$$\bar{f}_{n,p}(Z_i) = \psi_{n,p}^{\mathrm{T}} S_n(Z_n) + \delta_n^p(Z_n) \tag{10.39}$$

式中, $|\delta_n^p(Z_n)| \leqslant \tau_n,\ \tau_n > 0$.

根据杨氏不等式, 可得

$$z_n^3 \bar{f}_{n,p}(Z_n) \leqslant \frac{b_{n,m}^p z_n^6 W_n}{2a_n^2} S_n^{\mathrm{T}}(Z_n) S_n(Z_n) + \frac{1}{2} a_n^2 + \frac{3}{4} z_n^4 + \frac{1}{4} \tau_n^4 \tag{10.40}$$

利用式 (10.40), 可将式 (10.38) 转变成以下形式

$$\mathcal{L}V_{n,p} \leqslant \mathcal{L}V_{n-1,p} + \frac{b_{n,m}^p z_n^6 W_n}{2a_n^2} S_n^{\mathrm{T}}(Z_n) S_n(Z_n) + z_n^3 l_{n,p}(\bar{x}_n) u - \frac{b_{n,m}^p}{l_n} \tilde{W}_n \dot{\tilde{W}}_n + \frac{5}{4} a_n^2$$
$$+ \frac{1}{4} \tau_n^4 - \frac{1}{4} l_{n-1,p}(\bar{x}_{n-1}) z_n^4 \tag{10.41}$$

接下来, 根据触发间隔 $[t_k, t_{k+1})$ 内第 p 个子系统是否与候选控制器同步, 将系统动力学分为两部分进行讨论.

第一部分: 同步间隔.

在这个时间点, $\sigma(t) = \sigma(t_k) = p$, $T_w = 0$. 根据式 (10.30)~式 (10.32), 可得 $u^p(t) = (1 + \vartheta_1(t)\lambda) u^p(t_k) + \vartheta_2(t)\epsilon$, $\forall t \in [t_k, t_{k+1})$, 其中 $\vartheta_1(t) \in [-1, 1]$, $\vartheta_2(t) \in [-1, 1]$. 然后可以将实际控制器写成如下形式

$$u = u^p(t_k) = \frac{u^p(t)}{1 + \vartheta_1 \lambda} - \frac{\vartheta_2 \epsilon}{1 + \vartheta_1 \lambda} \tag{10.42}$$

因此, 式 (10.41) 可以写成

$$\mathcal{L}V_{n,p} \leqslant \mathcal{L}V_{n-1,p} + \frac{b_{n,m}^p z_n^6 W_n}{2a_n^2} S_n^{\mathrm{T}}(Z_n) S_n(Z_n) + \frac{5}{4} a_n^2$$
$$+ \frac{1}{1 + \vartheta_1 \lambda} z_n^3 l_{n,p}(\bar{x}_n) u^p(t) - \frac{\vartheta_2 \epsilon}{1 + \vartheta_1 \lambda} z_n^3 l_{n,p}(\bar{x}_n)$$
$$- \frac{b_{n,m}^p}{l_n} \tilde{W}_n \dot{\tilde{W}}_n + \frac{1}{4} \tau_n^4 - \frac{1}{4} l_{n-1,p}(\bar{x}_{n-1}) z_n^4 \tag{10.43}$$

基于 $\dfrac{z_n^3 l_{n,p}(\bar{x}_n)u^p(t)}{1+\vartheta_1\lambda} \leqslant \dfrac{z_n^3 l_{n,p}(\bar{x}_n)u^p(t)}{1+\lambda}$, $l_{n,p}(\bar{x}_n)|\dfrac{\vartheta_2\epsilon}{1+\vartheta_1\lambda}| \leqslant l_{n,p}(\bar{x}_n)\dfrac{\epsilon}{1-\lambda}$, $\hbar_1 > \dfrac{\epsilon}{1-\lambda}$, 可得到

$$\mathcal{L}V_{n,p} \leqslant \mathcal{L}V_{n-1,p} + \frac{b_{n,m}^p z_n^6 W_n}{2a_n^2}S_n^{\mathrm{T}}(Z_n)S_n(Z_n) - \frac{b_{n,m}^p}{l_n}\tilde{W}_n\dot{\hat{W}}_n$$

$$- \frac{1+\lambda}{1+\vartheta_1\lambda}z_n^3 l_{n,p}(\bar{x}_n)\left(\alpha_n\tanh\left(\frac{z_n^3 l_{n,p}(\bar{x}_n)\alpha_n}{\rho^p}\right)\right.$$

$$\left. + \hbar_1\tanh\left(\frac{z_n^3 l_{n,p}(\bar{x}_n)\hbar_1}{\rho^p}\right)\right) - \frac{\vartheta_2\epsilon}{1+\vartheta_1\lambda}z_n^3 l_{n,p}(\bar{x}_n)$$

$$+ \frac{5}{4}a_n^2 + \frac{1}{4}\tau_n^4 - \frac{1}{4}l_{n-1,p}(\bar{x}_{n-1})z_n^4$$

$$\leqslant \mathcal{L}V_{n-1,p} + \frac{b_{n,m}^p z_n^6 W_n}{2a_n^2}S_n^{\mathrm{T}}(Z_n)S_n(Z_n) - \frac{b_{n,m}^p}{l_n}\tilde{W}_n\dot{\hat{W}}_n$$

$$+ \frac{5}{4}a_n^2 + \frac{1}{4}\tau_n^4 - \frac{1}{4}l_{n-1,p}(\bar{x}_{n-1})z_n^4 + 0.557\rho^p + z_n^3 l_{n,p}(\bar{x}_n)\alpha_n \tag{10.44}$$

使用与第 i 步相似的处理过程, 则有

$$\mathcal{L}V_{n,p} \leqslant -\frac{\pi}{2}c_1 b_{1,m}^p z_1^4 - \sum_{j=2}^n (c_j b_{j,m}^p z_j^4) + \sum_{j=1}^n b_{j,m}^p \tilde{W}_j\hat{W}_j$$

$$+ \sum_{j=1}^{n-1}\tilde{\Upsilon}_j + \frac{5}{4}a_n^2 + \frac{1}{4}\tau_n^4 + 0.557\rho^p \tag{10.45}$$

根据杨氏不等式, 可得

$$\sum_{j=1}^n b_{j,m}^p \tilde{W}_j\hat{W}_j \leqslant -\frac{1}{2}\sum_{j=1}^n b_{j,m}^p \tilde{W}_j^2 + \frac{1}{2}\sum_{j=1}^n b_{j,\max}W_j^2 \tag{10.46}$$

式中, $b_{j,\max} = \max\limits_{p\in\mathcal{H}}\{b_{j,M}^p\}$. 然后, 式 (10.45) 变成

$$\mathcal{L}V_{n,p} \leqslant -\frac{\pi}{2}c_1 b_{1,m}^p z_1^4 - \sum_{j=2}^n (c_j b_{j,m}^p z_j^4) - \frac{1}{2}\sum_{j=1}^n b_{j,m}^p \tilde{W}_j^2 + \Delta_p \tag{10.47}$$

式中, $\Delta_p = \sum\limits_{j=1}^{n-1}\tilde{\Upsilon}_j + \frac{1}{2}\sum\limits_{j=1}^n b_{j,\max}W_j^2 + \frac{5}{4}a_n^2 + \frac{1}{4}\tau_n^4 + 0.557\rho^p$.

第二部分: 异步间隔.

(1) 假设 $\sigma(t_k) \neq p$, $\sigma(t) = p$, $t \in [\mathsf{T}_1^k, \mathsf{T}_2^k)$. 在这个时间点, 事件触发机制 (10.32) 可以确保

$$|u^{\sigma(t_k)}(t_k) - u^p(t)| \leqslant \lambda |u^{\sigma(t_k)}(t_k)| + T_w + \epsilon \tag{10.48}$$

与第一部分的求导过程相似

$$z_n^3 l_{n,p}(\bar{x}_n) u(t) = z_n^3 l_{n,p}(\bar{x}_n) u^{\sigma(t_k)}(t_k) \leqslant \frac{z_n^3 l_{n,p}(\bar{x}_n) u^p(t)}{1 + \lambda} + \left| z_n^3 l_{n,p}(\bar{x}_n) \frac{\epsilon + T_w}{1 - \lambda} \right| \tag{10.49}$$

按照与第一部分相同的步骤获取

$$
\begin{aligned}
\mathcal{E}V_{n,p} \leqslant &-\frac{\pi}{2} c_1 b_{1,m}^p z_1^4 - \sum_{j=2}^{n} (c_j b_{j,m}^p z_j^4) - \frac{1}{2} \sum_{j=1}^{n} b_{j,m}^p \tilde{W}_j^2 + \Delta_p \\
&+ \left| \frac{z_n^3 l_{n,p}(\bar{x}_n) T_w}{1 - \lambda} \right| - \frac{z_n^3 l_{n,p}(\bar{x}_n) T_w}{1 - \lambda} \tanh \left(\frac{z_n^3 l_{n,p}(\bar{x}_n) T_w}{\rho^p} \right) \\
\leqslant &-\frac{\pi}{2} c_1 b_{1,m}^p z_1^4 - \sum_{j=2}^{n} (c_j b_{j,m}^p z_j^4) - \frac{1}{2} \sum_{j=1}^{n} b_{j,m}^p \tilde{W}_j^2 + \Delta_p + 0.557\rho^p \tag{10.50}
\end{aligned}
$$

(2) 只有当 $r > 1$ 时此区间为非空. 在这个时间点, $\sigma(t_k) \neq p$, $\sigma(t) = p$, 式中, $t \in [\mathsf{T}_i^k, \mathsf{T}_{i+1}^k)$, $i = 2, \cdots, r$. 事件触发机制 (10.32) 和第一部分的相同, 能够确保

$$|u^{\sigma(t_k)}(t_k) - u^p(t)| \leqslant \lambda |u^{\sigma(t_k)}(t_k)| + \epsilon \tag{10.51}$$

然后, 使用与 (1) 给出的类似推导, 可得

$$z_n^3 l_{n,p}(\bar{x}_n) u(t) = z_n^3 l_{n,p}(\bar{x}_n) u^{\sigma(t_k)}(t_k) \leqslant \frac{z_n^3 l_{n,p}(\bar{x}_n) u^p(t)}{1 + \lambda} + z_n^3 l_{n,p}(\bar{x}_n) \frac{\epsilon}{1 - \lambda} \tag{10.52}$$

可以使用与 (1) 相同的处理方式, 可得

$$\mathcal{E}V_{n,p} \leqslant -\frac{\pi}{2} c_1 b_{1,m}^p z_1^4 - \sum_{j=2}^{n} (c_j b_{j,m}^p z_j^4) - \frac{1}{2} \sum_{j=1}^{n} b_{j,m}^p \tilde{W}_j^2 + \Delta_p \tag{10.53}$$

接下来, 通过选取 Lyapunov 函数 $V_p = V_{n,p}$, 可得

$$\mathcal{L}V_p \leqslant -\eta_p V_p + \Lambda \tag{10.54}$$

式中, $\eta_p = \min\{2\pi c_1 b_{1,m}^p, 4c_i b_{i,m}^p, l_1, l_i, i = 2, 3, \cdots, n\}$, $\Lambda = \max\{\Delta_p + 0.557\rho^p, p \in M\}$.

定理 10.1 对于在假设 10.1～假设 10.3 下的非线性随机切换系统 (10.2), 通过构造实际控制器 (10.31)、自适应律 (10.11) 以及事件触发机制 (10.30)～(10.33), 切换信号 $\sigma(t)$ 满足模式依赖平均驻留时间 $\tau_{ap} \geqslant \tau_{ap}^* = \dfrac{\ln \mu_p}{\eta_p}$, $\mu_p = \max \left\{ \dfrac{b_{i,m}^p}{b_{i,m}^k}, 1, \right.$ $i = 1, 2, \cdots, n, \forall k \in M \left. \right\}$, 可以确保:

(1) 所有得到的系统信号均为依概率有界;

(2) 跟踪误差在一个给定的时间内 e_1 到达预定的边界内;

(3) 所设计的事件触发机制能够避免芝诺行为.

证明 首先, 证明控制系统的所有信号都有界, 分以下两种情况进行讨论.

情况 1: 当 $\mu_p = 1$ $(p \in M)$ 时, 可以得到 $V_p = V_q$, $\forall p, q \in M$. 因此, Lyapunov 函数 $V = V_p$ 对于所有的子系统满足式 (10.54), 这意味着

$$E\{V(t)\} \leqslant V(0) + \frac{\Lambda}{\eta_{\min}}, \quad \forall t \geqslant 0 \tag{10.55}$$

式中, $\eta_{\min} = \min\{\eta_p, p \in M\}$. 因此, 可以得出结论, 控制系统中的所有信号都是有界的.

情况 2: 当 $\exists \mu_{p,q} > 1 (p, q \in M)$ 时, 存在函数 $\underline{\gamma}, \overline{\gamma} \in K_\infty$, 使得 $\underline{\gamma}(\|Y\|) \leqslant V_p(Y) \leqslant \overline{\gamma}(\|Y\|)$, 对于任意的 $T > 0$, 令 $t_0 = 0$ 和 $t_1, t_2, \cdots, t_s, t_{s+1}, \cdots, t_{N_\sigma(0,T)}$ 为切换次数 $[0, T]$, 式中, $N_\sigma(T, 0) = \sum\limits_{p=1}^{d} N_{\sigma p}(T, 0)$, $p \in M$.

考虑分段连续函数 $H(t) = e^{\lambda_{\sigma(t)} t} V_{\sigma(t)}(Y(t))$. 根据式 (10.54), 在每个区间 $[t_j, t_{j+1})$ 上, 可以得到

$$\dot{H}(t) \leqslant \lambda_{\sigma(t)} e^{\lambda_{\sigma(t)} t} V_{\sigma(t)}(Y(t)) + e^{\lambda_{\sigma(t)} t} \dot{V}_{\sigma(t)}(Y(t)) \tag{10.56}$$

由于 $E[dw(t)] = 0$ 成立, 因此

$$E\left\{ \int_{t_j}^{t_{j+1}^-} \dot{H}(t) dt \right\} = E\{H(t_{j+1}^-)\} - E\{H(t_j)\}$$

$$\leqslant E\left\{ \int_{t_j}^{t_{j+1}} e^{\lambda_{\sigma(t)} t} \Lambda dt \right\} \tag{10.57}$$

根据 $V_p(Y(t)) \leqslant \mu_p V_q(Y(t))$, 可得

$$E\{H(t_{j+1})\} \leqslant \mu_{\sigma(t_{j+1})} E\left\{ e^{(\eta_{\sigma(t_{j+1})} - \eta_{\sigma(t_j)}) t_{j+1}} H(t_{j+1}^-) \right\}$$

$$\leqslant \prod_{i=0}^{j} \mu_{\sigma(t_{i+1})} E \left\{ e^{\sum\limits_{i=0}^{j} (\eta_{\sigma(t_{i+1})} - \eta_{\sigma(t_i)})t_{i+1}} H(t_0) \right\}$$

$$+ E \left\{ \sum_{l=0}^{j} \left(Q_{1,l} \int_{t_l}^{t_{l+1}} e^{\eta_{\sigma(t_l)}t} \Lambda dt \right) \right\} \tag{10.58}$$

式中, $Q_{1,l} = \prod\limits_{i=l}^{j} \mu_{\sigma(t_{i+1})} \exp \left\{ \sum\limits_{i=l}^{j} (\eta_{\sigma(t_{i+1})} - \eta_{\sigma(t_i)})t_{i+1} \right\}$. 因此

$$E\{H(T^-)\} \leqslant E\{Q_2 H(0)\} + E \left\{ \int_{t_{N_\sigma(T,0)}}^{\mathrm{T}} \Lambda e^{\eta_{\sigma(t_{N_\sigma(T,0)})}t} dt \right\}$$

$$+ E \left\{ \sum_{l=0}^{N_\sigma(T,0)-1} \left(Q_{2,l} \int_{t_l}^{t_{l+1}} e^{\eta_{\sigma(t_l)}t} \Lambda dt \right) \right\} \tag{10.59}$$

式中,

$$Q_2 = \prod_{i=0}^{N_\sigma(T,0)-1} \mu_{\sigma(t_{i+1})} \exp \left\{ \sum_{i=0}^{N_\sigma(T,0)-1} (\eta_{\sigma(t_{i+1})} - \eta_{\sigma(t_i)})t_{i+1} \right\}$$

$$Q_{2,l} = \prod_{i=l}^{N_\sigma(T,0)-1} \mu_{\sigma(t_{i+1})} \exp \left\{ \sum_{i=l}^{N_\sigma(T,0)-1} (\eta_{\sigma(t_{i+1})} - \eta_{\sigma(t_i)})t_{i+1} \right\}$$

根据式 (10.58), 可得

$$E\{V_{\sigma(T^-)}(Y(T))\} \leqslant E\left\{ Q_3 V_{\sigma(0)}(Y(0)) \right\}$$

$$+ E \left\{ \sum_{s=0}^{N_\sigma(T,0)-1} \left(Q_{3,l} \int_{t_l}^{t_{l+1}} e^{\eta_{\sigma(t_l)}t} \Lambda dt \right) \right\}$$

$$+ E \left\{ e^{-\eta_{\sigma(t_{N_\sigma(T,0)})}T} \int_{t_{N_\sigma(T,0)}}^{\mathrm{T}} \Lambda e^{\eta_{\sigma(t_{N_\sigma(T,0)})}t} dt \right\}$$

$$\leqslant E\{\bar{Q}_3 V_{\sigma(0)}(Y(0))\}$$

$$+ E \left\{ \sum_{l=0}^{N_\sigma(T,0)-1} \left(\bar{Q}_{3,l} e^{-\varepsilon_{\min}t_{l+1}} \int_{t_l}^{t_{l+1}} e^{\varepsilon_{\min}t} \Lambda dt \right) \right\}$$

$$+ E \left\{ e^{-\varepsilon_{\min}T} \int_{t_{N_\sigma(T,0)}}^{\mathrm{T}} \Lambda e^{\varepsilon_{\min}t} dt \right\}$$

$$\leqslant E\left\{\tilde{Q}_3 V_{\sigma(0)}(Y(0))\right\}$$

$$+ E\left\{\sum_{l=0}^{N_\sigma(T,0)-1}\left(\tilde{Q}_{3,l}e^{-\varepsilon_{\min}t_{l+1}}\int_{t_l}^{t_{l+1}}e^{\varepsilon_{\min}t}\Lambda dt\right)\right\}$$

$$+ E\left\{e^{-\varepsilon_{\min}T}\int_{t_{N_\sigma(T,0)}}^{\mathrm{T}}\Lambda e^{\varepsilon_{\min}t}dt\right\} \tag{10.60}$$

式中,

$$Q_3 = \prod_{j=0}^{N_\sigma(T,0)-1}\mu_{\sigma(t_{j+1})}\exp\left\{\sum_{j=0}^{N_\sigma(T,0)-1}(\eta_{\sigma(t_{j+1})}-\eta_{\sigma(t_j)})t_{j+1}\right.$$

$$\left.-\eta_{\sigma(t_{N_\sigma(T,0)})}T + \eta_{\sigma(t_0)}t_0\right\}$$

$$Q_{3,l} = \prod_{i=l}^{N_\sigma(T,0)-1}\mu_{\sigma(t_{i+1})}\exp\left\{\sum_{i=l}^{N_\sigma(T,0)-1}(\eta_{\sigma(t_{i+1})}-\eta_{\sigma(t_i)})t_{i+1}\right.$$

$$\left.-\eta_{\sigma(t_{N_\sigma(T,0)})}T\right\}$$

$$\bar{Q}_3 = \prod_{p=1}^{d}\mu_p^{N_{\sigma p}}\exp\left\{-\sum_{p=1}^{H}\left[\eta_p\sum_{l\in\phi}(t_{l+1}-t_l)\right]-\eta_{\sigma(t_{N_\sigma})}(T-t_{N_\sigma})\right\}$$

$$\bar{Q}_{3,l} = \prod_{i=l}^{N_\sigma(T,0)-1}\mu_{\sigma(t_{i+1})}\exp\left\{\sum_{i=l}^{N_\sigma(T,0)-1}(\eta_{\sigma(t_{i+1})}-\eta_{\sigma(t_i)})t_{i+1}\right.$$

$$\left.-\eta_{\sigma(t_{N_\sigma})}T + \eta_{\sigma(t_l)}t_{l+1}\right\}$$

$$\tilde{Q}_3 = \exp\left\{\sum_{p=1}^{d}N_{0p}\ln\mu_p\right\}\exp\left\{\sum_{p=1}^{d}\frac{T_p}{\tau_{ap}}\ln\mu_p-\sum_{p=1}^{d}\eta_pT_p\right\}$$

$$\tilde{Q}_{3,l} = \prod_{p=1}^{d}\mu_p^{N_{\sigma p}(T,t_{l+1})}\exp\left\{-\sum_{p=1}^{d}\eta_pT_p(T,t_{l+1})\right\}$$

$\phi(p)$ 代表 l 的集合, 满足 $\sigma(t_l)=p$, $t_l\in\{t_0,t_1,\cdots,t_s,t_{s+1},\cdots,t_{N_\sigma-1}\}$, 且 $\varepsilon_{\min}=\min\{\varepsilon_p, p\in M\}$, 式中, $\varepsilon_p\in(0,\eta_p-\ln\mu_p/\tau_{ap})$.

然后, 根据 $\tau_{ap} \geqslant (\ln \mu_p / \eta_p)$ 和式 (10.7), 可得

$$E\{V_{\sigma(T^-)}(Y(T))\}$$

$$\leqslant E\{Q_4 V_{\sigma(0)}(Y(0))\} + E\left\{e^{-\varepsilon_{\min}T}\int_{t_{N_\sigma(T,0)}}^{T}\Lambda e^{\varepsilon_{\min}t}dt\right\}$$

$$+ E\left\{\sum_{l=0}^{N_\sigma(T,0)-1}\left(\prod_{p=1}^{d}\mu_p^{N_{0p}}e^{\sum\limits_{p=1}^{d}(\eta_p-\varepsilon_p)T_p(T,t_{l+1})}\right.\right.$$

$$\left.\left.\cdot e^{-\sum\limits_{p=1}^{d}\eta_p T_p(T,t_{l+1})}e^{-\varepsilon_{\min}t_{l+1}}\int_{t_l}^{t_{l+1}}e^{\varepsilon_{\min}t}\Lambda dt\right)\right\}$$

$$\leqslant E\{Q_4 V_{\sigma(0)}(X(0))\} + E\left\{e^{-\varepsilon_{\min}T}\int_{t_{N_\sigma(T,0)}}^{T}\Lambda e^{\varepsilon_{\min}t}dt\right\}$$

$$+ E\left\{\sum_{l=0}^{N_\sigma(T,0)-1}\left(\prod_{p=1}^{d}\mu_p^{N_{0p}}e^{-\varepsilon_{\min}(T-t_{l+1})}\;e^{-\varepsilon_{\min}t_{l+1}}\int_{t_l}^{t_{l+1}}e^{\varepsilon_{\min}t}\Lambda dt\right)\right\}$$

$$\leqslant E\{Q_4 V_{\sigma(0)}(Y(0))\} + E\left\{\prod_{p=1}^{d}\mu_p^{N_{0p}}e^{-\varepsilon_{\min}T}\int_{0}^{T}\Lambda e^{\varepsilon_{\min}t}dt\right\}$$

$$\leqslant e^{\sum\limits_{p=1}^{d}N_{0p}\ln\mu_p}e^{\max\limits_{p\in M}((\ln\mu_p/\tau_{ap})-\eta_p)T}E\{\overline{\gamma}(\|Y(0)\|)\} + \prod_{p=1}^{H}\mu_p^{N_{0p}}\frac{\Lambda}{\varepsilon_{\min}} \tag{10.61}$$

式中, $Q_4 = \exp\left\{\sum\limits_{p=1}^{H}N_{0p}\ln\mu_p\right\}\exp\left\{\sum\limits_{p=1}^{H}\left(\frac{T_p}{\tau_{ap}}-\eta_p\right)T_p\right\}$.

因此, 在该方法下, 控制系统中的所有信号均为依概率有界. 此外, 需要证明 $-\xi_1(t) < e_1 < \xi_1(t), t \geqslant T > 0$. 由于 z_1 和 $\tan\left(\pm\dfrac{\pi}{2}\right) = \infty$ 的有界性, 可得

$$-\xi_2(t) < \chi_1 < \xi_2(t) \tag{10.62}$$

根据式 (10.5) 和式 (10.6), 可得

$$-\xi_2(t) < \tanh(e_1) < \xi_2(t) \tag{10.63}$$

根据 $\xi_2(t)$ 的表达式, 当 $T \geqslant t$ 时, 能够得到

$$0 < \xi_2(t) = \tanh(\xi_1(t)) \tag{10.64}$$

根据式 (10.63) 和式 (10.64) 可知, $-\xi_1(t) < e_1 < \xi_1(t), t \geqslant T$.

最后, 根据两个连续触发时刻之间的切换数量, 使用三种情况证明所设计的事件触发机制能够避免芝诺行为.

情况 1: 触发间隔内无切换发生. 对于所有 $t \in [t_k, t_{k+1})$, 令 $\sigma(t) = p$. 根据 $\beta^p(t)$ 的定义可知

$$\frac{d}{dt}|\beta^p| = \text{sign}(\beta^p)\dot{\beta}^p \leqslant |\dot{u}^p(t)|$$

根据式 (10.30) 可知 u^p 可微且 $\dot{u}^p$ 有界. 根据 $\beta^p(t_k) = 0$ 和 $\lim\limits_{t \to t_{k+1}} \beta^p(t) = (\lambda|u^p(t_k)| + \epsilon)$ 可知 $t_{k+1} - t_k \geqslant (\lambda|u^p(t_k)| + \epsilon)/\varrho_1 > 0$, 式中, ϱ_1 为正数且满足 $|\dot{u}^p| \leqslant \varrho_1$.

情况 2: 触发间隔内发生一次切换. 假设切换发生在 $\mathsf{T}_1^k \in (t_k, t_{k+1})$. 根据 $|u^{\sigma(t_k)}(t_k) - u^{\mathsf{T}_1^k}(\mathsf{T}_1^k)| < \lambda|u^{\sigma(t_k)}(t_k)| + \epsilon + T_w$ 可知没有额外的触发在 T_1^k 切换点处. 对于情况 1, 在 (t_k, T_1^k) 可以得到 $\frac{d}{dt}|\beta^{\sigma(t_k)}| \leqslant \varrho_1$. 与情况 1 类似, 在 $(\mathsf{T}_1^k, t_{k+1})$ 可以保证 $\frac{d}{dt}|\beta^{\sigma(\mathsf{T}_1^k)}| \leqslant \varrho_2$, 式中 ϱ_2 为正数. 根据以上分析可知 $t_{k+1} - t_k \geqslant (\lambda|u^{\sigma(t_k)}(t_k)| + \epsilon)/\{\max \varrho_1, \varrho_2\} > 0$.

情况 3: 触发间隔内发生多次切换. N_k 为在 k 个触发间隔的切换数量, 显然 $t_{k+1} - t_k \geqslant N_k \tau_d^* > 0$.

基于上述分析, 设计的事件触发机制能够避免芝诺行为. 证明已完成.

注 10.5　为了证明基于多重 Lyapunov 函数技术的切换系统的稳定性, 建立任意两个 Lyapunov 函数之间的关系是非常重要的. 本章利用统一坐标变换和各子系统的通用自适应律, 得出两个 Lyapunov 函数的累积关系.

10.3　仿 真 例 子

在本节中, 通过数值算例和实例验证了所提出的理论结果的有效性.

例 10.1　考虑以下数值例子

$$\begin{cases} \dot{x}_1 = (l_{1,\sigma(t)}(\bar{x}_1)x_2)dt \\ \dot{x}_2 = (l_{2,\sigma(t)}(\bar{x}_2)u + f_{2,\sigma(t)}(\bar{x}_2))dt + g_{2,\sigma(t)}^{\mathrm{T}}(\bar{x}_2)dw \\ y = x_1 \end{cases} \tag{10.65}$$

式中, $\sigma(t) : [0, \infty) \to M = \{1, 2\}$, $l_{1,1} = 1 + 0.3\cos(x_1)$, $l_{1,2} = 1 + 0.5\cos(x_1)$, $l_{2,1} = 1 + 0.7\sin(x_1 x_2)$, $l_{2,2} = 1 + 0.6\cos(x_1 x_2)$, $f_{2,1} = 0.1\sin(x_1)$, $f_{2,2} = 0.1\cos(x_1^2)$, $g_{2,1}^{\mathrm{T}} = x_1 \sin(x_1)$, $g_{2,2}^{\mathrm{T}} = \sin(x_1)$. 跟踪信号为 $y_d = 0.7\sin(t)$. 选取模糊基函数为

$$\mu F_i^1 = e^{-0.5(x_i + 1.5)^2}, \quad \mu F_i^2 = e^{-0.5(x_i + 1)^2}, \quad \mu F_i^3 = e^{-0.5(x_i + 0.5)^2}$$

$$\mu F_i^4 = e^{-0.5(x_i)^2}, \quad \mu F_i^5 = e^{-0.5(x_i - 0.5)^2}, \quad \mu F_i^6 = e^{-0.5(x_i - 1)^2}$$

$$\mu F_i^7 = e^{-0.5(x_i - 1.5)^2}$$

初始条件为 $[x_1(0), x_2(0)]^{\mathrm{T}} = [-0.5, 0.4]^{\mathrm{T}}$, $\hat{W}_1(0) = 15$, $\hat{W}_2(0) = 4$. 选取设计参数为 $a_1 = 10$, $c_1 = 5$, $l_1 = 0.8$, $a_2 = 10$, $c_2 = 1$, $l_2 = 0.7$, $\lambda = 0.3$, $\hbar_1 = 5$, $\epsilon = 2$, $\rho^1 = 1$, $\rho^2 = 0.8$, $\xi_0 = 0.1$, $\xi_\infty = 0.01$, $\kappa_1 = 0.7$, $s_0 = 5$, $s_1 = 3$, $\kappa_2 = 20$, $N = 10$, 预定时间 $T = 2$s. 此外, 根据 $\mu_1 = 1.4$, $\eta_1 = 0.7$, $\mu_2 = 1.3$, $\eta_2 = 0.7$ 可知 $\tau_{a1} \geqslant 0.4807$, $\tau_{a2} \geqslant 0.4110$.

仿真结果如图 10.2~图 10.8 所示. 图 10.2 表示输出 y 的跟踪性能. 图 10.3 表示跟踪误差 e_1 的控制效果, e_1 不少于设定时间进入规定边界 $T = 2$s, 且无需 $-\xi_1(0) \leqslant e_1(0) \leqslant \xi_1(0)$. 系统状态 x_2 以及自适应律 $\hat{W}_1$, $\hat{W}_2$ 分别由图 10.4 和图 10.5 给出. 图 10.6 表示控制输入 u 的轨迹. 图 10.7 给出了事件触发时间间隔. 最后, 在图 10.8 中给出了切换信号.

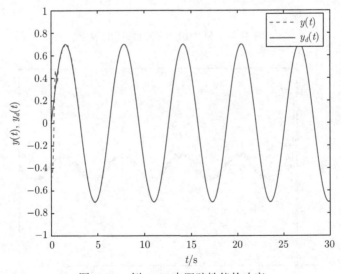

图 10.2 例 10.1 中跟踪性能的响应

例 10.2　为了验证所提出的控制方法的实用性, 考虑文献 [139] 中的 RLC 电路系统:

$$\begin{cases} \dot{x}_1 = x_2 dt \\ \dot{x}_2 = \left(u - \dfrac{1}{C_{\sigma(t)}} - \dfrac{R}{L} x_2 \right) dt + \dfrac{1}{L} x_2 \sin(x_1) dw \end{cases} \tag{10.66}$$

式中, $L = 1\text{H}$, $C_1 = 0.5\text{F}$, $C_2 = 0.8\text{F}$, $R = 0.1\Omega$. 定义 $x_1 = q_c$, $x_2 = \phi_L$.

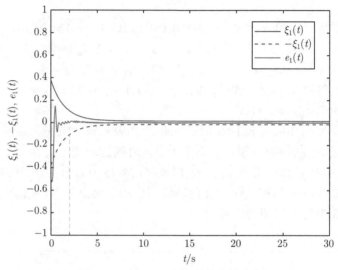

图 10.3　例 10.1 中控制效应的响应

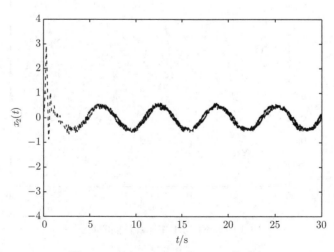

图 10.4　例 10.1 中状态 $x_2(t)$ 的响应

模糊基函数与例 10.1 中的相同. 初值为 $[x_1(0), x_2(0)]^{\mathrm{T}} = [1, 0.8]^{\mathrm{T}}$, $\hat{W}_1(0) = 1$, $\hat{W}_2(0) = 1$. 选取设计参数为 $a_1 = 1$, $c_1 = 25$, $l_1 = 0.5$, $a_2 = 5$, $c_2 = 5$, $l_2 = 0.1$, $\lambda = 0.3$, $\hbar_1 = 0.25$, $\epsilon = 0.1$, $\rho^1 = 1$, $\rho^2 = 0.8$, $\xi_0 = 0.1$, $\xi_\infty = 0.01$, $\kappa_1 = 0.7$, $s_0 = 5$, $s_1 = 3$, $\kappa_2 = 20$, $N = 10$ 以及预定时间为 $T = 3\mathrm{s}$. 特别地, 我们得到 $\mu_1 = \mu_2 = 1$, 这意味着可以为系统 (10.66) 找到一个公共 Lyapunov 函数, 并且定理 10.1 在任意切换信号下成立.

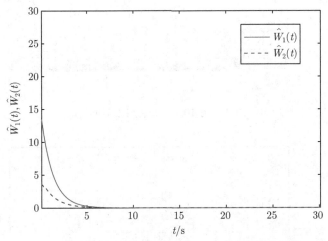

图 10.5   例 10.1 中自适应率 $\hat{W}_1(t)$ 和 $\hat{W}_2(t)$ 的响应

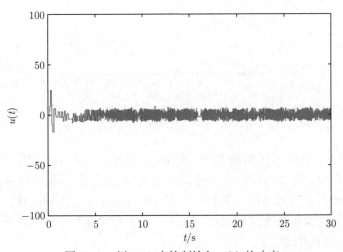

图 10.6   例 10.1 中控制输入 $u(t)$ 的响应

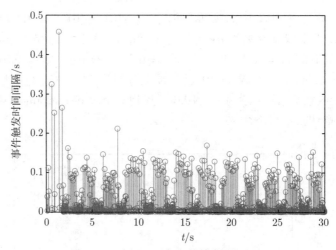

图 10.7　例 10.1 中事件触发时间间隔

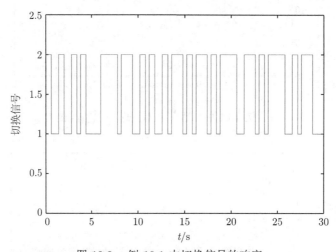

图 10.8　例 10.1 中切换信号的响应

RLC 电路的仿真结果如图 10.9~图 10.15 所示. 从图 10.9 和图 10.10 中可以看出, 在没有 $-\xi_1(0) \leqslant e_1(0) \leqslant \xi_1(0)$ 的情况下, e_1 可以在不晚于设定时间 $T = 3\mathrm{s}$ 的情况下被约束为性能函数. 图 10.11~图 10.13 显示了 x_2, $\hat{W}_1$, $\hat{W}_2$ 和 u 的有界性. 触发时间间隔和系统信号的轨迹如图 10.14 和图 10.15 所示. 仿真结果验证了该控制算法的实用性.

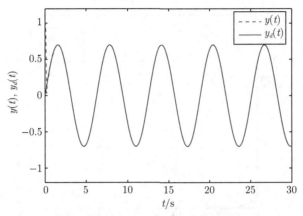

图 10.9 例 10.2 中跟踪性能的响应

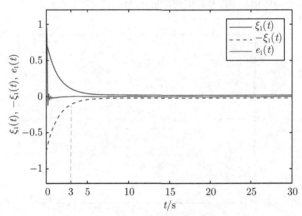

图 10.10 例 10.2 中控制效应的响应

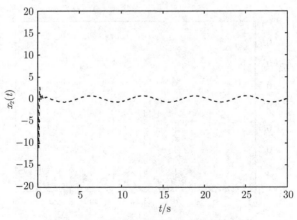

图 10.11 例 10.2 中状态 $x_2(t)$ 的响应

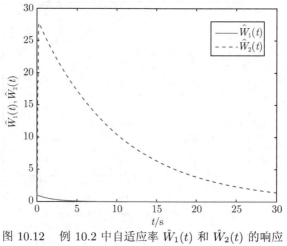

图 10.12　例 10.2 中自适应率 $\hat{W}_1(t)$ 和 $\hat{W}_2(t)$ 的响应

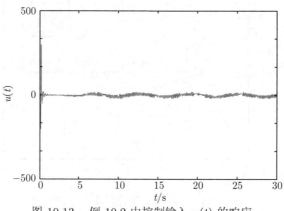

图 10.13　例 10.2 中控制输入 $u(t)$ 的响应

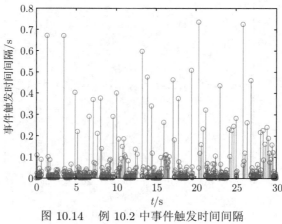

图 10.14　例 10.2 中事件触发时间间隔

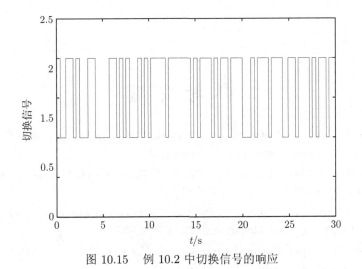

图 10.15　例 10.2 中切换信号的响应

10.4　结　　论

本章基于事件触发策略, 解决了具有预定时间和预定性能的非线性随机切换系统的模糊控制问题. 结合模式依赖平均驻留时间方法和 Lyapunov 函数稳定性分析, 提出了一种模糊性能算法. 本研究的贡献是将事件触发机制引入切换随机非线性系统的性能控制设计. 所提出的控制算法不仅可以确保跟踪误差不迟于预定时间进入预定区间, 而且可以克服异步切换对系统性能的不利影响. 最后, 通过两个仿真验证了理论结果.

参 考 文 献

[1] Pratt R W. Flight Control Systems: Practical Issues in Design and Implementation. Institution of Engineering and Technology, 2000.

[2] Machowski J, Lubośny Z, Bialek J W, et al. Power System Dynamics: Stability and Control. John Wiley & Sons Ltd, 2012.

[3] Ulsoy A G, Koren Y. Applications of adaptive control to machine tool process control. IEEE Control Systems Magazine, 1989, 9(4): 33-37.

[4] Brooks R. A robust layered control system for a mobile robot. IEEE Journal on Robotics and Automation, 1986, 2(1): 14-23.

[5] Education P, Hassan K K. Nonlinear Systems. Pearson Education Limited, 2013.

[6] Gao W B, Hung J C. Variable structure control of nonlinear systems: A new approach. IEEE Transactions on Industrial Electronics, 1993, 40(1): 45-55.

[7] Economou C Q, Morari M, Palsson B O. Internal model control: Extension to nonlinear system. Industrial & Engineering Chemistry Process Design and Development, 1986, 25(2): 403-411.

[8] Liang Y W, Liaw D C, Lee T C. Reliable control of nonlinear systems. IEEE Transactions on Automatic Control, 2000, 45(4): 706-710.

[9] Chen W H. Disturbance observer based control for nonlinear systems. IEEE/ASME Transactions on Mechatronics, 2004, 9(4): 706-710.

[10] Yeşildirek A, Lewis F L. Feedback linearization using neural networks. Automatic, 1995, 31(11): 1659-1664.

[11] Joo S J, Seo J H. Design and analysis of the nonlinear feedback linearizing control for an electromagnetic suspension system. IEEE Transactions on Control Systems Technology, 1997, 5(1): 135-144.

[12] Bechlioulis C P, Rovithakis G A. Robust adaptive control of feedback linearizable MIMO nonlinear systems with prescribed performance. IEEE Transactions on Automatic Control, 2008, 53(9): 2090-2099.

[13] Kwan C, Lewis F L. Robust backstepping control of nonlinear systems using neural networks. IEEE Transactions on Systems, Man, and Cybernetics - Part A: Systems and Humans, 2000, 30(6): 753-766.

[14] Hua C C, Liu P X, Guan X P. Backstepping control for nonlinear systems with time delays and applications to chemical reactor systems. IEEE Transactions on Industrial Electronics, 2009, 56(9): 3723-3732.

[15] Mazenc F, Bliman P A. Backstepping design for time-delay nonlinear systems. IEEE Transactions on Automatic Control, 2006, 51(1): 149-154.

[16] Zhang Y P, Peng P Y, Jiang Z P. Stable neural controller design for unknown nonlinear systems using backstepping. IEEE Transactions on Neural Networks, 2000, 11(6): 1347-1360.

[17] Furuta K. Sliding mode control of a discrete system. Systems & Control Letters, 1990, 14(2): 145-152.

[18] Sira-Ramírez H. On the sliding mode control of nonlinear systems. Systems & Control Letters, 1992, 19(4): 303-312.

[19] Feng Y, Yu X H, Han F L. On nonsingular terminal sliding-mode control of nonlinear systems. Automatica, 2013, 49(6): 1715-1722.

[20] Incremona G P, Rubagotti M, Ferrara A. Sliding mode control of constrained nonlinear systems. IEEE Transactions on Automatic Control, 2017, 62(6): 2965-2972.

[21] Gang T. Adaptive control design and analysis. Wiley-Interscience, 2003.

[22] Su C Y, Stepanenko Y. Adaptive control of a class of nonlinear systems with fuzzy logic. IEEE Transactions on Fuzzy Systems, 1994, 2(4): 285-294.

[23] Bresch-Pietri D, Krstic M. Delay-adaptive control for nonlinear systems. IEEE Transactions on Automatic Control, 2014, 59(5): 1203-1218.

[24] Ma H, Ren H R, Zhou Q, et al. Approximation-based nussbaum gain adaptive control of nonlinear systems with periodic disturbances. IEEE Transactions on Systems, Man, and Cybernetics: Systems, 2022, 52(4): 2591-2600.

[25] Xiao B, Yang X B, Karimi H R, et al. Asymptotic tracking control for a more representative class of uncertain nonlinear systems with mismatched uncertainties. IEEE Transactions on Industrial Electronics, 2019, 66(12): 9417-9427.

[26] Wang H Q, Bai W, Zhao X D, et al. Finite-time-prescribed performance-based adaptive fuzzy control for strict-feedback nonlinear systems with dynamic uncertainty and actuator faults. IEEE Transactions on Cybernetics, 2022, 52(7): 6959-6971.

[27] Ran M P, Wang Q, Dong C Y, et al. Active disturbance rejection control for uncertain time-delay nonlinear systems. Automatica, 2020, 112: 108692.

[28] Zhao C, Guo L. Control of nonlinear uncertain systems by extended PID. IEEE Transactions on Automatic Control, 2021, 66(8): 3840-3847.

[29] Kalman R E. Design of a self-optimizing control system. Transactions of the American Society of Mechanical Engineers, 1958, 80(2): 468-477.

[30] Parks P. Liapunov redesign of model reference adaptive control systems. IEEE Transactions on Automatic Control, 1966, 11(3): 362-367.

[31] Åström K J, Wittenmark B. On self tuning regulators. Automatica, 1973, 9(2): 185-199.

[32] Kanellakopoulos I, Kokotovic P V, Morse A S. Systematic design of adaptive controllers for feedback linearizable systems. 1991 American Control Conference, 1991: 649-654.

[33] Zhou J, Wen C Y, Wang W, et al. Adaptive backstepping control of nonlinear uncertain systems with quantized states. IEEE Transactions on Automatic Control, 2019, 64(11): 4756-4763.

[34] Li X Y, Wen C Y, Zou Y. Adaptive backstepping control for fractional-order nonlinear systems with external disturbance and uncertain parameters using smooth control. IEEE Transactions on Systems, Man, and Cybernetics: Systems, 2021, 51(12): 7860-7869.

[35] Cai J P, Wen C Y, Xing L T, et al. Decentralized backstepping control for interconnected systems with non-triangular structural uncertainties. IEEE Transactions on Automatic Control, 2023, 68(3): 1692-1699.

[36] Zuo Z Y, Song J W, Wang W, et al. Adaptive backstepping control of uncertain sandwich-like nonlinear systems with deadzone nonlinearity. IEEE Transactions on Systems, Man, and Cybernetics: Systems, 2022, 52(11): 7268-7278.

[37] Li B M, Xia J W, Su S F, et al. Event-triggered adaptive fuzzy tracking control for nonlinear systems with unknown control directions. IEEE Transactions on Systems, Man, and Cybernetics: Systems, 2022, 52(7): 4648-4657.

[38] Li B M, Xia J W, Sun W, et al. Command filter-based event-triggered adaptive neural network control for uncertain nonlinear time-delay systems. International Journal of Robust and Nonlinear Control, 2020, 30(16): 6363-6382.

[39] Wang M, Chen B, Dai S L. Direct adaptive fuzzy tracking control for a class of perturbed strict-feedback nonlinear systems. Fuzzy Sets and Systems, 2007, 158(24): 2655-2670.

[40] Chen B, Lin C, Liu X P, et al. Adaptive fuzzy tracking control for a class of MIMO nonlinear systems in nonstrict-feedback form. IEEE Transactions on Cybernetics, 2015, 45(12): 2744-2755.

[41] Chen B, Liu X P, Liu K F, et al. Direct adaptive fuzzy control of nonlinear strict-feedback systems. Automatica, 2009, 45(6): 1530-1535.

[42] Lee H. Robust adaptive fuzzy control by backstepping for a class of MIMO nonlinear systems. IEEE Transactions on Fuzzy Systems, 2011, 19(2): 265-275.

[43] Chen B, Liu X P, Ge S S, et al. Adaptive fuzzy control of a class of nonlinear systems by fuzzy approximation approach. IEEE Transactions on Fuzzy Systems, 2012, 20(6): 1012-1021.

[44] Kalman R E, Bertram J E. Control system analysis and design via the "second method" of Lyapunov-I: Continuous-time systems. Journal of Basic Engineering, 1960, 82(2): 371-393.

[45] Åström K J. Theory and applications of adaptive control: A survey. Automatica, 1983, 19(5): 471-486.

[46] Middleton R H, Goodwin G C, Hill D J, et al. Design issues in adaptive control. IEEE Transactions on Automatic Control, 1988, 33(1): 50-58.

[47] Narendra K S, Annaswamy A M, Narendra K S. Adaptive and Learning Systems: Theory and Applications. Springer, 1986.

[48] Peng C, Sun H T. Switching-like event-triggered control for networked control systems under malicious denial of service attacks. IEEE Transactions on Automatic Control, 2020, 65(9): 3943-3949.

[49] Qi W H, Hou Y K, Zong G D, et al. Finite-time event-triggered control for semi-Markovian switching cyber-physical systems with FDI attacks and applications. IEEE Transactions on Circuits and Systems I: Regular Papers, 2021, 68(6): 2665-2674.

[50] Cao L, Li H Y, Dong G W, et al. Event-triggered control for multiagent systems with sensor faults and input saturation. IEEE Transactions on Systems, Man, and Cybernetics: Systems, 2021, 51(6): 3855-3866.

[51] Wei B, Xiao F, Fang F, et al. Velocity-free event-triggered control for multiple Euler-Lagrange systems with communication time delays. IEEE Transactions on Automatic Control, 2021, 66(11): 5599-5605.

[52] Heemels W P M H, Johansson K H, Tabuada P. An introduction to event-triggered and self-triggered control. 51st IEEE Conference on Decision and Control (CDC), 2012: 3270-3285.

[53] Heemels W P M H, Donkers M C F. Model-based periodic event-triggered control for linear systems. Automatica, 2013, 49(3): 698-711.

[54] Ni W, Zhao P, Wang X L, et al. Event-triggered control of linear systems with saturated inputs. Asian Journal of Control, 2015, 17(4): 1196-1208.

[55] Liu T F, Jiang Z P. A small-gain approach to robust event-triggered control of nonlinear systems. IEEE Transactions on Automatic Control, 2015, 60(8): 2072-2085.

[56] Cao L, Li H Y, Zhou Q. Adaptive intelligent control for nonlinear strict-feedback systems with virtual control coefficients and uncertain disturbances based on event-triggered mechanism. IEEE Transactions on Cybernetics, 2018, 48(12): 3390-3402.

[57] Lu K X, Liu Z, Lai G Y, et al. Adaptive fuzzy output feedback control for nonlinear systems based on event-triggered mechanism. Information Sciences, 2019, 486: 419-433.

[58] Xia J W, Li B M, Su S F, et al. Finite-time command filtered event-triggered adaptive fuzzy tracking control for stochastic nonlinear systems. IEEE Transactions on Fuzzy Systems, 2021, 29(7): 1815-1825.

[59] Ma H, Li H Y, Liang H J, et al. Adaptive fuzzy event-triggered control for stochastic nonlinear systems with full state constraints and actuator faults. IEEE Transactions on Fuzzy Systems, 2019, 27(11): 2242-2254.

[60] Zhang C H, Yang G H. Event-triggered global finite-time control for a class of uncertain nonlinear systems. IEEE Transactions on Automatic Control, 2020, 65(3): 1340-1347.

[61] Kushner. Stochastic Stability and Control. Academic Press, 1967.

[62] Florchinger P, Iggidr A, Sallet G. Stabilization of a class of nonlinear stochastic systems. Stochastic Processes and Their Applications, 1994, 50(2): 235-243.

[63] Florchinger P. Lyapunov-like techniques for stochastic stability. SIAM Journal on Control and Optimization, 1995, 33(4): 1151-1169.

[64] Yang W, Chen G R, Wang X F, et al. Stochastic sensor activation for distributed state estimation over a sensor network. Automatica, 2014, 50(8): 2070-2076.

[65] Yong S Z, Zhu M H, Frazzoli E. A unified filter for simultaneous input and state estimation of linear discrete-time stochastic systems. Automatica, 2016, 63: 321-329.

[66] Wang B, Zhu Q X. Stability analysis of semi-Markov switched stochastic systems. Automatica, 2018, 94: 72-80.

[67] Feng W, Tian J, Zhao P. Stability analysis of switched stochastic systems. Automatica, 2011, 47(1): 148-157.

[68] Wu X T, Tang Y, Zhang W B. Stability analysis of stochastic delayed systems with an application to multi-agent systems. IEEE Transactions on Automatic Control, 2016, 61(12): 4143-4149.

[69] Chen L, Wu Z. Maximum principle for the stochastic optimal control problem with delay and application. Automatica, 2010, 46(6): 1074-1080.

[70] Li W W, Todorov E. Iterative linearization methods for approximately optimal control and estimation of non-linear stochastic system. International Journal of Control, 2007, 80(9): 1439-1453.

[71] Tang S J, Li X J. Necessary conditions for optimal control of stochastic systems with random jumps. SIAM Journal on Control and Optimization, 1994, 32(5): 1447-1475.

[72] Min H F, Xu S Y, Zhang B Y, et al. Globally adaptive control for stochastic nonlinear time-delay systems with perturbations and its application. Automatica, 2019, 102: 105-110.

[73] Jin X, Li Y X. Adaptive fuzzy control of uncertain stochastic nonlinear systems with full state constraints. Information Sciences, 2021, 574: 625-639.

[74] Itô K. Stochastic integration. Vector and Operator Valued Measures and Applications, 1973: 141-148.

[75] Pan Z G, Basar T. Backstepping controller design for nonlinear stochastic systems under a risk-sensitive cost criterion. SIAM Journal on Control and Optimization, 1999, 37(3): 934-956.

[76] Pan Z G, Basar T. Adaptive controller design for tracking and disturbance attenuation in parametric strict-feedback nonlinear systems. IEEE Transactions on Automatic Control, 1998, 43(8): 1066-1083.

[77] Liu Y G, Zhang J F. Reduced-order observer-based control design for nonlinear stochastic systems. Systems & Control Letters, 2004, 52(2): 123-135.

[78] Liu Y G, Pan Z G, Shi S J. Output feedback control design for strict-feedback stochastic nonlinear systems under a risk-sensitive cost. IEEE Transactions on Automatic Control, 2003, 48(3): 509-513.

[79] Deng H, Krstić M. Stochastic nonlinear stabilization-I: A backstepping design. Systems & Control Letters, 1997, 32(3): 143-150.

[80] Deng H, Krstić M. Stochastic nonlinear stabilization - II: Inverse optimality. Systems & Control Letters, 1997, 32(3): 151-159.

[81] Xia J W, Lian Y X, Su S F, et al. Observer-based event-triggered adaptive fuzzy control for unmeasured stochastic nonlinear systems with unknown control directions. IEEE Transactions on Cybernetics, 2022, 52(10): 10655-10666.

[82] Lian Y X, Xia J W, Sun W, et al. Adaptive fuzzy control for non-strict-feedback stochastic uncertain non-linear systems based on event-triggered strategy. IET Control Theory & Applications, 2021, 15(7): 1018-1027.

[83] Zhao Y J, Liu C G, Liu X P. et al. Adaptive tracking control for stochastic nonlinear systems with unknown virtual control coefficients. International Journal of Robust and Nonlinear Control, 2022, 32(3): 1331-1354.

[84] Zhu Z C, Pan Y N, Zhou Q, et al. Event-triggered adaptive fuzzy control for stochastic nonlinear systems with unmeasured states and unknown backlash-like hysteresis. IEEE Transactions on Fuzzy Systems, 2021, 29(5): 1273-1283.

[85] Levant A. Universal single-input-single-output (SISO) sliding-mode controllers with finite-time convergence. IEEE Transactions on Automatic Control, 2001, 46(9): 1447-1451.

[86] Tang X D, Tao G, Joshi S M. Adaptive actuator failure compensation for nonlinear MIMO systems with an aircraft control application. Automatica, 2007, 43(11): 1869-1883.

[87] Tee K P, Ge S S. Control of fully actuated ocean surface vessels using a class of feedforward approximators. IEEE Transactions on Control Systems Technology, 2006, 14(4): 750-756.

[88] Shen Z X, Ma Y P, Song Y D. Robust adaptive fault-tolerant control of mobile robots with varying center of mass. IEEE Transactions on Industrial Electronics, 2018, 65(3): 2419-2428.

[89] Liberzon D. Output-input stability implies feedback stabilization. Systems & Control Letters, 2004, 53(3-4): 237-248.

[90] Hirschorn R. Invertibility of multivariable nonlinear control systems. IEEE Transactions on Automatic Control, 1979, 24(6): 855-865.

[91] Zhu Y Z, Zheng W X. Observer-based control for cyber-physical systems with periodic DoS attacks via a cyclic switching strategy. IEEE Transactions on Automatic Control, 2020, 65(8): 3714-3721.

[92] Liu L, Liu Y J, Li D P, et al. Barrier Lyapunov function-based adaptive fuzzy FTC for switched systems and its applications to resistance-inductance-capacitance circuit system. IEEE Transactions on Cybernetics, 2020, 50(8): 3491-3502.

[93] Liu J X, Wu L G, Wu C W, et al. Event-triggering dissipative control of switched stochastic systems via sliding mode. Automatica, 2019, 103: 261-273.

[94] Liberzon D, Morse A S. Basic problems in stability and design of switched systems. IEEE Control Systems Magazine, 1999, 19(5): 59-70.

[95] Niu B, Wang D, Liu M, et al. Adaptive neural output-feedback controller design of switched nonlower triangular nonlinear systems with time delays. IEEE Transactions on Neural Networks and Learning Systems, 2020, 31(10): 4084-4093.

[96] He W M, Guo J, Xiang Z R. Global sampled-data output feedback stabilization for a class of stochastic nonlinear systems with time-varying delay. Journal of the Franklin Institute, 2019, 356(1): 292-308.

[97] Zhao X D, Shi P, Zheng X L, et al. Adaptive tracking control for switched stochastic nonlinear systems with unknown actuator dead-zone. Automatica, 2015, 60: 193-200.

[98] Liu X W, Zhong S M. Asymptotic stability analysis of discrete-time switched cascade nonlinear systems with delays. IEEE Transactions on Automatic Control, 2020, 65(6): 2686-2692.

[99] Liu Y B, Feng W Z. Razumikhin-Lyapunov functional method for the stability of impulsive switched systems with time delay. Mathematical and Computer Modelling, 2009, 49(1-2): 249-264.

[100] Zhao X D, Wang X Y, Zong G D, et al. Adaptive neural tracking control for switched high-order stochastic nonlinear systems. IEEE Transactions on Cybernetics, 2017, 47(10): 3088-3099.

[101] Zhai D, An L W, Dong J X, et al. Adaptive exact tracking control for a class of uncertain nonlinear switched systems with arbitrary switchings. Journal of the Franklin Institute, 2017, 354(7): 2816-2831.

[102] Farrell J A, Polycarpou M, Sharma M, et al. Command filtered backstepping. IEEE Transactions on Automatic Control, 2009, 54(6): 1391-1395.

[103] Xing L T, Wen C Y, Liu Z T, et al. Event-triggered adaptive control for a class of uncertain nonlinear systems. IEEE Transactions on Automatic Control, 2017, 62(4): 2071-2076.

[104] Zhang X Y, Xu Z S, Su C Y, et al. Fuzzy approximator based adaptive dynamic surface control for unknown time delay nonlinear systems with input asymmetric hysteresis nonlinearities. IEEE Transactions on Systems, Man, and Cybernetics: Systems, 2017, 47(8): 2218-2232.

[105] Zhao Z H, Yu J P, Zhao L, et al. Adaptive fuzzy control for induction motors stochastic nonlinear systems with input saturation based on command filtering. Information Sciences, 2018, 463: 186-195.

[106] Huang Y X, Liu Y G. Practical tracking via adaptive event-triggered feedback for uncertain nonlinear systems. IEEE Transactions on Automatic Control, 2019, 64(9): 3920-3927.

[107] Liu Z, Lai G Y, Zhang Y, et al. Adaptive fuzzy tracking control of nonlinear time-delay systems with dead-zone output mechanism based on a novel smooth model. IEEE Transactions on Fuzzy Systems, 2015, 23(6): 1998-2011.

[108] Li Y X. Finite time command filtered adaptive fault tolerant control for a class of uncertain nonlinear systems. Automatica, 2019, 106: 117-123.

[109] Wang H Q, Chen B, Lin C. Adaptive neural tracking control for a class of stochastic nonlinear systems. International Journal of Robust and Nonlinear Control, 2014, 24(7): 1262-1280.

[110] Tong S C, Sui S, Li Y M. Adaptive fuzzy decentralized output stabilization for stochastic nonlinear large-scale systems with unknown control directions. IEEE Transactions on Fuzzy Systems, 2014, 22(5): 1365-1372.

[111] Li T S, Li Z F, Wang D, et al. Output-feedback adaptive neural control for stochastic nonlinear time-varying delay systems with unknown control directions. IEEE Transactions on Neural Networks and Learning Systems, 2015, 26(6): 1188-1201.

[112] Ma J L, Xu S Y, Ma Q, et al. Event-triggered adaptive neural network control for nonstrict-feedback nonlinear time-delay systems with unknown control directions. IEEE Transactions on Neural Networks and Learning Systems, 2020, 31(10): 4196-4205.

[113] Wang H Q, Liu K F, Liu X P, et al. Neural-based adaptive output-feedback control for a class of nonstrict-feedback stochastic nonlinear systems. IEEE Transactions on Cybernetics, 2015, 45(9): 1977-1987.

[114] Wang C L, Wen C Y, Lin Y. Adaptive actuator failure compensation for a class of nonlinear systems with unknown control direction. IEEE Transactions on Automatic Control, 2017, 62(1): 385-392.

[115] Oksendal B. Stochastic differential equations: An introduction with applications. Journal of the American Statal Association, 2000, 82(399).

[116] Deng H, Krstic M, Williams R J. Stabilization of stochastic nonlinear systems driven by noise of unknown covariance. IEEE Transactions on Automatic Control, 2001, 46(8): 1237-1253.

[117] Yin S, Shi P, Yang H Y. Adaptive fuzzy control of strict-feedback nonlinear time-delay systems with unmodeled dynamics. IEEE Transactions on Cybernetics, 2016, 46(8): 1926-1938.

[118] Zhu Z, Xia Y Q, Fu M Y. Attitude stabilization of rigid spacecraft with finite-time convergence. International Journal of Robust and Nonlinear Control, 2011, 21(6): 686-702.

[119] Sui S, Chen C L P, Tong S C. Fuzzy adaptive finite-time control design for nontriangular stochastic nonlinear systems. IEEE Transactions on Fuzzy Systems, 2019, 27(1): 172-184.

[120] Levant A. Higher-order sliding modes, differentiation and output-feedback control. International Journal of Control, 2010, 76(9-10): 924-941.

[121] Zhang T P, Xia X. Adaptive output feedback tracking control of stochastic nonlinear systems with dynamic uncertainties. International Journal of Robust and Nonlinear Control, 2015, 25(9): 1282-1300.

[122] Ye X D, Jiang J P. Adaptive nonlinear design without a priori knowledge of control directions. IEEE Transactions on Automatic Control, 1998, 43(11): 1617-1621.

[123] Polycarpou M M. Stable adaptive neural control scheme for nonlinear systems. IEEE Transactions on Automatic Control, 1996, 41(3): 447-451.

[124] Wang H Q, Chen B, Liu K F, et al. Adaptive neural tracking control for a class of nonstrict-feedback stochastic nonlinear systems with unknown backlash-like hysteresis. IEEE Transactions on Neural Networks and Learning Systems, 2014, 25(5): 947-958.

[125] Chen B, Zhang H G, Liu X P, et al. Neural observer and adaptive neural control design for a class of nonlinear systems. IEEE Transactions on Neural Networks and Learning Systems, 2018, 29(9): 4261-4271.

[126] Tee K P, Ge S S, Tay E H. Barrier Lyapunov functions for the control of output-constrained nonlinear systems. Automatica, 2009, 45(4): 918-927.

[127] Xia J W, Zhang J, Sun W, et al. Finite-time adaptive fuzzy control for nonlinear systems with full state constraints. IEEE Transactions on Systems, Man, and Cybernetics: Systems, 2019, 49(7): 1541-1548.

[128] Wang H Q, Liu P X, Zhao X D, et al. Adaptive fuzzy finite-time control of nonlinear systems with actuator faults. IEEE Transactions on Cybernetics, 2020, 50(5): 1786-1797.

[129] Yang J Q, Zhao X D, Bu X H, et al. Stabilization of switched linear systems via admissible edge-dependent switching signals. Nonlinear Analysis: Hybrid Systems, 2018, 29: 100-109.

[130] Zhao K, Song Y D, Chen C L P, et al. Control of nonlinear systems under dynamic constraints: A unified barrier function-based approach. Automatica, 2020, 119: 109102.

[131] Wang L X. Stable adaptive fuzzy control of nonlinear systems. IEEE Transactions on Fuzzy Systems, 1993, 1(2): 146-155.

[132] Liu P C, Yu H N, Cang S. Adaptive neural network tracking control for underactuated systems with matched and mismatched disturbances. Nonlinear Dynamics, 2019, 98: 1447-1464.

[133] Ma Z Y, Ma H J. Adaptive fuzzy backstepping dynamic surface control of strict-feedback fractional-order uncertain nonlinear systems. IEEE Transactions on Fuzzy Systems, 2020, 28(1): 122-133.

[134] Li K W, Li Y M. Adaptive neural network finite-time dynamic surface control for nonlinear systems. IEEE Transactions on Neural Networks and Learning Systems, 2021, 32(12): 5688-5697.

[135] Chen G L, Sun J, Xia J W. Estimation of domain of attraction for aperiodic sampled-data switched delayed neural networks subject to actuator saturation. IEEE Transactions on Neural Networks and Learning Systems, 2020, 31(5): 1489-1503.

[136] Niu B, Zhao P, Liu J D, et al. Global adaptive control of switched uncertain nonlinear systems: An improved MDADT method. Automatica, 2020, 115: 108872.

[137] Zhai D, Lu A Y, Dong J X, et al. Adaptive tracking control for a class of switched nonlinear systems under asynchronous switching. IEEE Transactions on Fuzzy Systems, 2018, 26(3): 1245-1256.

[138] Liang H J, Liu G L, Zhang H G, et al. Neural network-based event-triggered adaptive control of nonaffine nonlinear multiagent systems with dynamic uncertainties. IEEE Transactions on Neural Networks and Learning Systems, 2021, 32(5): 2239-2250.

[139] Chen G L, Fan C C, Lam J, et al. Aperiodic sampled-data controller design for switched Itô stochastic Markovian jump systems. Systems & Control Letters, 2021, 157: 105031.